유체열역학

김의수 지음

머리말

유체열역학은 소방, 안전, 가스, 에너지를 전공한 학생에게 있어서는 필수적이며 매우 기본이 되는 과목임에도 불구하고 고체역학과는 달리 그 실체가 감각 기관에 의해 쉽게 느껴지지 못한다는 점에서 일반 공학도나 관련 직종에 관계하시는 분들이 학습하는데 많은 애로점을 가지고 있다. 기계공학 관점에서 유체역학과 열역학은 별도로 분리하여 학습이 진행되고 그 깊이 또한 각각 매우 깊다고 할 수 있으나 소방, 안전, 가스, 에너지를 전공한 학생에 있어서는 과목 하나의 깊이보다는 유체에 관한 유동 및 열적 상태에 관한 폭넓은 지식을 습득하는 것이 오히려 학습에 있어 도움이 되리라 생각해 본다.

이에 저자는 기계공학, 화학공학 등을 전공하지 않은 일반 공학도와 현재 공학 관련 업무를 하고 있음에도 불구하고 전혀 공학적 지식이 없는 직장인들을 대상으로 스스로 공부하여 이해하기 힘든 유체열역학 과목에 대해 이해력을 증진시키고 간단한 문제를 해결할 수 있도록 하는데 목적을 두고 본 서적의 내용을 구성하였다.

물리, 공학적 지식이 전혀 없는 학생과 일반인들을 위해 우선 유체열역학 지식을 습득하기 위해 기초가 되는 물리량에 대해 연습문제와 더불어 이를 이해할 수 있도록 다루었으며, 이를 바탕으로 유체역학의 기초가 되는 유체의 성질에 관한 지식을 제공하였다. 이후 본격적으로 정지유체에 관한 유체 정역학과 정상 유동하는 유체에 관한 유체 동역학, 역적과 운동량을 제시하였으며, 손실수두를 고려한 실제 유체의 흐름에 대해 마무리함으로써 유체역학적 기본 지식을 학습시키고자 하였고 이를 위해 유체역학 관련 각종 자격시험에 대비한 최근 기출문제와 유사한 문제를 수록하여 실전감각을 익히도록 고려하였다.

또한, 유체의 경우 열을 흡입 및 방출하는 상황에 따라 매우 민감한 상태 변화를 나타내기에 이러한 유체의 열적 상태를 산출하기 위해 열량과 비열 등 열역학 기초사항에 대해 우선 학습한 후 가역 및 비가역 반응에 기반한 열역학 제1법칙과 열역학 제2법칙에 관한 열역학적 본론적 지식을 함양시키고자 하였고, 이를 위해 이상기체의 엔탈피 및 엔트로피 개념을 따로 정리함으로써 열역학 관련 각종 자격시험에 대비한 최근 기출문제와 유사한 문제를 수록하여 실전감각을 익히도록 고려하였다.

본 저자는 국립과학수사연구원, 삼성전자, LG전자 등에서 공정엔지니어 및 연구원, 사고조사관 등의 실제 경험을 바탕으로 실제 사용 빈도가 높은 유체열역학에 관한 지식을 제시함으로써 현장에서 적용이 반드시 필요한 살아 있는 실무 지식을 담아 기술하는데 노력하였다. 본 서적을 집필하는데 유체열역학 관련 국내외 문헌, 관련 기관 내 공유 자료, 인터넷 자료 등을 일부 활용하였으며 이에 관해 저자들에게 감사드린다. 또한 원고 집필을 위해 자료 발췌 및 정리 등에 힘써 준 한국교통대학교 기계안전공학실험실 학생들에게 감사드리고, 마지막으로 책의 출판을 위해 물심양면 도와준 아내와 도서출판 동화기술 직원 분들께 감사드리며, 본 서적을 통해 많은 분들이 유체열역학을 전반적으로 이해하는데 많은 도움이 되길 소망해 본다.

충주캠퍼스 테크노관에서

저자 김의수

목차

1장 물리량 기초

2장 유체역학

3장 열역학

제 1 장

물리량 기초

1. 단위와 차원

1.1 물리량 기본 개념

물리량은 물질계의 성질이나 상태를 나타내는 양으로서 보통 한 개의 수치 또는 한 쌍을 이루는 여러 개의 수치로 표시된다. 대표적인 물리량으로는 길이, 시간, 질량, 힘, 에너지, 전하, 전기장, 자기장 등을 들 수 있으며 이러한 물리량은 수치와 단위의 곱으로 나타낸다.

물리량 = 수치 × 단위

예를 들어, 1 m는 수치 1과 단위 m의 곱인 1 × m이다. 숫자 2와 미지수 x의 곱을 $2x$로 표현하는 것과 동일하다. 즉, 단위는 대수의 일종으로 다룰 수 있으며 곱하거나, 나누거나, 약분할 수 있다. 정리하자면 물리량은 물질계의 성질이나 상태를 말하며 수치와 단위에 곱으로 나타낼 수 있다.

1.2 단위

물리량을 수치로 표시하기 위하여 비교의 기준으로 사용하는 같은 종류의 양을 단위라고 한다. 국제 도량 총회에서 7개의 기본량을 기본단위로 선정하였다. 이것이 국제단위계의 기초가 되고 있다.

국제단위계를 SI 단위계라 약칭하며 기본단위는 다음 표 1.1과 같다.

1) 길이

길이의 표준단위는 미터이며, 미터는 빛이 진공에서 1/299,792,458초 동안 진행한 경로의 길이로 정의된다(표 1.2).

[표 1.1] 국제단위계의 7개 기본단위 및 대응하는 물리량

기본단위	대응하는 물리량
미터(m)	길이
킬로그램(kg)	질량
초(s)	시간
암페어(A)	전류
켈빈(K)	온도
몰(mol)	물질량
칸델라(cd)	광도

[표 1.2] 길이 단위환산표

단위	센티미터	미터	인치	피트	야드
1 cm	1	0.01	0.3937	0.0328	0.0109
1 m	100	1	39.37	3.2808	1.0936
1 in	2.54	0.0254	1	0.0833	0.0278
1 ft	30.48	0.3048	12	1	0.333
1 yd	91.438	0.9144	36	3	1
1 mile	160930	1609.3	63360	5280	1760

2) 질량

질량의 표준단위는 킬로그램이며, 프랑스 도량형국에 보관된 킬로그램원기의 질량으로 정의된다.

[표 1.3] 질량 단위환산표

단위	그램	킬로그램	톤	그레인	온스
1 g	1	0.001	0.000001	15.432	0.03527
1 kg	1000	1	0.001	15432	35.273
1 t	1000000	1000	1	…	35273
1 gr	0.06479	0.00006	…	1	0.00228
1 oz	28.3495	0.02835	0.000028	437.4	1
1 lb	453.592	0.45359	0.00045	7000	16

3) 시간

시간의 표준단위는 초이며, 1초는 온도가 0 K인 세슘-133 원자의 바닥상태에 있는 두 초미세 준위 사이의 전이에 대응하는 복사선의 9,192,631,770 주기의 지속 시간이다.

4) 전류

전류의 단위는 암페어이며, 1암페어는 무한히 길고 무시할 수 있을 만큼 작은 원형 단면적을 가진 두 개의 평행한 직선 도체가 진공 중에서 1미터의 간격으로 유지될 때, 두 도체 사이에 미터당 2×10^{-7}뉴턴의 힘을 생기게 하는 일정한 전류이다.

5) 온도

온도의 단위는 켈빈이며, 열역학적 온도의 단위인 켈빈은 물의 삼중점의 열역학적 온도의 1/273.16으로 정의된다.

6) 물질량

물질량의 단위는 몰이며, 1몰은 바닥상태에서 정지해 있으며 속박되어 있지 않은 탄소-12의 0.012킬로그램에 있는 원자의 개수와 같은 수의 구성요소를 포함한 어떤 계의 물질량이다. 몰을 사용할 때에는 구성요소를 반드시 명시해야 하며 이 구성 요소는 원자, 분자, 이온, 전자, 기타 입자 또는 이 입자들의 특정한 집합체가 될 수 있다.

7) 광도

광도의 단위는 칸델라이며, 1 칸델라는 진동수 540×10^{12} 헤르츠인 단색광을 방출하는 광원의 복사도가 어떤 주어진 방향으로 스테라디안당 1/683 와트일 때 이 방향에 대한 광도이다.

1.3 단위의 환산

실생활에서 주로 사용되는 단위인 SI 단위체계는 MKS, CGS, FPS 단위계로 구성되어 있는데 MKS, CGS, FPS 단위체계에서 사용되는 단위는 질량, 길이 시간을 기본단위로 하고, 이러한 단위를 이용하여 면적, 부피 및 압력 등과 같은 여러 가지 형태의 유도단위들이 사용된다. 현재는 CGS보다 MKS가 더 실용적이어서 많은 나라들이 MKS 단위계를 따르고 있으며, 유럽국가에서는 FPS 단위계를 더 많이 사용하고 있다.

[표 1.4] 절대단위계

단위계 \ 물리량	길이	질량	시간
M · K · S 단위계	m	kg	sec
C · G · S 단위계	cm	g	sec
F · P · S 단위계	ft	lb	sec
S · I 단위계	국제표준단위계		

앞에서 보듯이 실생활에서는 여러 단위가 있다. 이러한 단위가 단일로 존재한다면 큰 어려움이 없지만 여러 가지 형태의 유도단위들이 섞여 표현된다면 단위체계를 사용해서 의사 표현을 하게 되면 의미가 정확하게 전달되기 어렵다. 그렇기 때문에 최종적인 단계에서는 서로 일치되는 단위를 사용해서 내용을 비교해야 한다. 이처럼 같은 단위체계로 표현하는 것을 단위환산이라고 한다.

단위환산은 서로 다르게 표현된 길이 표현인 길이, 질량 그리고 시간 값을 서로 같은 값으로 나타내는 것이라고 생각하면 된다. 이러한 단위환산을 하는데 먼저 생각해야 하는 것은 단위의 연산관계이다.

문제 1-1 신체 사이즈를 말할 때 inch라는 단어를 많이 사용한다. 25 inch를 m의 단위로 환산하면 몇 m인가?

풀이 길이 단위환산 관계에 의하면 1 inch는 2.54 cm이므로 25인치를 m 단위로 환산하면

$$25\ \text{inch} = 25\ \text{inch} \times \frac{2.54\ \text{cm}}{1\ \text{inch}} \times \frac{1\ \text{m}}{100\ \text{cm}} = 0.635\ \text{m}$$

문제 1-2 유속이 3 m/s이다. 이 유속값을 ft/min으로 단위환산한다면 그 값은 얼마인가?

풀이 길이 단위환산 관계에 의하면 1 ft는 0.3048 m이고 시간의 단위환산인자인 1 min는 60 s이므로 m/s의 단위를 ft/min으로 환산하면

$$\frac{3\ \text{m}}{\text{s}} = \frac{3\ \text{m}}{\text{s}} \times \frac{1\ \text{ft}}{0.3048\ \text{m}} \times \frac{60\ \text{s}}{1\ \text{min}} = \frac{590.55\ \text{ft}}{\text{min}}$$

1) 면적 및 부피 단위에 환산

길이의 단위에서 유도된 단위인 면적(Area)은 길이에 길이를 곱한 값으로 면적의 단위환산은 그림 1.1에서 보는 바와 같이 주어진 두 변의 길이를 각각 단위환산하여 곱한 결과 값과 같다.

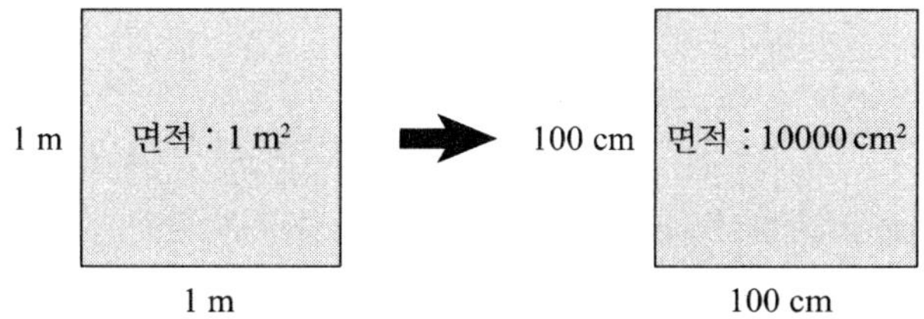

[그림 1.1] 면적 단위환산

면적이 길이의 제곱근이므로 면적에 대한 단위환산을 위해서는 길이의 단위환산인자를 알아야 한다. 면적은 길이의 제곱근이므로 면적에 대한 단위환산을 위해서 길이 단위인자에 제곱을 해주어야 한다. 부피는 길이의 세제곱근이므로 부피에 대한 단위환산인자에 세제곱근을 해서 계산한다.

[표 1.5] 면적의 단위환산인자

	면적의 단위환산인자
SI 단위	$1\ \text{m}^2 = (100\ \text{cm})^2 = 10{,}000\ \text{cm}^2 = 10^4\ \text{cm}^2$ $1\ \text{cm}^2 = (10\ \text{mm})^2 = 100\ \text{mm}^2 = 10^2\ \text{mm}^2$
기타 단위	$1\ \text{inch}^2 = (2.54\ \text{cm})^2 = (2.54)^2\ \text{cm}^2$ $1\ \text{ft}^2 = (12\ \text{inch})^2 = (12)^2\ \text{inch}^2$ $1\ \text{ft}^2 = (30.48\ \text{cm})^2 = (30.48)^2\ \text{cm}^2$ $1\ \text{ft}^2 = (0.3048\ \text{m})^2 = (0.3048)^2\ \text{m}^2$

2) 힘(Force)의 단위

앞에서 길이에 따른 유도단위인 면적과 부피에 대해서 알아보았다. 이번에는 힘의 단위를 통해 조금 더 복잡한 유도단위들을 이야기해 보자.

$$F = ma$$

라는 공식이 있다.

여기서, m은 질량을 나타내고 단위 구분은 kg이다. 또한 a는 가속도를 나타내고 단위는 m/s^2이다. 그러므로 F의 단위는 kg · m/s^2이 된다. 또한 kg · m/s^2을 줄여서 N이라는 단위를 사용한다.

$$1\ N = 1\ kg \cdot m/sec^2$$

또한 힘의 단위로 kg_f의 단위를 사용하게 되는데 kg_f란 킬로그램중 또는 킬로그램 포스라고 하며 중력가속도에서 1 kg의 질량을 가진 물체가 가지는 힘이다.

$$1\ kg_f = 1\ kg \times 9.8\ m/sec^2 = 9.8\ kg \cdot m/sec^2 = 9.8\ N$$

$$\therefore\ 1\ kg_f = 9.8\ N \rightleftarrows 1\ N = \frac{1}{9.8}\ kg_f$$

3) 일(Work)의 단위

일은 어떤 물체에 일정한 힘을 가하여 움직이게 했을 때, 작용한 힘의 물체 운동 방향 성분의 크기와 물체가 움직인 거리의 곱을 말한다.

$$W = \text{힘} \times \text{거리} = F \cdot S\ (kg \cdot m/sec^2 \times m)$$

일의 단위는 $kg_f \cdot m$, N · m, J로 나타낸다.

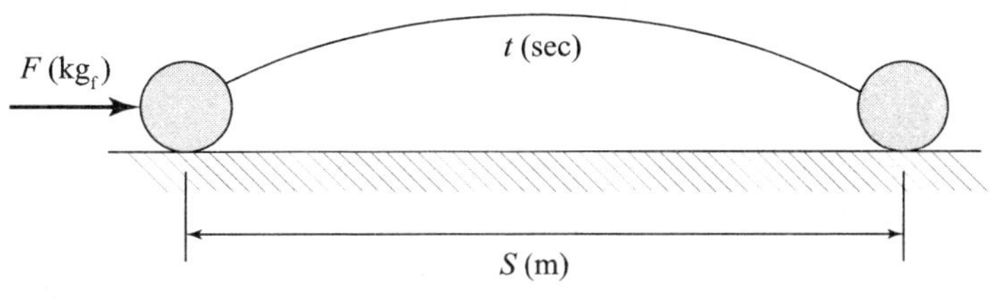

[그림 1.2] 일의 정의

1.4 차원

유체열역학을 공부하다 보면 많은 식들을 볼 수 있다. 이런 식들에 대한 학습을 하다보면 공통점을 알게 되는데 바로 식에 사용되고 있는 기호의 물리적인 의미와 차원을 알게 되면 식에 대한 이해가 쉽다는 것이다. 그것은 차원을 바탕으로 식이 만들어졌기 때문이다. 따라서 차원을 이해하는 것은 물리적인 특성에 대한 이해뿐만 아니라 현상 전체에 대해 이해하는데 도움을 준다. 그런 이유로 물리적 특성을 이해하는데 차원이라는 개념을 이해한다면 큰 도움이 될 것이다.

앞서 말한 물리적인 특성인 길이, 시간 질량 등과 같은 개념으로 표현하는 것을 "차원"이라고 한다. 차원의 기본적인 개념은 길이, 시간, 질량으로부터 물리적인 개념을 표현한다.

길이의 기본단위 m, 질량의 기본단위 kg, 시간의 기본단위 s를 통해 차원을 나타내는 것을 M.L.T 차원계라고 한다.

[표 1.6] M.L.T 차원계

종류	길이	질량	시간
단위	m	kg	s (sec)
차원	L (Length)	M (Mass)	T (Time)

차원은 그 물리량을 길이, 질량, 시간의 개념으로 표현한 값을 이용하여 길이의 경우 L (Length), 질량의 경우 M (Mass), 시간의 경우 T (time)로 나타낸다.

길이의 차원을 예로 들면, 길이를 의미하는 영단어 [L]로 표현된다. 길이의 제곱근을 의미하는 면적의 차원의 표현방법은 $[L^2]$이 된다. 길이의 세제곱의 의미를 부여하는 부피의 경우 $[L^3]$이 되는 것이다.

[표 1.7] 길이와 관련된 차원

차원의 종류	1차원	2차원	3차원
종류	길이(Length)	면적(Area)	부피(Volume)
단위	m, cm	m^2, cm^2	m^3, cm^3
차원	[L]	$[L^2]$	$[L^3]$

1.5 유도단위 차원

1) 속도(U)의 차원

속도는 일정시간 동안에 이동한 길이를 의미한다. 따라서 속도에 대한 차원도 시간과 길이 값으로 나타낸다.

$$속도 = 길이 / 시간\,(\mathrm{m/s}) = \left[\frac{\mathrm{L}}{\mathrm{T}}\right] = [\mathrm{LT}^{-1}]$$

2) 가속도(a)의 차원

가속도는 시간에 따라 속도가 변하는 정도이기 때문에 속도에 시간을 나눠준 값으로 나타낸다.

$$가속도 = 속도 / 시간\left(\frac{\mathrm{m/s}}{\mathrm{s}}\right) = \left[\frac{\mathrm{L}}{\mathrm{T}}\right]\times\left[\frac{1}{\mathrm{T}}\right] = \left[\frac{\mathrm{L}}{\mathrm{T}^2}\right] = [\mathrm{LT}^{-2}]$$

3) 힘(F)의 차원

외부의 힘이 물체에 작용하면 힘의 방향으로 가속도가 생긴다. 이 이론으로부터 힘은 질량에 가속도가 가해진 값으로 정의할 수 있다.

$$힘(\mathrm{N}) = 질량 \times 가속도(\mathrm{kg}\cdot\mathrm{m/s^2}) = [\mathrm{M}\times\mathrm{L}\times\mathrm{T}^{-2}] = [\mathrm{MLT}^{-2}]$$

힘의 차원인 경우에는 많은 수식에서 이용되므로 [F]로 사용되기도 한다.

4) 일(W)의 차원

일은 어떤 물체에 일정한 힘을 가하여 움직이게 했을 때, 작용한 힘의 물체 운동 방향 성분의 크기와 물체가 움직인 거리의 곱을 말한다.

$$일 = 힘 \times 거리 = F\cdot S\,(\mathrm{kg}\cdot\mathrm{m/s^2}\cdot\mathrm{m}) = \mathrm{kg}\cdot\mathrm{m^2/s^2} = [\mathrm{L^2MT^{-2}}]$$

하지만 일의 경우 압력 × 부피 또한 일이라고 이야기할 수 있다. 왜냐하면 차원이 같기 때문이다.

$$W = \text{힘} \times \text{거리} = F \times S = \text{kg} \cdot \text{m/s}^2 \times \text{m} = \text{kg} \cdot \text{m}^2/\text{s}^2 = [\text{L}^2\text{MT}^{-2}]$$

$$W = \text{압력} \times \text{부피} = P \times V = 1\ \text{N/m}^2 \times \text{m}^3 = 1\ \text{N} \times \text{m} = [\text{FL}] = [\text{L}^2\text{MT}^{-2}]$$

차원이 같다면 같은 단위로 환산할 수 있고 같은 개념으로 보고 계산할 수 있다. 또한 일 = kg · m/s^2 · m = [ML^{2}T^{-2}]일 때 [F]를 이용하여 표현하게 된다면 [FL]로 표현될 수 있다.

5) 일률(P)의 차원

일률은 일의 양이나 전달된 에너지를 시간 간격 t로 나눈 값, 즉 W/t로 나타낸다. 일률의 단위는 일(또는 에너지)을 단위시간으로 나눈 것으로 J/s 또는 W (와트)를 사용하거나, 물체를 움직이기 위하여 가한 힘과 물체가 힘의 방향으로 움직이는 속도를 곱한 양으로 나타낼 수 있다. 힘 F의 크기가 N (뉴턴) 단위이고 속도 U가 m/s 단위라면 일률은 FU가 되며 단위는 W 이다.

$$\text{일률} = \frac{\text{일}}{\text{시간}} = \frac{\left[\text{M} \times \dfrac{\text{L}^2}{\text{T}^2}\right]}{[\text{T}]} = \left[\text{M} \times \frac{\text{L}^2}{\text{T}^3}\right] = [\text{ML}^2\text{T}^{-3}] = [\text{FLT}^{-1}]$$

6) 운동량(M)의 차원

뉴턴의 제2법칙에 따르면 운동량의 시간 변화율은 입자에 작용하는 힘에 비례한다고 하였다. 이 이론으로부터 운동량은 힘에 시간이 가해진 값으로 정의할 수 있다.

$$\text{운동량} = \text{힘} \times \text{시간} = \left[\text{M} \times \frac{\text{L}}{\text{T}^2}\right] \times [\text{T}] = [\text{MLT}^{-1}] = [\text{FT}]$$

[표 1.8] MLT계 물리량의 단위와 차원

물리량	기호	MKT계	
		단위	차원
면적	A	m^2	L^2
체적	V	m^3	L^3
속도	$V,\ U$	m/s	LT^{-1}
가속도	a	m/s^2	LT^{-2}
각속도	ω	rad/s	T^{-1}
질량	m	kg	M
힘	F	N	MLT^{-2}
일	W	J (=N · m)	ML^2T^{-2}
일률	P	W (=J/s)	ML^2T^{-3}
운동량	M	N · s	MLT^{-1}

문제 1-3 질량을 [M], 길이를 [L], 시간을 [T]라고 할 때 일(work)의 차원은 어떻게 되는가?

풀이 일의 단위는 kg_f · m, N · m, J로 나타낸다.

또한 N · m은 kg · m/s^2 · m과 같고 계산해 본다면

일 = 질량 × 길이 / $(시간)^2$ × 길이 = $M \times L \times T^{-2} \times L = [ML^2T^{-2}]$

연습문제

1. 체중이 150 lb인 사람은 몇 kg인가?

풀이

150 lb = 150 × 453.59 g/1 lb

$$150\ \text{lb} = \frac{150 \times 453.59\,\text{g}}{1\,\text{lb}} \times \frac{1\,\text{kg}}{1000\,\text{g}} = 68.04\,\text{kg}$$

2. 면적이 100 m^2인 공터가 있다. ft^2으로 단위환산한다면 그 값은 얼마인가?

풀이

1 m^2 = 10.7634 ft^2

100 m^2 = 1076.34 ft^2

3. 170 km/h의 속력을 mile/min으로 단위환산한다면 그 값은 얼마인가?

풀이

1 km = 0.6214 mile

1 h = 60 min

$$170\,\text{km/h} = \frac{170\,\text{km}}{1\,\text{h}} \times \frac{0.6214\,\text{mile}}{1\,\text{km}} \times \frac{1\,\text{h}}{60\,\text{min}} = 1.76\,\text{mile/min}$$

4. 유체가 110 L/min으로 흐르고 있다. 이 값을 m^3/s로 환산하면 그 값은 얼마인가?

풀이

$$\frac{110\,\text{L}}{\text{min}} \times \frac{1\,\text{min}}{60\,\text{s}} \times \frac{1\,\text{m}^3}{1000\,\text{L}} = 0.00183\,\text{m}^3/\text{s}$$

5. 속도, 가속도, 힘의 차원을 표시하시오.

풀이

속도 = m/s = $[LT^{-1}]$

가속도 = m/s^2 = $[LT^{-2}]$

힘 = N = kg · m/s^2 = $[MLT^{-2}]$

6. $W = F \times S$ (일 = 힘 × 거리)이다. 하지만 $W = PV$로도 이야기한다. $W = PV$가 성립하는 것을 차원을 통해 나타내시오.

풀이

$W = F \times S = [\mathrm{FL}] = [\mathrm{ML^2T^{-2}}]$

$W = P \times V$에서 P는

$P = \frac{F}{A} = \left[\frac{\mathrm{MLT^{-2}}}{\mathrm{L^2}}\right] = [\mathrm{ML^{-1}T^{-2}}]$

$W = P \times V = [\mathrm{ML^{-1}T^{-2}}] \times [\mathrm{L^3}] = [\mathrm{ML^2T^{-2}}]$

$W = F \times S$와 $W = P \times V$가 차원이 같으므로 $W = PV$가 성립할 수 있다.

7. 운동에너지는 $E_k = \frac{mU^2}{2}$이며, 위치에너지는 $E_p = mgh$이다. $E_k = E_p$가 성립하는 것을 차원을 통해 나타내시오.

풀이

$E_k = \frac{mU^2}{2}$에서 m은 질량, U는 속도를 나타낸다.

속도는 m/s로 나타낼 수 있으므로 U의 차원은 $[\mathrm{LT^{-1}}]$이 되고

$\frac{mU^2}{2}$의 차원은 $[\mathrm{M}] \times [\mathrm{LT^{-1}}] \times [\mathrm{LT^{-1}}] = [\mathrm{ML^2T^{-2}}]$

$E_k = [\mathrm{ML^2T^{-2}}]$이다.

$E_p = mgh$에서 m은 질량, g는 중력가속도, h는 높이를 나타낸다.

g는 $\mathrm{m/s^2}$로 나타낼 수 있으므로 g의 차원은 $[\mathrm{LT^{-2}}]$

$mgh = [\mathrm{M}] \times [\mathrm{LT^{-2}}] \times [\mathrm{L}] = [\mathrm{ML^2T^{-2}}]$

$E_p = [\mathrm{ML^2T^{-2}}]$이다.

운동에너지(E_k)와 위치에너지(E_p)는 같은 차원이므로 $E_k = E_p$가 성립함을 알 수 있다.

8. 중력가속도가 4.5 $\mathrm{m/s^2}$인 유성에서 질량 1.2 kg은 중량으로 몇 N인가?

풀이

$F = ma = 1.2 \times 4.5 = 5.4\,\mathrm{kg \cdot m/s^2} = 5.4\,\mathrm{N}$

9. $W = 150\ \mathrm{kg_f}$인 물체에 $a = 2.5\ \mathrm{m/s^2}$의 가속도를 주기 위한 힘 F를 구하면 몇 kg인가?

풀이

$F = ma = \frac{W}{g}a = \frac{150}{9.8} \times 2.5 = 38.27\,\mathrm{kg_f}$

2. 기본 물리량의 개념

앞서 물리량의 기본단위와 간단한 유도단위, 그에 따른 차원에 대해서 알아봤다. 이번 장에서는 열역학 및 유체역학에서 많이 사용하는 유도단위계에서 밀도, 비중, 압력, 점성계수 등 여러 물리량에 대해서 알아보려 한다. 이러한 유도단위들의 개념과 공식들을 이해하는 것은 물리적인 특성뿐만 아니라 현상에 대한 이해를 도와주며, 유체의 기본개념을 이해하는데 필수적인 요소이다.

1) 밀도(ρ)

같은 질량을 갖는 금속으로 된 추와 코르크 마개가 있고, 이 둘을 동시에 물 위에 던진다고 가정해보자. 같은 질량을 갖고 있음에도 금속 추는 바로 가라앉는 반면에 코르크 마개는 쉽게 물 위에 뜬다. 그 이유는 두 물질에 물리량에 차이가 있기 때문이다. 두 물질은 질량은 같지만 부피가 다르다. 즉, 같은 질량이기 때문에 코르크 마개의 부피가 훨씬 클 것이다. 그렇기 때문에 코르크 마개는 금속 추에 비해 단위부피당 질량, 즉 밀도가 더 작다. 밀도는 물질의 질량을 부피로 나눈 값이기 때문에, 같은 질량을 갖더라도 부피가 클수록 밀도는 작아지게 된다. 밀도가 다른 두 물질을 섞으면 상대적으로 밀도가 작은 물질은 뜨고, 밀도가 큰 물질은 가라앉기 때문에 물보다 밀도가 작은 코르크 마개는 물에 뜨고, 물보다 밀도가 큰 금속 추는 물속으로 가라앉게 되는 것이다.

정리하자면 밀도는 물질의 질량을 부피로 나눈 값으로 물질마다 고유한 값을 가지고 있으며 단위는 g/mL, g/cm^3, kg/m^3 등을 주로 사용한다. 물을 제외한 일반적인 물질의 밀도는 고체 > 액체 >> 기체의 순이며 물질 속의 원자나 분자 배열의 소밀도, 합금이나 혼합물 속의 성분비 등을 알아내는데 이용된다.

이러한 밀도를 식으로 나타내면

$$\rho = \frac{m}{V}\ (kg/m^3)$$

이 된다. 밀도는 보통 물질 1 m^2당 kg의 수로 나타낸다. 액체밀도의 기본이 되는 4℃에서 가장 큰 값을 가진다. 이때 물의 밀도는 1.0 g/cm^3, 1000 kg/m^3으로 나타낼 수 있다.

이러한 밀도의 차원은 밀도 = 질량 / 부피(kg/m^3) = $[ML^{-3}]$이 되며, 힘의 단위로 표현한다면 $[FT^2L^{-4}]$으로 표현할 수 있다.

문제 2-1 액체 1 cm^3이 차지하는 질량이 1.96 g일 때 액체의 밀도는 몇 kg/m^3인가?

풀이 밀도 = 질량 / 부피이므로 $\frac{1.96\,g}{1\,cm^3}$이다. 이 값을 kg/m^3으로 단위환산한다면

$\frac{1.96\,g}{1\,cm^3} \times \frac{1\,kg}{1000\,g} \times \left(\frac{100\,cm}{1\,m}\right)^3 = \frac{1960\,kg}{m^3}$이 된다.

2) 비중량(γ)

비중량은 물질의 단위부피당 중량으로 나타낸 값이다. 단위중량이라고 불리기도 한다. 비중량은 일반적으로 γ로 나타낸다.

$$\gamma = \frac{W}{V} = \frac{mg}{V} = \rho \cdot g \ \ (kg_f/m^3)$$

비중량의 기본차원은

$$\text{비중량} = \text{중량/부피}(kg_f/m^3) = \frac{kg \cdot m/s^2}{m^3} = kg/s^2m^2 = [ML^{-2}T^{-2}]$$

가 되고 힘의 차원으로 나타낸다면

$$\text{비중량} = \text{중량/부피}(kg_f/m^3) = [FL^{-3}]$$

이 된다.

문제 2-2 부피가 1.6 m^3인 원통 안에 1,800 kg의 액체가 들어있다. 이때 비중량은 몇 kg_f/m^3이 되는가?

풀이 $\gamma = \frac{mg}{V} = \frac{1800\,kg \times 9.8\,m/s^2}{1.6\,m^3} \times \frac{1\,kg_f}{9.8\,kg \cdot m/s^2} = 1125\ kg_f/m^3$

3) 비중(S)

비중은 어떤 물질의 밀도 ρ 또는 비중량 γ와 표준물질의 밀도 ρ_s 또는 비중량 γ_s 와의 비이다. 표준밀도 ρ_s는 온도 및 기압 조건이 따로 제시되지 않았다면 일반적으로 고체 및 액체에 대해서는 4℃ 1기압 아래의 물, 기체에 대해서는 20℃ 1기압인 공기를 기준으로 하며 그 값은 0.999972 g/cm^{3}이다. 거의 1.0 g/cm^{3}에 가깝기 때문에 계산할 경우 1.0 g/cm^3, 1000 kg/m^{3}으로 계산된다.

이러한 비중을 공식으로 나타낸다면

$$S = \frac{\gamma}{\gamma_{H_2O}} = \frac{\rho}{\rho_{H_2O}}$$

이 되며, 표준물질의 밀도와 비체중을 알고 있으므로

$$\gamma = \gamma_{H_2O} \cdot S = 1000\,S\,(\mathrm{kg_f/m^3}) = 9800\,S\,(\mathrm{N/m^3})$$
$$\rho = \rho_{H_2O} \cdot S = 1000\,S\,(\mathrm{kg/m^3}) = 102\,S\,(\mathrm{kg_f \cdot s^2/m^4})$$

이 된다. 또한 밀도끼리의 비이므로 단위가 없는 무차원량이 된다. 예를 들어, 수은의 비중을 계산한다면

$$\frac{\text{수은 밀도}}{\text{물의 밀도}} = \frac{13600\,\mathrm{kg/m^3}}{1000\,\mathrm{kg/m^3}} = 13.6$$

이라는 무차원량이 된다.

문제 2-3 비중이 0.87인 액체가 있다. 이 액체의 밀도는 몇 kg/m^{3}인가?

풀이 $\frac{\text{액체 밀도}}{\text{물의 밀도}} = \frac{x}{1000\,\mathrm{kg/m^3}} = 0.87$

$x = 870\,\mathrm{kg/m^3}$

4) 비체적($\overline{V}$)

유체열역학에서 물질의 질량당 부피의 비율이며, 밀도의 역수(reciprocal)이다. SI 단위계에서 비체적은 어떤 물질의 1킬로그램이 차지하는 세제곱미터로 정의된다.

$$\overline{V} = \frac{1}{\rho} = \frac{m^3}{kg} = [L^3M^{-1}]$$

5) 압력(P)

압력은 단위면적당 작용하는 힘이다.

$$P = \frac{F}{A} = \frac{N}{m^2} = [FL^{-2}] = [ML^{-1}T^{-2}]$$

압력의 단위는 보통 kg_f/cm^2, $N/m^2(=Pa)$, mmHg, mAq, bar 등 여러 가지가 있으며, 모든 표현법은 단위면적당 가해지는 힘을 기본으로 나타낸다.

압력은 대기압, 게이지압력, 진공압력, 절대압력으로 구분되며 그 정의 및 압력간 관계는 다음과 같다.

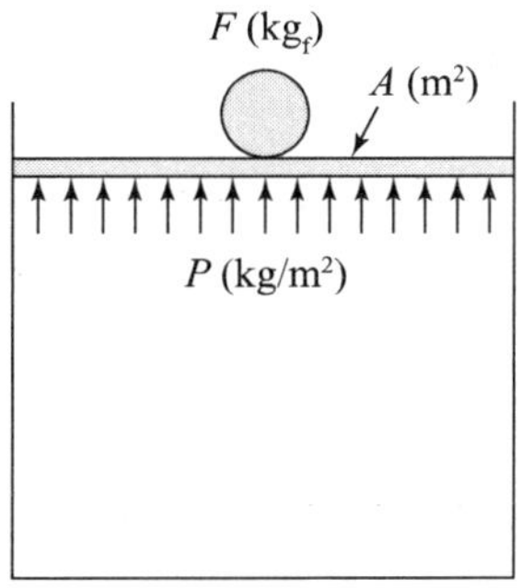

[그림 1.3] 압력

(1) 대기압(atmospheric pressure, P_0)

지구를 둘러싸고 있는 공기를 대기라 하면 그 대기에 의하여 누르는 압력, 즉 기압계로 측정한 압력을 대기압이라 한다.

① 표준대기압(atm) : 지구 전체의 국소대기압을 평균한 값

1 atm = 760 mmHg (수은주) = 1.0332 kg_f/cm^2
= 10.332 mAq (수주) = 1.01325 bar
= 1013.25 mbar = 101325 Pa

단, 공학 기압(ata)으로 하면 1 ata = 1 kg_f/cm^2

② 국소대기압 : 대기압은 지구의 위도에 따라 변화하는데 이러한 값을 국소대기압이라 한다. 즉, 표준대기압을 제외한 모든 임의의 압력이다.

(2) 게이지압력($P_{g.A}$)

압력계로 측정한 압력 또는 국소대기압을 기준으로 하여 측정한 압력으로 대기압은 게이지압력으로 0이다.

(3) 진공압($P_{g.B}$)

진공계로 측정한 압력으로서 국소대기압보다 낮은 압력을 말한다.

- 진공도 : 진공압의 크기를 백분율로 나타낸 값

(4) 절대압력(P_{abs})

완전진공을 기준으로 측정한 압력

$$\begin{aligned} \text{절대압력}(P_{abs}) &= \text{국소대기압}(P_0) + \text{게이지압력}(P_{g.A}) \\ &= \text{국소대기압}(P_0) - \text{진공압}(P_{g.B}) \end{aligned}$$

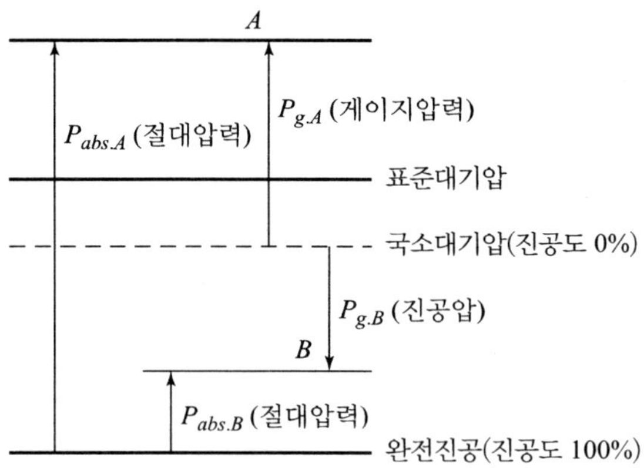

[그림 1.4] 절대압력과 게이지압력

[표 2.1] 단위체계 주요 접두어

배수	접두어	배수	접두어
10^9	G (giga)	10^{-1}	d (deci)
10^6	M (mega)	10^{-2}	c (centi)
10^3	k (kilo)	10^{-3}	m (milli)
10^2	h (hecto)	10^{-6}	μ (micro)
10^1	da (deca)	10^{-9}	n (nano)

[표 2.2] 압력 단위계

v・d・e・h	파스칼(Pa)	바(bar)	공학기압(at)	기압(atm)
1 Pa	$\equiv$ 1 N/m^2	10^{-5}	1.0197×10^{-5}	9.8692×10^{-6}
1 bar	100,000	$\equiv 10^6$ dyn/cm^2	1.0197	0.98692
1 at	98,066.5	0.980665	$\equiv$ 1 kg$_f$/cm^2	0.96784
1 atm	101,325	1.01325	1.0332	$\equiv$ 1 atm

압력의 경우 정확한 수치가 필요한 경우 계산이 필요하지만 실생활 및 산업현장에서는 대략적으로 1 bar ≒ 1 kg$_f$/cm^2, 1 bar ≒ 0.1 MPa로 사용한다.

연습문제

1. 물의 밀도를 kg/L로 나타내어라.

풀이

물의 밀도는 1 g/cm^{3}이다.

$$\frac{1\,\text{g}}{1\,\text{cm}^3} \times \frac{1\,\text{kg}}{1000\,\text{g}} \times \left(\frac{100\,\text{cm}}{1\,\text{m}}\right)^3 = 1000\,\text{kg/m}^3$$

1 m^3 = 1000 L이므로

1000 kg / 1000 L = 1 kg/L

2. 물의 비중량은 몇 kg$_f$/m^{3}인가?

풀이

물의 밀도는 1,000 kg/m^{3}이다.

이때의 비중량은

$$\frac{1{,}000\,\text{kg}}{\text{m}^3} \times \frac{9.8\,\text{m}}{\text{s}^2} = 9{,}800\,\text{kg/m}^2 \cdot \text{s}^2$$

9,800 kg/m^2 · s^{2}을 kg$_f$/m^{3}로 나타내면

$$\frac{9{,}800\,\text{kg}}{\text{m}^2 \cdot \text{s}^2} \times \frac{1\,\text{N}}{1\,\text{kg} \cdot \text{m/s}^2} \times \frac{1\,\text{kg}_\text{f}}{9.8\,\text{N}} = 1{,}000\,\text{kg}_\text{f}/\text{m}^3$$

물의 비중은 1,000 kg$_f$/m^{3}이 된다.

3. 액체의 밀도가 560 lb/ft^{3}이다. 이 액체 5 m^{3}의 질량은 몇 kg인가?

풀이

$$\frac{560\,\text{lb}}{\text{ft}^3} \times \frac{0.454\,\text{kg}}{1\,\text{lb}} \times \left(\frac{1\,\text{ft}}{0.3048\,\text{m}}\right)^3 = \frac{8978.4\,\text{kg}}{\text{m}^3}$$

$\rho = \dfrac{m}{V}$ 이므로

$$\frac{8978.4\,\text{kg}}{\text{m}^3} \times 5\,\text{m}^3 = 44{,}892\,\text{kg}$$이다.

4. 비중이 0.97인 액체가 있다 이 액체의 몇 lb/ft^3인가?

풀이 액체의 비중이 0.97일 때 밀도는

$$0.97 \times \frac{1,000\,kg}{m^3} = \frac{970\,kg}{m^3}$$ 이다.

lb/ft^3으로 환산한다면

$$\frac{970\,kg}{m^3} \times \frac{1\,lb}{0.454\,kg} \times \left(\frac{0.3048\,m}{1\,ft}\right)^3 = 60.5\,lb/ft^3$$ 이 된다.

5. 비중이 0.45인 액체의 비중량은 몇 kg_f/m^3인가?

풀이 액체의 비중이 0.45일 때 밀도는 $450\,kg/m^3$이다.

비중량 $= \rho g$ 이므로

$$450\,kg/m^3 \times 9.8\,m/s^2 \times \frac{1\,N}{1\,kg \cdot m/s^2} \times \frac{1\,kg_f}{9.8\,N} = 450\,kg_f/m^3$$

6. 중량이 38000 N인 액체의 부피를 측정하였더니 $5.2\,m^3$이었다 액체의 비중은 얼마인가?

풀이 액체의 비중 $S = \frac{\rho}{\rho_{H_2O}} = \frac{\gamma}{\gamma_{H_2O}}$ 이다.

$\rho_{H_2O} = 1000\,kg/m^3$ 이며

$\gamma_{H_2O} = 1000\,kg/m^3 \times 9.8\,m/s^2 = 9800\,kg \cdot m/s^2 \times 1/1\,m^3 = 9800\,N/m^3$

$$\gamma = \frac{38000\,N}{5.2\,m^3} = 7307.7\,N/m^3$$

$$\frac{\gamma}{\gamma_{H_2O}} = \frac{7307.7\,N/m^3}{9800\,N/m^3} = 0.7457$$ 이 된다.

7. $120\,kg_f \cdot s^2/m^4$인 액체의 밀도 값을 kg/m^3으로 나타내면 얼마인가?

풀이 $$\frac{120\,kg_f \cdot s^2}{m^4} \times \frac{9.8\,N}{1\,kg_f} \times \frac{1\,kg \cdot m/s^2}{1\,N} = \frac{1176\,kg}{m^3}$$

8. 수은에 비중이 13.6일 때 수은에 비체적은 얼마인가?

풀이 비중이 13.6일 때 수은에 밀도는

$\dfrac{x}{1000\,\text{kg/m}^3} = 13.6$이므로

$x = 13600\,\text{kg/m}^3$이 되고

$\overline{V} = \dfrac{1}{\rho}$이므로

$\dfrac{1}{13600\,\text{kg/m}^3} = \dfrac{7.353\times10^{-5}\,\text{m}^3}{\text{kg}}$이 된다.

9. 액체 20 L의 중량이 125 N일 때 비체적은 몇 m^3/kg인가?

풀이 액체 20 L의 중량이 125 N일 때 비중량은

$\dfrac{125\,\text{N}}{20\,\text{L}} \times \dfrac{1000\,\text{L}}{1\text{m}^3} \times \dfrac{\text{kg}\cdot\text{m/s}^2}{1\,\text{N}} = \dfrac{6250\,\text{kg}}{\text{m}^2\text{s}^2}$ 이다.

$\gamma = \rho g$이므로

$\dfrac{6250\,\text{kg}}{\text{m}^2\text{s}^2} \times \dfrac{1}{9.8\,\text{m/s}^2} = \dfrac{637.76\,\text{kg}}{\text{m}^3}$이다.

$\overline{V} = \dfrac{1}{\rho}$이므로

$\dfrac{\text{m}^3}{637.76\,\text{kg}} = 1.066\times10^{-3}\,\text{m}^3/\text{kg}$가 된다.

10. 유체의 비중량을 γ, 밀도를 ρ, 중력가속도를 g라고 할 때 차원을 통해 이들 사이의 관계를 나타내어라.

풀이 γ = 중량 / 부피$\left(\dfrac{W}{V}\right)$ = $\text{kg/s}^2\text{m}^2$ = $[\text{ML}^{-2}\text{T}^{-2}]$

ρ = 질량 / 부피(kg/m^3) = $[\text{ML}^{-3}]$

g = 길이 / 시간^2(m/s^2) = $[\text{LT}^{-2}]$

$\rho\times g = [\text{ML}^{-2}\text{T}^{-2}]$

$\gamma = \rho\times g$가 성립된다.

11. 압력계의 바늘이 3.6 kg_f/cm^2을 가리키고 있다. 이때의 대기압이 1700 mbar라면 절대압력은 몇 kg_f/cm^2인가?

풀이

1 atm이 mbar 단위로는 1013 mbar이고 힘의 단위인 kg_f/cm^2로는 1.0332 kg_f/cm^2이므로 이 값을 이용해서 단위환산이 가능하다.

$$1700\,mbar = 1700\,mbar \times \frac{1.0332\,kg_f/cm^2}{1013\,mbar} = \frac{1.73\,kg_f}{cm^2}$$

따라서, 절대압력은 대기압 + 게이지압력의 값과 같으므로 게이지압력이 3.6 kg_f/cm^2이므로 절대압력은 다음과 같다.

$$\text{절대압력} = \frac{3.6\,kg_f}{cm^2} + \frac{1.73\,kg_f}{cm^2} = \frac{5.33\,kg_f}{cm^2}$$

12. 진공압력이 110 mmHg일 때 절대압력은 몇 kPa인가?

풀이

주어진 조건에서 절대압력 = 대기압 − 진공압이 된다. 그러므로 주어진 압력 단위를 하나로 통일해서 계산하여야 한다. 먼저 대기압인 1기압은 결과값인 kPa의 단위값으로는 101.3 kPa이므로 110 mmHg 값을 kPa로 환산하여 사용하면 된다.

1 atm이 mmHg 단위로는 760 mmHg이고 힘의 단위인 kPa로는 101.3 kPa이므로 이 값을 이용해서 단위환산이 가능하다.

$$110\,mmHg = 110\,mmHg \times \frac{101.3\,kPa}{760\,mmHg} = 14.66\,kPa$$

따라서 절대압력은 [절대압력 = 대기압 − 진공압]으로부터

절대압력 = 101.3 kPa − 14.66 kPa = 86.64 kPa

13. 대기압 113 kPa인 곳에서 측정된 진공압력이 9 kPa의 경우 절대압력은 몇 kPa인가?

풀이

주어진 조건에서 대기압이 113 kPa이고, 측정된 진공압이 9 kPa이므로

절대압력 = 대기압 − 진공압에서

절대압력 = 대기압 − 진공압 = 113 kPa − 9 kPa = 104 kPa이 된다.

14. 대기압이 753 mmHg일 때 진공도 80%의 절대압력은 몇 kg_f/cm^2 abs인가?

풀이

절대압력 P_{abs} = 대기압(P_0) − 진공압(P_g)

$$= \frac{753}{760} \times 1.0332 - \frac{753}{760} \times 0.8 = 0.231\,\mathrm{kg_f/cm^2}$$

15. 대기압이 752 mmHg일 때, 게이지압력이 52.9 kg_f/cm^2인 증기의 절대압력은 몇 kg_f/cm^2 인가?

풀이

절대압력 P_{abs} = 대기압 + 게이지압력

$$= \frac{752}{760} \times 1.0332 + 52.9 = 53.9223 \fallingdotseq 53.92\,\mathrm{kg_f/cm^2}$$

16. 대기 중에 있는 지름 4 cm인 실린더의 피스톤 위에 120 kg_f의 추를 올려놓을 때 실린더 내의 가스의 절대압력은 몇 kg_f/cm^2인가?

풀이

절대압력 = 대기압 + 게이지압력

$$= 1.0332 + \frac{120}{\frac{\pi}{4} \times 4^2} = 10.58\,\mathrm{kg_f/cm^2}$$

17. 국소대기압이 수은주 720 mmHg일 때 진공계가 0.1 kg_f/cm^2의 진공을 지시하였다. 이는 몇 kg_f/cm^2 abs의 절대압력인가? (단, 수은의 비중은 13.6이다.)

풀이

절대압력 P_{abs} = 대기압(P_0) − 진공압(P_g)

$$= \frac{720}{760} \times 1.0332 - 0.1 = 0.8788\,\mathrm{kg_f/cm^2}$$

18. 비중량이 750 kg_f/m^3인 기름 120 L의 중량은?

풀이

$$\gamma = \frac{W}{V} \text{ 에서 } W = \gamma V = 750 \times 120 \times 10^{-3} = 90\,\mathrm{kg_f}$$

3. 유속과 유량

유속은 단위시간당 유체입자의 이동으로 표현될 수 있으며, 유량은 일정 단위시간에 흐르는 기체나 액체의 양으로 정의된다. 유속과 유량 모두 단위 시간당 이동을 기준으로 하고 있는 물리량이다. 즉, 물리량 사이에 연관성을 가지고 있다. 이 장에서는 유체의 유속 및 유량에 관해서 알아볼 것이다.

3.1 유속

유체가 일정한 거리를 흐르는 빠르기의 정도를 말하는 것으로 보통 m/s로 나타낸다. 하천에서는 하도 내에서 일정한 구간을 흐르는 유체의 빠르기를 말하는 것이다. 간단하게 말해서 단위시간에 유체 내의 어떤 점을 통과하는 물입자의 속도를 말한다. 유속의 경우 속도의 단위이기 때문에 기호 U를 사용하고 단위는 m/s로 나타낸다.

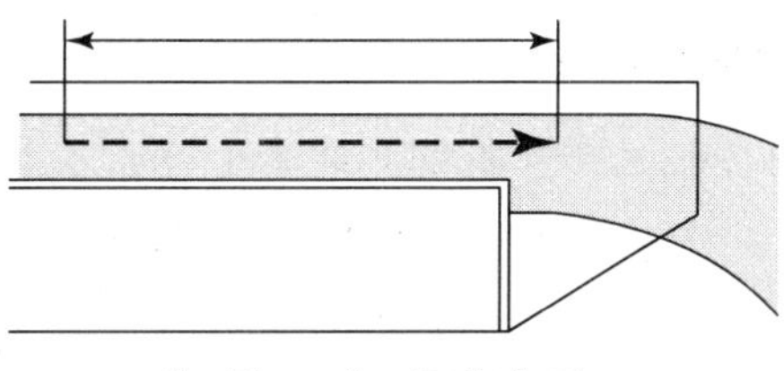

[그림 3.1] 유체의 밀도

3.2 유량

유체의 흐름 중 일정 면적의 단면을 통과하는 유체의 체적, 질량 또는 중량을 시간에 대한 비율로 표현한 것을 유량이라 칭하며 각각 유체의 체적을 시간에 대한 비율로 표시한 유량을 체적유량, 유체의 질량을 시간에 대한 비율로 표시한 질량유량, 일정시간에 흐르는 기체나 액체의 양을 중량으로 나타낸 것을 중량유량이라고 한다.

1) 체적유량(Q)

일정시간에 흐르는 기체나 액체의 양을 부피로 나타낸 것을 체적용량이라 한다. 우리가 일반적으로 유량이라고 부르는 값이 바로 이 체적유량이다.

체적유량을 식으로 나타낸다면

$$Q = AU \ [\mathrm{m^3/s}]$$

이 된다.

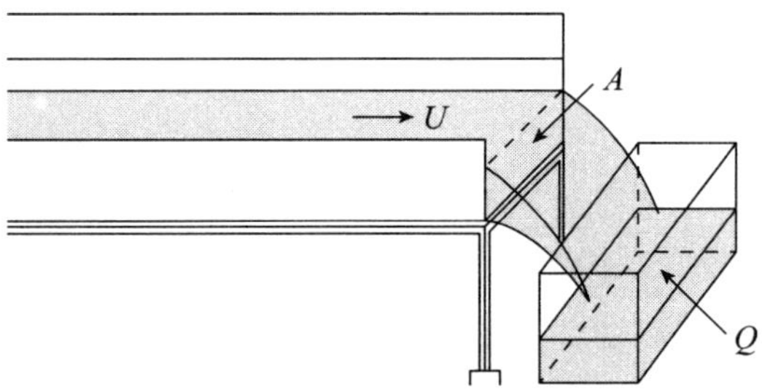

[그림 3.2] 유체의 유량

2) 질량유량($\dot{m}$)

일정시간에 흐르는 기체나 액체의 양을 질량으로 나타낸 것을 질량유량이라고 한다. 질량유량은 시간에 따른 물질의 이동이기 때문에 질량속도라고도 이야기한다. 여기서 체적유량과 질량유량의 관계를 본다면, 체적유량은 $\frac{\text{부피}}{\text{시간}}$를 나타내며 질량유량은 $\frac{\text{질량}}{\text{시간}}$으로 나타낸다. 그러므로 체적유량과 질량유량의 관계는 부피와 질량의 상관관계와 같은 의미가 된다. 또한 우리가 알고 있는 물리량인 밀도는 $\frac{\text{질량}}{\text{부피}}$으로 나타낼 수 있다. 체적유량과 밀도의 관계를 살펴본다면

$$\frac{\text{질량}}{\text{시간}} = \frac{\text{부피}}{\text{시간}} \times \frac{\text{질량}}{\text{부피}}$$

$$\dot{m} = Q \times \rho$$

가 된다.

3) 중량유량($\dot{G}$)

일정시간에 흐르는 기체나 액체의 양을 중량으로 나타낸 것을 중량유량이라고 한다. 시간의 따른 중량의 이동이라는 의미에서 중량속도라고 이야기한다. 여기서 체적유량과 중량유량의 관계를 본다면 체적유량은 $\frac{부피}{시간}$를 나타내며 중량유량은 $\frac{중량}{시간}$으로 나타낸다. 그러므로 체적유량에 비중량을 곱해준다면 중량유량과의 관계가 나온다.

$$\frac{중량}{시간} = \frac{부피}{시간} \times \frac{중량}{부피}$$

$$\dot{G} = Q \times \gamma$$

또한 중량유량과 질량유량의 관계를 본다면, 중량유량은 $\frac{중량}{시간}$이고, 질량유량은 $\frac{질량}{시간}$이기 때문에 질량과 중량의 관계로 볼 수 있다.

$w = mg$이므로

$$\dot{G} = \dot{m} \cdot g$$

로 나타낼 수 있다.

3.3 유속과 면적과의 관계

유체가 흐르는 유로는 주로 관을 통해서 흐르게 된다. 원통형 관을 통해서 유체가 흐를 경우 원통형관의 직경의 변화에 따라서 유속이 변화한다. 유체가 흐를 때 관의 크기에 따라서 어떻게 유체의 속도가 변화되는지 알아보자.

먼저 유속에 면적을 곱했을 때 체적유량이 나오게 된다. 유체가 배관을 통해 흐른다고 가정한다면, 유체의 흐름양은 관의 직경 D와 유체의 속도에 따라 결정되며 유체의 속도가 빨라짐에 따라 유량은 증가할 것이다.

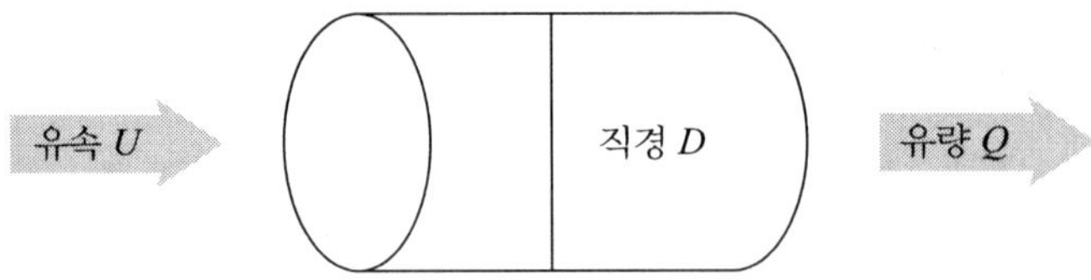

[그림 3.3]

정리해본다면 직경 D에 따른 면적은

$$A = \pi r^2 = \pi \frac{D^2}{4}$$

이 될 것이다. 또한 유량을 구해보면

$$Q = AU \ [\mathrm{m^3/s}]$$

이 되며 유량은 유속과 직경에 비례관계에 있음을 알 수 있다.

연습문제

1. 관의 면적이 0.25 m^2인 원통형 배관을 지나갈 때 0.45 m^3/s의 유량으로 물이 흐르고 있다. 이때의 유속은 몇 m/s인가?

풀이

$Q = UA$일 때 유속 U를 구해야 하므로 $U = \dfrac{Q}{A}$이다.

$Q = 0.45 m^3/s$, $A = 0.25 m^2$일 때 $U = \dfrac{0.45\,m^3/s}{0.25\,m^2} = 1.8\,m/s$가 된다.

2. 직경이 23.5 cm인 배관을 통해 23.5 m^3/min의 유량으로 물이 흐르고 있다. 이 때 유속은 몇 m/s인가?

풀이

$U = \dfrac{Q}{A}$에서 A는 $A = \pi D^2/4$이므로

직경이 23.5 cm인 배관의 단면적은

$\pi\left(23.5\,cm \times \dfrac{1\,m}{100\,cm}\right)^2 \Big/ 4 = 0.043\ m^2$이 된다.

$Q = 23.5\ m^3/min \times 1\ min/60\ s = 0.392\ m^3/s$

$\dfrac{Q}{A} = \dfrac{0.392\ m^3/s}{0.043\ m^2} = 9.12\ m/s$가 된다.

3. 원통형배관 내의 유량이 15 L/s이고 유속이 1.25 m/s일 때 원통배관의 직경은 몇 m인가?

풀이

$Q = UA = U\pi D^2/4$일 때

$D^2 = \dfrac{4Q}{U\pi}$이다.

$Q = \dfrac{15\,L}{s} \times \dfrac{1\,m^3}{1000\,L} = 0.015\,m^3/s$이다.

$D = \sqrt{\dfrac{4 \times 0.015\,m^3/s}{\pi \times 1.25\,m/s}} = 0.124\,m$가 된다.

4. 물이 흐르는 배관의 유량이 0.35 m^3/s이다. 이때 질량유량은 몇 kg/s인가?

풀이 질량유량과 체적유량의 관계는 $\dot{m} = Q\rho$ 이다.
이때에 물의 밀도는 1000 kg/m^3이며

$$\dot{m} = \frac{0.35\,\mathrm{m}^3}{\mathrm{s}} \times \frac{1000\,\mathrm{kg}}{\mathrm{m}^3} = 350\,\mathrm{kg/s}$$ 가 된다.

5. 직경이 10 cm인 원통형 배관 안에 물이 250 g/s로 흐르고 있다. 이때 유속은 몇 cm/s가 되는가?

풀이 $\dot{m} = Q\rho,\ Q = U\pi D^2/4$일 때

$$U = \frac{4 \times \dot{m}}{\rho \pi D^2}$$ 가 된다.

$\dot{m} = 250\,\mathrm{g/s},\ D = 10\,\mathrm{cm},\ \rho = 1\,\mathrm{g/cm^3}$일 때

$$U = \frac{4 \times 250\,\mathrm{g/s}}{1\,\mathrm{g/cm^3} \times 3.14 \times (10\,\mathrm{cm})^2} = 3.18\,\mathrm{cm/s}$$ 가 된다.

6. 물이 흐르는 원통형배관 안에 유량을 측정했더니 3500 L/min으로 흐르고 있었다. 이 값을 N/s의 단위로 나타내면 얼마인가?

풀이 체적유량, 중량유량의 관계를 살펴보면 $\dot{G} = Q \times \gamma$ 이다.
이때 Q는

$$Q = \frac{3500\,\mathrm{L}}{\mathrm{min}} \times \frac{1\,\mathrm{m}^3}{1000\,\mathrm{L}} \times \frac{1\,\mathrm{min}}{60\,\mathrm{s}} = 0.058\,\mathrm{m^3/s}$$

물의 비중량은 1000 kg/m^3 × 9.8 m/s^2이므로 $\gamma = 9800\,\mathrm{kg/m^2 \cdot s^2}$가 된다.

$$\dot{G} = 0.058\,\mathrm{m^3/s} \times 9800\,\mathrm{kg/m^2 \cdot s^2} = 568.4\,\mathrm{m \cdot kg/s^2}$$
$$= 568.4\,\mathrm{N/s}$$ 가 된다.

7. 배관의 반지름이 10 cm이고 유속이 5 m/s로 물이 흐른다. 이 값을 kg_f/s로 나타내어라.

풀이 반지름이 10 cm(0.1 m)이고 유속이 5 m/s일 때

$Q = \pi(0.1\,\mathrm{m})^2 \times 5\,\mathrm{m/s} = 3.14 \times 0.01\,\mathrm{m^2} \times 5\,\mathrm{m/s} = 0.157\,\mathrm{m^3/s}$ 이다.

kg_f/s는 중량유량의 단위이므로 $\dot{G} = Q \times \gamma$ 라는 식을 이용하면

$\gamma = 1000\,\mathrm{kg/m^3} \times 9.8\,\mathrm{m/s^2} = 9800\,\mathrm{kg/m^2 \cdot s^2}$ 이고

$Q = 0.157\,\text{m}^3/\text{s}$ 이므로

$\dot{G} = 0.157\,\text{m}^3/\text{s} \times 9800\,\text{kg}/\text{m}^2 \cdot \text{s}^2 = 1538.6\,\text{m} \cdot \text{kg}/\text{s}^2$

$= 1538.6\,\text{N}/\text{s}$ 가 된다.

단위환산하면

$$\frac{1538.6\,\text{N}}{\text{s}} \times \frac{1\,\text{kg}_\text{f}}{9.8\,\text{N}} = 157\,\text{kg}_\text{f}/\text{s} \text{ 가 된다.}$$

8. 배관에 흐르는 물에 질량유량이 10 kg/s이다. 이때의 체적유량을 m^3/s로, 중량유량을 N/s로 나타내시오.

풀이

체적유량, 질량유량, 중량유량의 관계는

$\dot{m} = Q \times \rho$, $\dot{G} = Q \times \gamma$

$\dot{G} = \dot{m} \cdot g$ 일 때 $\dot{m} = 10\,\text{kg}/\text{s}$ 이고

이때 $\dot{G}$ 은

$\dot{G} = 10\,\text{kg}/\text{s} \times 9.8\,\text{m}/\text{s}^2 = 98\,\text{kg} \cdot \text{m}/\text{s}^2 = 98\,\text{N}/\text{s}$ 이다.

또한 Q 는

$$Q = \frac{\dot{m}}{\rho} = \frac{10\,\text{kg}/\text{s}}{1000\,\text{kg}/\text{m}^3} = 0.01\,\text{m}^3/\text{s} \text{ 가 된다.}$$

9. 노즐의 직경이 14 mm이고, 방수량이 300 L/min일 때 노즐에서 방사되는 물의 유속은 몇 m/s인가?

풀이

관의 직경이 14 mm이므로 D = 14 mm = 1.4 cm가 되어 면적(A)을 계산하면

$$A = \pi r^2 = \pi\left(\frac{D}{2}\right)^2 = \frac{\pi}{4}D^2 = \frac{\pi}{4}(1.4\,\text{cm})^2 = 1.54\,\text{cm}^2 \text{ 이 된다.}$$

$Q = UA$ 의 관계에서 유속 U 를 구하면 다음과 같다. 이때 유량의 단위가 L/min이므로 유속(m/s)을 구하기 위해서는 부피의 단위환산인자인 1 m^3 = 1000 L와 시간의 단위환산인자인 1 min = 60 s를 활용해야 한다.

$$U = \frac{Q}{A} = \frac{\dfrac{300\,\text{L}}{\text{min}} \times \dfrac{1\,\text{m}^3}{1000\,\text{L}} \times \dfrac{1\,\text{min}}{60\,\text{s}}}{1.54\,\text{cm}^2 \times \left(\dfrac{1\,\text{m}}{100\,\text{cm}}\right)^2} = \frac{32.47\,\text{m}}{\text{s}}$$

10. 물이 5 m/s의 평균 속도로 직경이 60 mm인 원통형 관에서 흐르고 있을 때 이동되는 물의 양은 몇 L/min인가?

풀이

관의 직경이 D이고 유속이 U일 때 $A=\frac{\pi}{4}D^2$이므로 유량(Q)을 구하는 식은 다음과 같다.

$Q=UA=U\times\frac{\pi}{4}D^2$

주어진 조건에서 $D=60\,\text{mm}=6\,\text{cm}=6\times10^{-2}\,\text{m}$이므로

면적은 $A=\frac{\pi}{4}(6\times10^{-2}\,\text{m})^2=2.827\times10^{-3}\,\text{m}^2$이며

유량(Q)은 $Q=UA=U\times\frac{\pi}{4}D^2$이므로

계산하면 $Q=U\times\frac{\pi}{4}D^2=\frac{5\,\text{m}}{\text{s}}\times2.827\times10^{-3}\,\text{m}^2=\frac{0.014\,\text{m}^3}{\text{s}}$가 되어

이를 단위환산하면 $Q=\frac{0.014\,\text{m}^3}{\text{s}}\times\frac{60\,\text{s}}{\text{min}}\times\frac{1000\,\text{L}}{1\text{m}^3}=\frac{840\,\text{L}}{\text{min}}$

11. 유량이 150 L/min이고 유속이 8.0 m/s일 경우 연결된 관창 노즐에서 물이 방사될 때 노즐의 직경은 몇 mm인가?

풀이

부피의 단위환산 값 중에서 $1\,\text{m}^3=1000\,\text{L}$이므로 유량은

$Q=\frac{150\,\text{L}}{\text{min}}=\frac{150\,\text{L}}{\text{min}}\times\frac{1\,\text{m}^3}{1000\,\text{L}}\times\frac{1\,\text{min}}{60\,\text{s}}=\frac{2.5\times10^{-3}\,\text{m}^3}{\text{s}}$이다.

관의 면적은 $Q=UA$에서 $A=\frac{Q}{U}$가 되어

$$A=\frac{Q}{U}=\frac{\frac{2.5\times10^{-3}\,\text{m}^3}{\text{s}}}{\frac{8\,\text{m}}{\text{s}}}=3.13\times10^{-4}\,\text{m}^2\text{이다.}$$

면적은 $A=\frac{\pi}{4}D^2$이므로 여기서 직경 D는 다음과 같다.

$$D=\sqrt{\frac{4A}{\pi}}=\sqrt{\frac{4\times3.13\times10^{-4}\,\text{m}^2}{\pi}}=0.02\,\text{m}=20\,\text{mm}\text{이 된다.}$$

12. 파이프를 통해 물이 0.75 m^3/min로 흐르고 있다. 이 값을 kg/s의 단위로 환산하면 그 값은 얼마인가?

풀이 이 문제는 흐름양의 값을 부피에서 질량으로 환산하는 것으로 액체의 밀도 값을 이용하여 계산하는 문제이다. 물의 밀도값인 1000 kg/m^3을 이용하면 해결할 수 있다.

질량속도$\left(\frac{\text{kg}}{\text{s}}\right)$ = 유량$\left(\frac{\text{m}^3}{\text{s}}\right) \times$ 밀도$\left(\frac{\text{kg}}{\text{m}^3}\right)$에서

$\frac{0.75\,\text{m}^3}{\text{min}} = \frac{0.75\,\text{m}^3}{\text{min}} \times \frac{1000\,\text{kg}}{\text{m}^3} \times \frac{1\,\text{min}}{60\,\text{s}} = \frac{12.5\,\text{kg}}{\text{s}}$이 된다.

13. 비중이 0.75인 액체를 1시간 동안 1600 L를 저장탱크로 이동시키려고 한다. 이동시키기 시작한지 10분이 경과했을 때 이동된 액체의 양은 몇 kg인가?

풀이 이 문제는 비중과 유량이 제시된 조건에서 일정시간 동안 이동된 물질의 양을 계산하는 문제이다. 비중 = (액체의 밀도) / (물의 밀도)이므로 액상물질의 밀도는 물의 밀도가 1000 kg/m^3이므로 $\frac{1000\,\text{kg}}{\text{m}^3} \times 0.75 = \frac{750\,\text{kg}}{\text{m}^3}$이 된다.

그러므로 제시된 값인 1시간 동안에 이동된 부피 값 1600 L로부터 이 값을 질량으로 환산하면 질량유량$\left(\frac{\text{kg}}{\text{s}}\right)$ = 유량$\left(\frac{\text{m}^3}{\text{s}}\right) \times$ 밀도$\left(\frac{\text{kg}}{\text{m}^3}\right)$이므로

$\frac{1600\,\text{L}}{60\,\text{min}} \times \frac{1\,\text{m}^3}{1000\,\text{L}} \times \frac{750\,\text{kg}}{\text{m}^3} = \frac{20\,\text{kg}}{\text{min}}$이 된다.

그러므로 10분의 경과한 후에 이동한 액체의 양은

$\frac{20\,\text{kg}}{\text{min}} \times 10\,\text{min} = 200\,\text{kg}$이 된다.

14. 직경이 60 mm인 파이프의 앵글밸브를 통해서 물이 2.6 kg/s의 속도로 흐르고 있다. 이 조건에서 다음을 구하시오.

① 유량은 몇 L/min인가?

② 흐름속도는 몇 m/s인가?

풀이 물의 밀도는 1000 kg/m^3이므로 주어진 2.6 kg/s의 질량속도로부터 유량과 평균 속도를 구한다.

① 유량은 몇 L/min인가?

질량속도$\left(\frac{kg}{s}\right)$ = 유량$\left(\frac{m^3}{s}\right)$ × 밀도$\left(\frac{kg}{m^3}\right)$이므로

$$\text{유량} = \frac{\text{질량속도}}{\text{밀도}} = \frac{\frac{2.6\,kg}{s}}{\frac{1000\,kg}{m^3}} = \frac{2.6\times10^{-3}\,m^3}{s}$$

$$\text{유량} = \frac{2.6\times10^{-3}\,m^3}{s}\times\frac{1000\,L}{1\,m^3}\times\frac{60\,s}{min} = \frac{156\,L}{min}$$

② 흐름속도는 몇 m/s인가?

유량 = 속도 × 면적이므로, 면적을 계산하여 유속을 계산하면 된다.

$$\text{면적}(A) = \frac{\pi}{4}D^2 = \frac{\pi}{4}(6\,cm)^2 = 28.27\,cm^2$$

$$\text{흐름속도} = \frac{\text{유량}}{\text{면적}}$$

$$= \frac{\frac{156\,L}{min}\times\frac{1\,min}{60\,s}\times\frac{1000\,cm^3}{1\,L}}{28.27\,cm^2} = \frac{91.97\,cm}{s} = \frac{0.92\,m}{s}$$

15. 물이 직경이 18 cm인 원통형 파이프를 통해 8 m/s의 유속으로 흐른다. 이때 물의 중량속도는 몇 N/s인가?

풀이 관의 직경이 D, 유속이 U일 때

$A = \frac{\pi}{4}D^2$이므로 $Q = UA = U\times\frac{\pi}{4}D^2$이 되며,

$G = \gamma UA = \gamma U\times\frac{\pi}{4}D^2$로 나타낼 수 있다.

주어진 조건에서 D = 18 cm = 0.18 m이므로

$A = \frac{\pi}{4}(0.18\,m)^2 = 0.0254\,m^2$이므로 유량은 다음과 같다.

$Q = UA = U\times\frac{\pi}{4}D^2$에서

$Q = UA = \frac{8\,m}{s}\times0.0254\,m^2 = \frac{0.203\,m^3}{s}$이 된다.

물의 경우 비중량이 9800 N/m^{3}이므로

$G = \gamma UA = \gamma Q$에서

$$G = \gamma Q = \frac{9800\,N}{m^3}\times\frac{0.203\,m^3}{s} = \frac{1989.4\,N}{s}$$

4. 유체의 압력

열역학과 유체역학에서 단위면적에 작용하는 힘을 압력이라고 하며, 표준 단위로는 N/m^2 = Pa로 말한다. 면적 A에 수직으로 작용하는 힘을 F라고 한다면 여기에 미치는 압력은 $P = F/A$이다. 정지하고 있는 유체에 중력가속도가 작용하여 생기는 힘에 의하여 그 밑면에 미치는 압력을 정압이라고 한다.

4.1 압력의 단위

자유수면 아래에 정지해 있는 작은 정육면체 모양의 물을 생각해 보면, 정육면체 위 물의 무게는 정육면체의 압력에 의해 평형을 이루어야 한다. 무한히 작은 정육면체를 생각하면 이 무게, 즉 유체 정지압력은 다음과 같이 표현될 수 있다.

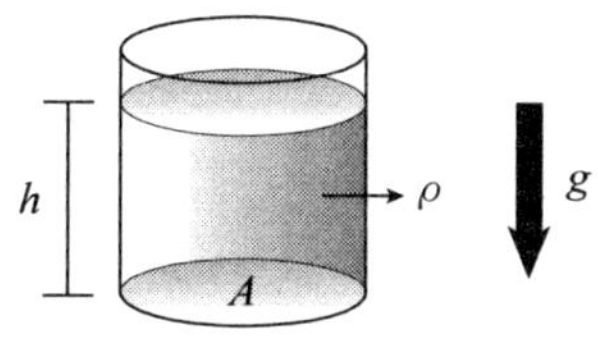

[그림 4.1] 유체의 압력

여기서, P : 유체 정지압력(Pa)
ρ : 물의 밀도(kg/m^3)
g : 중력가속도(m/s^2)
h : 자유 수면까지의 높이(m)

라고 할 때, 액체의 부피는 $V = Ah$이고, 질량은 밀도 ρ와 질량 m의 관계를 본다면 $\rho = \dfrac{m}{V}$이므로 $m = \rho V = \rho A h$가 된다. 수직방향에 가해진 힘은 $F = mg$ 이므로 압력의 정의인 면적당 가해진 힘은 $P = \frac{F}{A}$ 를 계산해 본다면

$$P = \frac{F}{A} = \frac{mg}{A} = \frac{\rho Vg}{A} = \rho gh$$

$$(\text{밀도} : \rho = \frac{m}{V}) \rightarrow (\text{질량} : m = \rho V)$$

이 된다.

또한 이러한 밀도를 차원으로 나타낸다면

$$P = \frac{F}{A} = \frac{\mathrm{N}}{\mathrm{m}^2} = [\mathrm{FL}^{-2}] = [\mathrm{ML}^{-1}\mathrm{T}^{-2}]$$

으로 나타낼 수 있다.

4.2 토리첼리의 실험

1642년 이탈리아의 토리첼리가 수은기둥 실험에 의하면 그림 4.2와 같이 1 m 정도의 유리관에 수은을 완전히 채운 후, 수은이 담긴 그릇 속에 넣으면 수은기둥이 약 76 cm 정도에서 멈추는 것을 관찰했다. 이것은 수은기둥

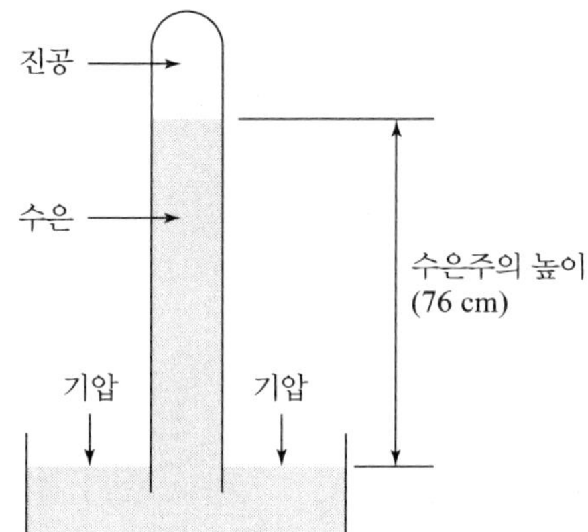

[그림 4.2] 토리첼리의 실험

이 무거워서 내려오려는 것을 대기압이 그릇의 수은면을 누르므로 힘이 균형을 이루기 때문에 더 이상 수은기둥이 내려오지 않는 것이다. 이 실험으로 토리첼리는 처음으로 기압계의 원리를 발명했다. 즉, 수은이 무거워서 수은 그릇으로 내려오려고 하는 것을 대기압이 수은 그릇의 수은을 눌러서 못 내려오게 하는 것이다. 그러므로 지표부터 하늘 끝까지의 공기무게는 수은기둥의 무게와 같은 것이다. 기압이 높으면 공기가 수은 면을 강하게 눌러 수은 기둥이 높아지고, 기압이 낮으면 약하게 눌러 수은 기둥이 낮아지게 된다. 이러한 이 대기가 가지는 힘을 1 atm이라고 정의하였다. 이 값을 표준대기압이라고 한다.

$$1\,\text{atm} = 76\,\text{cmHg}$$

또한 압력값이 액체가 존재하는 단면의 크기와 무관하므로 모든 액체를 이용하여 압력을 표기할 수 있지만, 압력의 체계단위에서 사용하는 기준물질인 물과 비중이 가장 큰 액체인 수은으로 대부분의 압력을 나타낸다. 액체의 높이로 나타낸 압력값을 계산할 때는 물의 높이와 수은의 높이를 사용한다. 수은의 높이와 물의 높이의 관계는 다음과 같다.

$$h_{H_2O} = \frac{\rho_{Hg}\, h_{hg}}{\rho_{H_2O}} = 13.6\, h_{Hg}$$

그러므로 표준대기압을 수은과 물의 높이로 나타내게 된다면

$$1\,\text{atm} = 760\,\text{mmHg} = 76\,\text{cmHg}$$

$$\begin{aligned} 1\,\text{atm} &= 76\,\text{cmHg} = 76\,\text{cm} \times 13.6\,H_2O \\ &= 1033.6\,\text{cm}H_2O = 10.33\text{m}H_2O \end{aligned}$$

이 된다.

길이 환산인자인 1 ft = 12 inch = 30.48 cm를 사용하여 단위환산을 한다면 물의 높이로 나타내는 1 atm을 inch 및 ft 단위로 나타낼 수 있다.

$$1\text{atm} = 1033.6\,H_2O \times \frac{1\,\text{ft}}{30.48\,\text{cm}} = 33.91\,\text{ft}H_2O$$

$$1\,\text{atm} = 1033.6\,H_2O \times \frac{12\,\text{inch}}{1\,\text{ft}} = 406.92\,\text{inch}\,H_2O$$

4.3 여러 단위계에서의 압력 단위

압력은 단위면적당 작용하는 힘으로 적용됨으로 압력의 단위체계에서는

cgs 단위에서는 $\dfrac{\text{dyne}}{\text{cm}^2} = \text{bar}$

MKS 단위에서는 $\dfrac{\text{N}}{\text{m}^2} = \text{Pa}$

FPS 단위에서는 $\dfrac{\text{lb}_\text{f}}{\text{inch}^2} = \text{psi}$

로 나타낸다.

1기압의 cgs 단위계를 조금 더 깊게 살펴본다면

$$1\,\text{atm} = \rho g h = \frac{1\,\text{g}}{\text{cm}^3} \times \frac{980\,\text{cm}}{\text{s}^2} \times 1033.6\,\text{cm}$$

$$= \frac{1012928\,\text{g}\cdot\text{cm}}{\text{s}^2} \times \frac{1}{\text{cm}^2} = \frac{1012928\,\text{dyne}}{\text{cm}^2}$$

$$1\,\text{atm} = \frac{1012928\,\text{dyne}}{\text{cm}^2} = \frac{1012928\,\text{dyne}}{\text{cm}^2} \times \frac{1\,\text{mbar}}{10^3\,\text{dyne/cm}^2}$$

$$= 1012.928\,\text{mbar} \fallingdotseq 1013\,\text{mbar}$$

1기압의 MKS 단위체계를 살펴본다면

$$1\,\text{atm} = \rho g h = \frac{1000\,\text{kg}}{\text{m}^3} \times \frac{9.8\,\text{m}}{\text{s}^2} \times 10.336\,\text{m}$$

$$= \frac{101292.8\,\text{kg}\cdot\text{m}}{\text{s}^2} \times \frac{1}{\text{m}^2} = \frac{101292.8\,\text{N}}{\text{m}^2}$$

$$1\,\text{atm} = \frac{101292.8\,\text{N}}{\text{m}^2} = \frac{101292.8\,\text{N}}{\text{m}^2} \times \frac{\text{Pa}}{\text{N/m}^2} = 101292.8\,\text{Pa}$$

1기압의 FPS의 단위체계를 살펴본다면

$$1\,\text{atm} = \frac{1.0336\,\text{kg}_\text{f}}{\text{cm}^2} = \frac{1\,\text{lb}_\text{f}}{0.454\,\text{kg}_\text{f}} \times \left(\frac{2.54\,\text{cm}}{1\,\text{inch}}\right)^2 = \frac{14.7\,\text{lb}_\text{f}}{1\,\text{inch}^2}$$

이 된다.

[표 4.1] 압력 단위계 정리

Pa (N/m)	M · Pa	kg_f/cm^2	bar	lb_f/in^2 (psi)	atm (기압)	mAq (수주)	mmHg (수은주)
1	1×10^{-5}	1.019×10^{-5}	1×10^{-5}	1.450×10^{-4}	9.862×10^{-6}	1.020×10^{-4}	7.501×10^{-3}
1×10^{6}	1	1.019×10	1×10	1.450×10^{2}	9.862	1.020×10^{2}	7.501
9.807×10^{4}	9.807×10^{-2}	1	9.807×10^{-1}	1.422×10	9.678×10^{-1}	1×10	7.356×10^{2}
1×10^{5}	1×10^{-5}	1.020	1	1.450×10	9.862×10^{-1}	1.020×10	7.501×10^{2}
6.895×10^{3}	6.895×10^{-3}	7.301×10^{-2}	6.895×10^{-2}	1	6.805×10^{-2}	7.031×10^{-1}	5.171×10
1.013×10^{5}	1.013×10	1.033	1.013	1.470×10	1	1.033×10	7.60×10^{2}
9.807×10^{3}	9.807	1×10^{-1}	9.807×10^{-2}	1.422	9.678×10^{-2}	1	7.355×10
1.333×10^{2}	1.333×10^{-5}	1.359×10^{-3}	1.333×10^{-2}	1.934×10^{-2}	1.316×10^{-2}	1.360×10^{-2}	1

연습문제

1. 표준대기압은 1.01325×10^2 kPa로 나타낼 수 있다. 이를 다음의 단위로 환산하라.

풀이

(1) Newtons per square meter [N/m^2]

$$1.01325 \times 10^2\,\mathrm{kPa} = \frac{1.01325 \times 10^2\,\mathrm{kPa}}{} \bigg| \frac{1000\,\mathrm{N/m^2}}{1\,\mathrm{kPa}}$$

$$= 101\,325\,\mathrm{N/m^2}$$

(2) Pounds-force per square foot [lb_f/ft^2]

$$\frac{101325\,\mathrm{N}}{\mathrm{m^2}} \bigg| \frac{1\,\mathrm{kg_f}}{9.81\,\mathrm{N}} \bigg| \frac{1\,\mathrm{lb_f}}{0.4536\,\mathrm{kg_f}} \bigg| \frac{0.3048^2\,\mathrm{m^2}}{1^2\,\mathrm{ft^2}} = 2115.4854\,\mathrm{lb_f/ft^2}$$

참고 : $\dfrac{2115.4854\,\mathrm{lb_f}}{\mathrm{ft^2}} \bigg| \dfrac{1^2\,\mathrm{ft^2}}{12^2\,\mathrm{in^2}} = 14.7\,\mathrm{lb_f/in^2} = 14.7\,\mathrm{psi}$

(3) Meters of water (head) [mAq]

$$p = \gamma h \quad \rightarrow \quad h = \frac{p}{\gamma_{H_2O}} = \frac{101325\,\mathrm{N}}{\mathrm{m^2}} \bigg| \frac{\mathrm{m^3}}{9800\,\mathrm{N}}$$

$$= 10.34\,\mathrm{mAq} = 10.34\,\mathrm{mH_2O}$$

(4) Inches of oil 비중 0.89 [in. of oil]

$$h = \frac{p}{S\gamma_w} = \frac{101325\,\mathrm{N/m^2}}{0.89 \times 9800\,\mathrm{N/m^3}} \bigg| \frac{1\,\mathrm{ft}}{0.3048\,\mathrm{m}} \bigg| \frac{12\,\mathrm{in}}{1\,\mathrm{ft}}$$

$$= 457.37\,\mathrm{in.\ of\ oil}$$

(5) Millibars [mbar]

$$\frac{101325\,\mathrm{Pa}}{} \bigg| \frac{1\,\mathrm{bar}}{10^5\,\mathrm{Pa}} \bigg| \frac{1000\,\mathrm{mbar}}{1\,\mathrm{bar}} = 1013.25\,\mathrm{mbar}$$

(6) torr 비중 13.6 [mmHg]

$$h = \frac{p}{S\gamma_w} = \frac{101325\,\mathrm{N/m^2}}{13.6 \times 9800\,\mathrm{N/m^3}} \bigg| \frac{100\,\mathrm{cm}}{1\,\mathrm{m}} \bigg| \frac{10\,\mathrm{mm}}{1\,\mathrm{cm}}$$

$$= 760\,\mathrm{mmHg} = 760\,\mathrm{torr}$$

2. 압력계의 압력이 920 mmH_2O를 나타내고 있다. 이 값을 mmHg로 환산하면 얼마인가?

풀이

액체의 높이로 나타낸 압력값이 $P = \rho g h = \rho_{Hg} g h_{Hg} = \rho_{H_2O} g h_{H_2O}$ 이므로 수은의 높이와 물의 높이의 관계는 다음과 같다.

$h_{Hg} = \dfrac{\rho_{H_2O} h_{H_2O}}{\rho_{Hg}}$ 에서 물의 밀도는 $\rho_{H_2O} = \dfrac{1\,g}{cm^3}$ 이고, 수은의 밀도는 $\rho_{Hg} = \dfrac{13.6\,g}{cm^3}$ 이므로 다음과 같이 계산된다.

$$h_{Hg} = \frac{\rho_{H_2O} h_{H_2O}}{\rho_{Hg}} = \frac{\dfrac{1\,g}{cm^3} \times 920\,mm}{\dfrac{13.6\,g}{cm^3}} = 67.65\,mmHg$$

1 atm이 mmHg 단위로는 760mmHg이고, mH_2O의 단위로는 10.33 mH_2O이므로 이 값을 이용해서도 단위환산이 가능하다.

$$920\,mmH_2O = 920\,mmH_2O \times \frac{760\,mmHg}{1\,atm} \times \frac{1\,atm}{10.33\,mH_2O} \times \frac{1\,m}{1000\,mm}$$
$$= 67.69\,mmHg$$

3. 13,500 mmH_2O를 kg_f/cm^2의 단위로 환산하여라.

풀이

환산하는 과정은 $P = \rho g h$를 이용하면 편리하게 계산할 수 있다.

주어진 조건에서 액체가 물이므로 물의 밀도 $\rho = \dfrac{1\,g}{cm^3} = \dfrac{1000\,kg}{m^3}$ 이고, 높이 h = 13,500 mm = 13.5 m이므로 힘으로 표시되는 압력값을 계산할 수 있다.

주어진 조건으로부터 $P = \rho g h$에서

$$P = \rho g h = \frac{1000\,kg}{m^3} \times \frac{9.8\,m}{s^2} \times 13.5\,m = \frac{132300\,kg \cdot m}{s^2} \times \frac{1}{m^2}$$

$$P = \frac{132300\,kg \cdot m}{s^2} \times \frac{1}{m^2} = \frac{132300\,kg \cdot m}{s^2} \times \frac{1}{m^2} \times \frac{1\,N}{1\,kg \cdot m/s^2}$$
$$= \frac{132300\,N}{m^2}$$

$$P = \frac{132300\,N}{m^2} = \frac{132300\,N}{m^2} \times \frac{1\,kg_f}{9.8\,N} \times \left(\frac{1\,m}{100\,cm}\right)^2 = \frac{1.35\,kg_f}{cm^2}$$

1 atm이 mmH_2O 단위로는 10336 mmH_2O이고, 힘의 단위로는 1.0336 kg_f/cm^2이므로 이 값을 이용해서도 단위환산이 가능하다.

$$13500\,\mathrm{mmH_2O} = 13500\,\mathrm{mmH_2O} \times \frac{1\,\mathrm{atm}}{10336\,\mathrm{mmH_2O}} \times \frac{1.0336\,\mathrm{kg_f/cm^2}}{1\,\mathrm{atm}}$$
$$= \frac{1.35\,\mathrm{kg_f}}{\mathrm{cm^2}}$$

4. 850 mmHg를 mH_2O의 단위로 환산하여라.

풀이 압력의 단위를 높이로 표시하는 경우 표시되는 물질의 밀도에 따라서 그 높이가 달라진다.

그러므로 $P = \rho gh$를 이용하여 $\rho_{Hg}h_{Hg} = \rho_{H_2O}\,h_{H_2O}$로 계산할 수 있다.

주어진 조건에서 액체가 수은이므로 수은의 밀도 $\rho = \frac{13.6\,\mathrm{g}}{\mathrm{cm^3}} = \frac{13600\,\mathrm{kg}}{\mathrm{m^3}}$

이고, 수은 기둥의 높이 h = 850 mm = 0.85 m이므로 밀도가 $\rho = \frac{1\,\mathrm{g}}{\mathrm{cm^3}} = \frac{1000\,\mathrm{kg}}{\mathrm{m^3}}$인 물의 경우 높이를 계산하면 다음과 같다.

$\rho_{Hg}\,h_{Hg} = \rho_{H_2O}\,h_{H_2O}$에서

$$h_{H_2O} = \frac{\rho_{Hg}\,h_{Hg}}{\rho_{H_2O}} = \frac{13.6\,\mathrm{g/cm^3} \times 0.85\,\mathrm{m}}{1\,\mathrm{g/cm^3}} = 11.56\,\mathrm{mH_2O}$$

1 atm은 mmHg 단위로는 760 mmHg이고 mH_2O 단위는 10.336 mH_2O이므로 이 값을 이용해서도 단위환산을 할 수 있다.

$$850\,\mathrm{mmHg} = 850\,\mathrm{mmHg} \times \frac{10.336\,\mathrm{mH_2O}}{760\,\mathrm{mmHg}} = 11.56\,\mathrm{mH_2O}$$

5. 650 mmHg를 kg_f/cm^2의 단위로 환산하여라.

풀이 높이의 단위인 mmHg를 힘의 단위인 kg_f/cm^2로 환산하는 과정은 $P = \rho gh$를 이용하면 편리하게 계산할 수 있다.

주어진 조건에서 액체가 수은이므로 수은의 밀도 $\rho = \frac{13.6\,\mathrm{g}}{\mathrm{cm^3}} = \frac{13600\,\mathrm{kg}}{\mathrm{m^3}}$

이고, 수은 기둥의 높이 h = 650 mm = 0.65 m이므로 힘의 압력값을 계산할 수 있다. 주어진 조건으로부터 $P = \rho gh$에서

$$P = \rho gh = \frac{13600\,\mathrm{kg}}{\mathrm{m^3}} \times \frac{9.8\,\mathrm{m}}{\mathrm{s^2}} \times 0.65\,\mathrm{m} = \frac{86632\,\mathrm{kg \cdot m}}{\mathrm{s^2}} \times \frac{1}{\mathrm{m^2}}$$

$$P = \frac{86632\,\text{kg}\cdot\text{m}}{\text{s}^2} \times \frac{1}{\text{m}^2} \times \frac{1\,\text{N}}{1\,\text{kg}\cdot\text{m/s}^2} = \frac{86632\,\text{N}}{\text{m}^2}$$

$$P = \frac{86632\,\text{N}}{\text{m}^2} \times \frac{1\,\text{kg}_\text{f}}{9.8\,\text{N}} \times \left(\frac{1\,\text{m}}{100\,\text{cm}}\right)^2 = \frac{0.884\,\text{kg}_\text{f}}{\text{cm}^2}$$

1 atm이 mmHg 단위로는 760 mmHg이고 힘의 단위인 $\text{kg}_\text{f}/\text{cm}^2$로는 1.0336 $\text{kg}_\text{f}/\text{cm}^2$이므로 이 값을 이용해서도 단위환산이 가능하다.

$$650\,\text{mmHg} = 650\,\text{mmHg} \times \frac{\dfrac{1.0336\,\text{kg}_\text{f}}{\text{cm}^2}}{760\,\text{mmHg}} = \frac{0.884\,\text{kg}_\text{f}}{\text{cm}^2}$$

6. 19 mH_2O로 나타내는 압력값을 kPa의 단위로 환산하여라.

풀이 높이의 단위인 mH_2O를 힘의 단위인 kPa로 환산하는 과정은 $P = \rho g h$를 이용하면 편리하게 계산할 수 있다.

주어진 조건에서 액체가 물이므로 물의 밀도 $\rho = \frac{1\,\text{g}}{\text{cm}^3} = \frac{1000\,\text{kg}}{\text{m}^3}$이고,

물기둥의 높이 h = 19 m이므로 힘의 압력값을 계산할 수 있다.

주어진 조건으로부터 $P = \rho g h$에서

$$P = \rho g h = \frac{1000\,\text{kg}}{\text{m}^3} \times \frac{9.8\,\text{m}}{\text{s}^2} \times 19\,\text{m} = \frac{186200\,\text{kg}\cdot\text{m}}{\text{s}^2} \times \frac{1}{\text{m}^2}$$

$$P = \frac{186200\,\text{kg}\cdot\text{m}}{\text{s}^2} \times \frac{1}{\text{m}^2} = \frac{186200\,\text{kg}\cdot\text{m}}{\text{s}^2} \times \frac{1}{\text{m}^2} \times \frac{1\,\text{N}}{1\,\text{kg}\cdot\text{m/s}^2}$$

$$= \frac{186200\,\text{N}}{\text{m}^2}$$

$$P = \frac{186200\,\text{N}}{\text{m}^2} = \frac{186200\,\text{N}}{\text{m}^2} \times \frac{1\,\text{Pa}}{1\,\text{N/m}^2}$$

$$= 186200\,\text{Pa} = 186.2 \times 10^3\,\text{Pa} = 186.2\,\text{kPa}$$

1 atm이 mH_2O 단위로는 10.336 mH_2O이고 힘의 단위인 kPa로는 101.3 kPa이므로 이 값을 이용해서도 단위환산이 가능하다.

$$19\,\text{mH}_2\text{O} = 19\,\text{mH}_2\text{O} \times \frac{101.3\,\text{kPa}}{10.336\,\text{mH}_2\text{O}} = 186.2\,\text{kPa}$$

7. 수두 300 mmAq로 표시되는 압력은 몇 Pa인가?

풀이 높이의 단위인 mmAq를 힘의 단위인 Pa로 환산하는 과정은 $P = \rho gh$를 이용하면 편리하게 계산할 수 있다.

주어진 조건에서 액체가 Aq (수용액)이므로 물의 밀도 $\rho = \frac{1\,\text{g}}{\text{cm}^3} = \frac{1000\,\text{kg}}{\text{m}^3}$이고, 물기둥의 높이 h = 300 mm = 0.3 m이므로 힘의 압력값을 계산할 수 있다.

주어진 조건으로부터 $P = \rho gh$에서

$$P = \rho gh = \frac{1000\,\text{kg}}{\text{m}^3} \times \frac{9.8\,\text{m}}{\text{s}^2} \times 0.3\,\text{m} = \frac{2940\,\text{kg}\cdot\text{m}}{\text{s}^2} \times \frac{1}{\text{m}^2}$$

$$P = \frac{2940\,\text{kg}\cdot\text{m}}{\text{s}^2} \times \frac{1}{\text{m}^2} = \frac{2940\,\text{kg}\cdot\text{m}}{\text{s}^2} \times \frac{1}{\text{m}^2} \times \frac{1\,\text{N}}{1\,\text{kg}\cdot\text{m/s}^2}$$

$$= \frac{2940\,\text{N}}{\text{m}^2}$$

$$P = \frac{2940\,\text{N}}{\text{m}^2} = \frac{2940\,\text{N}}{\text{m}^2} \times \frac{1\,\text{Pa}}{1\,\text{N/m}^2} = 2940\,\text{Pa}$$

1기압의 압력값을 알고 있는 경우 다음과 같이 해결할 수도 있다.
1 atm이 mmH_2O(mmAq) 단위로는 10336 mmH_2O이고 힘의 단위인 Pa로는 101.3×10^3 Pa이므로 이 값을 이용해서도 단위환산이 가능하다.

$$300\,\text{mmH}_2\text{O} = 300\,\text{mmH}_2\text{O} \times \frac{101.3 \times 10^3\,\text{Pa}}{10336\,\text{mmH}_2\text{O}} = 2940.2\,\text{Pa}$$

8. 방사압 2.4 kg_f/cm^2일 때, 이 값을 mH_2O의 단위로 환산하여라.

풀이 힘의 압력 단위인 kg_f/cm^2를 높이의 단위인 mH_2O로 환산하는 과정은 $P = \rho gh = \gamma h$를 이용하면 편리하게 계산할 수 있다.

주어진 조건에서 액체가 물이므로 물의 밀도 $\rho = \frac{1\,\text{g}}{\text{cm}^3} = \frac{1000\,\text{kg}}{\text{m}^3}$를 이용해서 높이($h$)를 계산하면 다음과 같다.

주어진 조건으로부터 $P = \rho gh = \gamma h$에서 물의 비중량 $\gamma = \frac{1000\,\text{kgf}}{\text{m}^3}$이고, 압력 2.4 kg_f/cm^2이므로

$$h = \frac{P}{\gamma} = \frac{\frac{2.4\,\text{kg}_\text{f}}{\text{cm}^2} \times \left(\frac{100\,\text{cm}}{1\,\text{m}}\right)^2}{\frac{1000\,\text{kg}_\text{f}}{\text{m}^3}} = 24\,\text{mH}_2\text{O}$$

1기압의 압력값을 알고 있는 경우 다음과 같이 해결할 수도 있다.
1 atm이 mmH_2O 단위로는 10.336 mH_2O이고 힘의 단위로는 1.0336 kg_f/cm^2 이므로 이 값을 이용해서도 단위환산이 가능하다.

$$\frac{2.4\,\mathrm{kgf}}{\mathrm{cm}^2} = \frac{2.4\,\mathrm{kgf}}{\mathrm{cm}^2} \times \frac{10.336\,\mathrm{mH_2O}}{1\,\mathrm{atm}} \times \frac{1\,\mathrm{atm}}{1.0336\,\mathrm{kgf/cm}^2} = 24\,\mathrm{mH_2O}$$

9. 37 psi로 표시된 압력 단위를 kg_f/cm^2의 단위로 환산하여라.

풀이

힘의 압력 단위인 psi는 lb_f/in^2의 의미를 가진 것으로 본 문제는 lb를 kg의 단위로 환산하고, in를 cm의 단위로 환산하는 문제이다. 따라서 질량의 단위환산인자인 1 lb = 0.454 kg과 길이의 단위환산인자인 1 in = 2.54 cm를 활용하여 단위환산하면 된다.

$37\ lb_f/in^2 = 37\ lb_f/in^2 \times 0.454\ kg_f/1\ lb_f \times (1\ in/2.54\ cm)^2 = 2.603\ kg_f/cm^2$

1 atm이 psi 단위로는 14.7 psi이고 힘의 단위인 kg_f/cm^2로는 1.0336 kg_f/cm^2 이므로 이 값을 이용해서도 단위환산이 가능하다.

$37\ psi = 37\ psi \times (1.0336\ kg_f/cm^2) / 14.7\ psi = 2.602\ kg_f/cm^2$

5. 온도와 일 그리고 열량

5.1 온도와 열

일상생활에서 온도와 열을 혼동하여 사용하는 경우가 많은데, 온도는 물체가 가지고 있는 에너지의 수준이고 열은 물체에 출입하는 총 에너지의 양을 뜻한다. 온도와 열의 관계는 용기에 물을 담았을 때 용기 내의 물의 양과 높이의 관계와 비슷하다. 즉, 물의 높이가 증가하면 물의 양이 증가하듯이 온도가 증가하면 열이 증가하는 현상이 발생한다. 일반적인 정의의 온도는 온도의 경험적인 개념과 독립적인 온도의 존재성을 보장하는 열역학 법칙 중 제0법칙에 기초한다. 일반적인 정의의 온도는 온도의 기준을 통해 만들어진 온도계로 측정되는 값이다. 열역학적 정의의 온도는 19세기 중반 열기관과 열역학에서 이어지는 통계역학이 발전되면서 에너지와 엔트로피간의 이해가 높아져 파생되어 나왔다. 열역학적 정의의 온도는 에너지를 엔트로피로 편미분한 값으로 나타나며, 다양한 기초적인 물리법칙과 근본적으로 관련되어 있다. 열역학적 정의의 온도는 계의 평형이 이뤄지지 않으면 정의할 수 없다. 온도의 국제단위는 켈빈(K)이다. 켈빈은 물의 삼중점의 열역학적 온도의 1/273.16으로 정의된다. 일반적인 정의에 사용되는 온도 기준에 열역학적 정의의 온도를 사용함으로써 일반적인 정의의 온도라도 물리학적인 의미, 다양한 기초적인 물리법칙과의 관련성을 만들 수 있다. 이러한 온도를 나타내는 척도로는 상대온도와 절대온도가 있는데 물의 끓는점과 어는점을 기준으로 하는 섭씨온도와 화씨온도로 나타내는 온도를 상대온도, 열역학적 분자운동을 사용해서 켈빈온도와 랭킨온도로 나타내는 온도를 절대온도라 한다.

[표 5.1] 온도의 종류

종류	정의	단위
상대온도	물의 끓는점과 어는점을 기준으로 한 온도	℃, °F
절대온도	열역학적 분자운동을 기준으로 한 온도	K, °R

1) 상대온도

우리가 널리 사용하는 온도인 상대온도는 물의 어는점과 끓는점을 기준으로 만들어진 것이다. 그림 5.1에서 보는 바와 같이 ℃로 표현되는 섭씨온도는 물의 어는점을 0, 끓는점을 100으로 하여 만들어진 것이다. 이에 비해 °F로 표현되는 화씨온도는 물의 어는점을 32, 끓는점을 212로 해서 만들어진 온도이다.

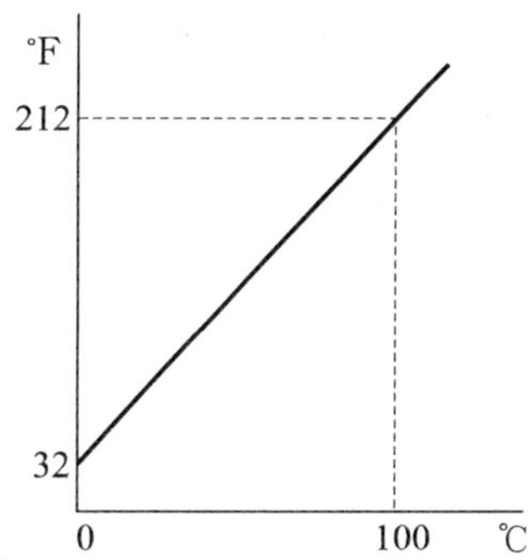

[그림 5.1] 상대온도인 ℃와 °F의 관계

[표 5.2] 상대온도의 종류

종류	정 의
℃	물의 어는점을 0, 물의 끓는점을 100으로 하는 온도
°F	물의 어는점을 32, 물의 끓는점을 212로 하는 온도
관계	$°F = ℃ \times \frac{212-32}{100-0} + 32 = ℃ \times 1.8 + 32$

섭씨온도(℃)가 0℃부터 100℃까지 100의 간격이 변화할 때, 화씨온도(°F)는 32°F부터 212°F까지 180의 간격이 변화하여 °F와 ℃의 변화율은 1.8배의 차이를 보이며, 두 온도의 시작점의 온도가 0과 32로 32만큼의 편차를 지니므로 상대온도 ℃와 °F 사이의 관계는 $y = ax + b$의 방정식을 사용하여 다음과 같이 나타낸다.

$$°F = ℃ \times \frac{212-32}{100-0} + 32 = ℃ \times 1.8 + 32$$

$$℃ = \frac{°F - 32}{1.8}$$

2) 절대온도

절대온도는 모든 온도가 전부 양의 숫자를 나타내며, 그 기준점은 분자운동이 거의 정지된 상태이다. 따라서 기체의 부피가 0이 되는 온도, 즉 −273℃와 일치되는 온도로 켈빈이 제안한 켈빈온도라고도 한다.

절대온도는 물질의 성질에 의존하지 않는다. 절대온도 외의 대부분의 온도는 상대적인 개념을 갖고 만들었기 때문에 과학적인 계산을 하기에 무리가 따른다. 쉽게 말하면 10℃의 2배를 20℃로 볼 수 없다. 하지만, 절대온도의 경우에는 100 K의 2배는 200 K로 보아도 무방하다.

섭씨온도를 기준으로 하는 Kelvin(K)온도와 화씨온도를 기준으로 하는 Rankine(°R)온도가 있다. 절대온도(K, °R)와 상대온도(℃, °F)의 환산관계는 다음과 같다.

K = ℃ + 273

°R = °F + 460

[표 5.3] 절대온도의 종류

종류	정 의
K	K = ℃ + 273
°R	°R = °F + 460

[표 5.4] 절대온도와 상대온도 변환공식

에서	으로	변환 공식
섭씨	화씨	°F = ℃ × 1.8 + 32
화씨	섭씨	℃ = (°F − 32) / 1.8
섭씨	켈빈	K = ℃ + 273.15
켈빈	섭씨	℃ = K − 273.15
섭씨	랭킨	°R = [℃ × 1.8 + 32] + 459.67
랭킨	섭씨	℃ = (°R − 32 − 459.67) / 1.8

5.2 에너지 계산

1) 운동에너지

운동에너지는 물체가 속도를 가지고 운동할 때 생성되는 에너지를 말한다. m [kg]의 질량을 가진 물체 U의 속도로 운동할 때 발생하는 운동에너지는 질량 m에 비례하고 속도 U의 제곱에 비례하는 값을 가진다.

$$E_K = \frac{1}{2} m U^2$$

운동에너지의 단위를 살펴본다면

$$\mathrm{kg} \times \left[\frac{\mathrm{m}}{\mathrm{s}}\right]^2 = \mathrm{kg} \times \left[\frac{\mathrm{m}}{\mathrm{s}^2}\right] \times \mathrm{m} = \mathrm{N} \times \mathrm{m} = \mathrm{J}$$

의 단위를 갖는다.

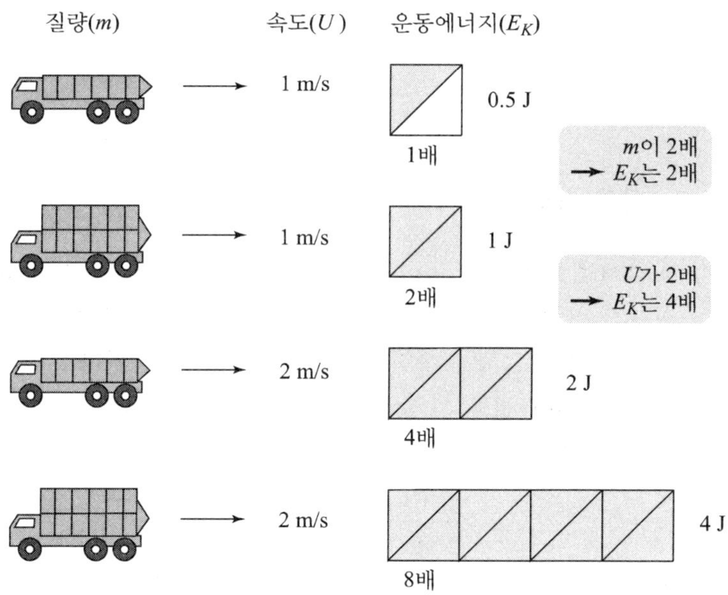

[그림 5.2] 질량과 속도에 관한 운동에너지 관계

2) 위치에너지

운동에너지를 속도의 변화에 의해서 생성된 에너지라면 위치에너지는 높이변화에 의해서 생성된 에너지라고 할 수 있다. 질량이 m인 물체가 중력가속도의 영향에 의해 높이 h만큼 자유낙하 하였다면, 이 물체에 작용하는 에너지를 위치에너지라 하고

$$E_P = mgh$$

의 식으로 표현할 수 있다.

$$\text{kg} \times \left[\frac{\text{m}}{\text{s}^2}\right] \times \text{m} = \text{N} \times \text{m} = \text{J}$$

의 단위를 갖는다.

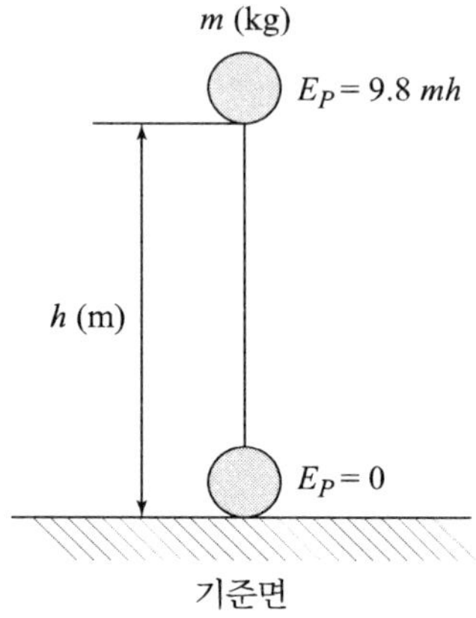

[그림 5.3] 위치에너지

5.3 일의 계산

물체에 힘이 작용하고 이로 인해 정지해 있는 물체가 운동을 하거나 운동상태가 바뀔 때, 그 물체에 일을 하였다고 한다. 일의 양은 힘의 크기와 그 힘 방향으로 물체가 움직인 거리의 곱으로 주어진다.

즉, 일이란 힘과 그것이 작용한 길이의 곱으로 나타낼 수 있다.

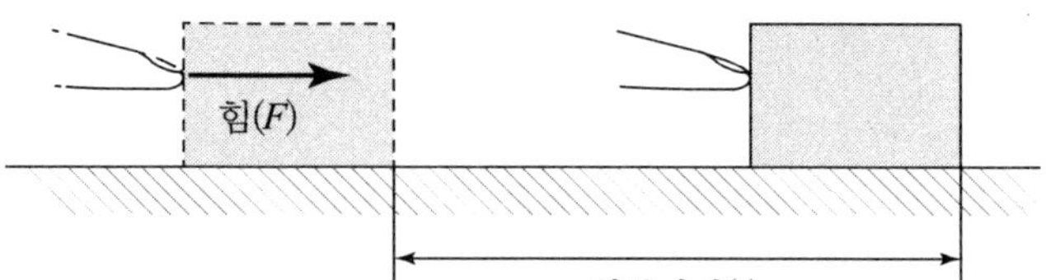

[그림 5.4] 일(Work)

힘을 수식으로 나타낸다면

$$W(\text{일}) = F(\text{힘}) \times s\ (\text{이동거리})$$

가 된다.

힘은 압력 × 면적으로도 나타낼 수 있으므로 일의 값을 압력으로 나타내면 기체에 행해진 일은 다음과 같이 나타낼 수 있다. 그림 5.5에서와 같이 면적이 A인 곳에서 외부 P의 압력이 가해져서 dx만큼 길이변화가 발생했다면 이때 외부에서 가해진 압력 P에 의해 생성된 일은 다음과 같다. 면적 A에 거리변화가 작용하면 부피변화가 생기므로, 외부에서 가해진 압력에 의해 생성된 일은

$$W = P \times A \times \Delta x = P \times \Delta V$$

가 된다.

또한 일은 힘 × 거리에 국한되는 것이 아니라 마찰력, 중력에 대해서도 정의할 수 있다.

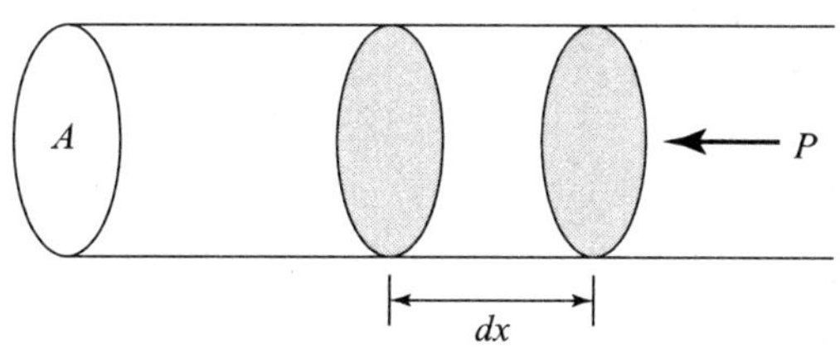

[그림 5.5] 외부 압력에 의한 일

(1) 중력이 하는 일

질량이 m인 물체가 중력($F = mg$)을 받으면서 떨어질 때 중력은 이 물체에 대하여 일을 한다. 즉, $W = Fs\,(F = mg,\ s = h) = mgh$이고 한 일의 양은 경로에 상관없이 높이 h에 의해서 결정된다.

(2) 마찰력이 하는 일

운동 마찰계수가 μ인 바닥면에서 질량이 m인 물체가 거리 s만큼 이동하는데 마찰력이 한 일은 $W = Fs\cos\theta$이고 마찰력 $F = \mu N$(수직항력) $= \mu mg$이므로 $W = Fs\cos 180° = -\mu mgs$이다. 즉, 마찰력에 의한 일은 물체의 운동에너지를 감소시키는 방향으로 작용한다.

(3) 탄성력이 하는 일

용수철을 잡아 당겨 변형이 일어났을 때 반대방향으로 탄성력이 작용하면 원래의 위치로 되돌아간다. 이 때 역시 힘이 작용하고 이동거리가 존재하므로 일을 하게 되는데 탄성력 $F=-kx$이고 힘의 크기가 위치에 따라 일정하게 변하므로 평균적인 힘 $F=\frac{1}{2}kx$가 되고 한 일은 $W=\frac{1}{2}ks^2$이 된다.

5.4 동력의 계산

마력(馬力, HP, PS)은 일률의 단위이다. 마력은 정의에 따라 그 기준이 달라 SI 단위인 와트가 보다 더 널리 쓰인다. 마력은 자동차 산업에서 내연기관의 일률을 나타내는 단위로 주로 쓴다. 일반적으로 HP를 많이 사용한다. 마력은 영국의 기준으로 1 HP = 746 W이며, 독일의 기준으로는 1 PS = 735W이다.

영국식 마력(HP)은 제임스 와트가 개발한 증기 기관의 성능을 재기 위해 도입했다. 이때 1마력은 영국식 단위계인 야드파운드법에 따라 길이의 단위 피트와 질량의 단위 파운드를 써서 550 ft · lb/sec가 되었다. 이것을 다른 일률 단위인 와트(W)로 환산하면, 중력가속도(g)의 값은 9.8 m/s^{2}이므로 1 HP = 550 × 0.3048 × 0.454 × 9.8 = 약 746 W가 된 것이다. 1마력은 이것이 설정된 1765년 당시 영국산 말 한 마리가 할 수 있는 일률이었다.

하지만 영국의 야드파운드법 대신 미터법을 사용하는 독일, 프랑스 등 유럽에서는 미터 단위를 적용해 프랑스 마력(PS)이 나왔다. 1초 동안 질량 75 kg의 물체를 1 m 들어 올리는 일률로 1 PS = 75 kgf · m/s = 75 × 9.80665 N · m/s = 약 735.5 W가 되었다.

[표 5.5] 마력의 종류 정리

마력의 종류	
HP	$1\,\mathrm{HP}=\dfrac{550\,\mathrm{lb_f}\times\mathrm{ft}}{\mathrm{s}}=746\,\mathrm{W}$
PS	$1\,\mathrm{PS}=\dfrac{75\,\mathrm{kg_f}\times\mathrm{m}}{\mathrm{s}}=735\,\mathrm{W}$
HP와 PS	1 PS = 0.9858 HP , 1 HP = 1.013 PS

5.5 열량의 계산

1) 열량과 비열

1 g의 물을 열을 가하여 1℃만큼 올리는 데 필요한 열의 양을 1 cal이라고 한다. 예를 들어, 이보다 9배 많은 9 g의 물을 열을 가하여 1℃만큼 올리는 데는 9 cal만큼의 열의 양이 필요하다. 이렇게 열의 많고 적음을 표시하는 양을 열량이라고 한다.

열량은 칼로리(cal : 1 cal = 4.18605 J)로 표시한다. 열량은 역학적 일과 같은 양으로 환산할 수 있으며, 물질계 내부의 에너지 변화에 기여한다(열역학 제1법칙). 물질계의 온도변화나, 증발 · 응고 등 상태변화는 열량의 변화로 나타난다. 열의 단위인 칼로리(cal)는 국제단위계(SI)로 줄(J)과 와트초(W · s)로 나타낼 수 있다.

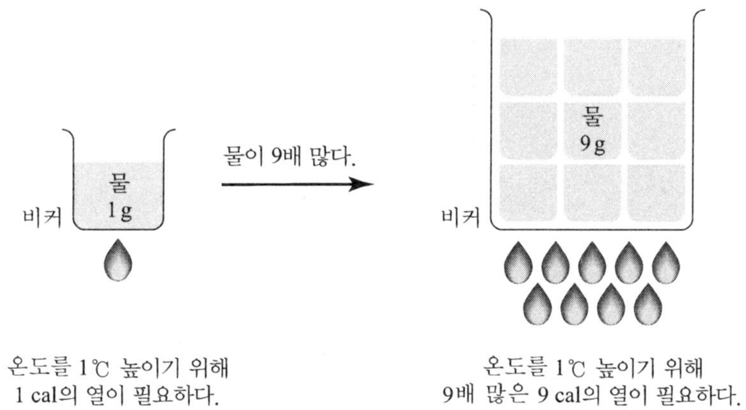

[그림 5.6] 열량의 계산

또한 이러한 열량을 계산하기 위해서는 비열의 개념을 알아야 한다.

비열은 어떤 물질 1 g의 온도를 1℃ 높이는 데 필요한 열량이다. 단위는 kcal/(kg · ℃), cal/(g · ℃)를 사용하고 있으며 식으로 나타내면

$$\text{비열}(C) = \frac{\text{열량}(Q)}{\text{질량}(m) \times \text{온도변화}(t)}$$

이 된다.

2) 현열과 잠열

현열은 물질의 상태변화 없이 온도를 올리거나 내리는 데 사용된 열량이다. 예를 들어, 10℃의 물을 주전자로 80℃까지 끓인 경우 물이라는 액체의 상태는 변하지 않고 온도만 변하므로 온도의 변화가 '보인다'라고 하여 현열이라고 하며 사람의 감각, 온도계나 센서로 간단히 측정할 수 있다.

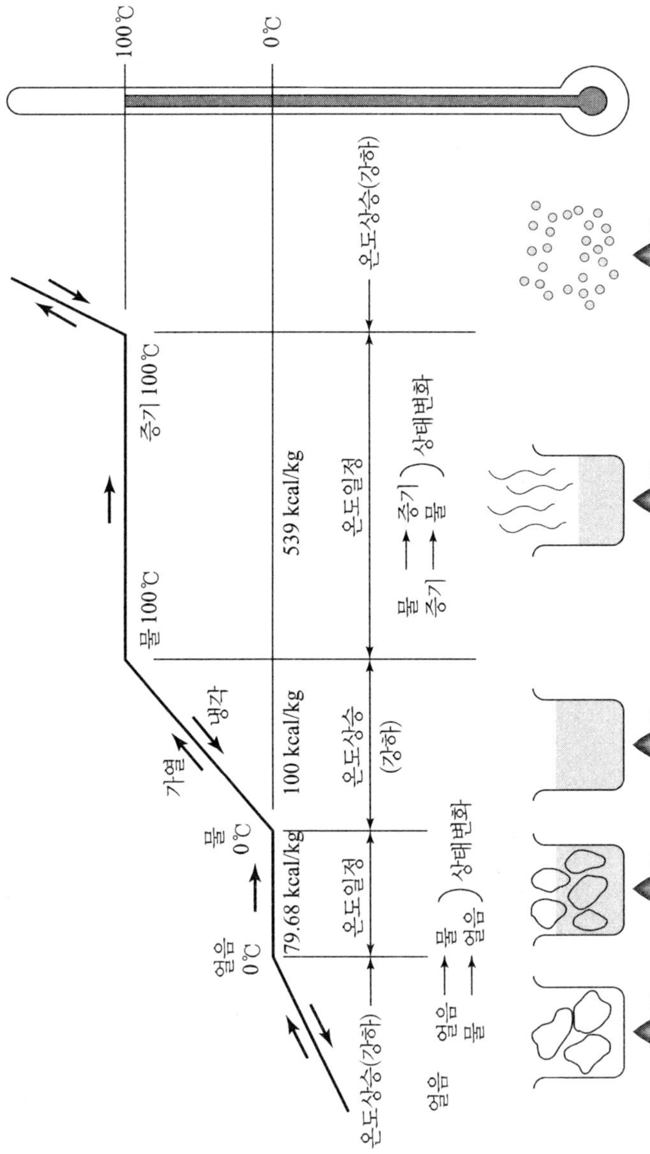

[그림 5.7] 물의 상태변화와 현열 및 잠열

잠열은 물질의 상태가 기체와 액체, 또는 액체와 고체 사이에서 변화할 때 흡수 또는 방출하는 열을 말한다. 예컨대 얼음이 녹아 물이 될 때는 둘레에서 열을 흡수하고, 거꾸로 물이 얼어 얼음이 될 때는 같은 양의 열을 방출한다. 이와 같은 경우, 열의 출입이 있더라도 온도는 변하지 않으므로 이 열을 잠열이라 부른다.

온도를 올렸을 때 생기는 변화에서는 잠열의 흡수가, 그 반대의 변화에서는 잠열의 방출이 일어난다. 예를 들어, 0℃의 물을 온도를 높여서 100℃의 수증기로 변화시키는 공정을 살펴보면, 이공정은 0℃의 물이 온도를 높여서 100℃의 수증기로 상변화 시키는 2단계 공정을 거치게 된다.

$$0℃\ 물 \xrightarrow[\text{온도변화}]{\text{현열}} 100℃\ 물 \xrightarrow[\text{상변화}]{\text{잠열}} 100℃\ 수증기$$

즉, 0℃의 물을 온도를 높여서 100℃의 수증기로 만들 때 1번의 상변화와 1번의 온도변화에 따른 에너지 변화가 발생한다. 그러므로 이 공정이 진행되는 동안 필요한 열량을 계산하기 위해 현열과 잠열에 대해 이해하고 있어야 한다.

3) 상변화에 따른 열량 계산

온도가 변화할 때 상의 변화 없이 온도가 증가하거나 감소하는 공정에서 필요로 하는 열량은 온도차에 의해서 결정된다. 그러나 대상물질에 따라서 같은 온도변화를 시키는데 필요한 열량은 서로 달라진다. 이는 물질이 지닌 고유의 열역학적 특성으로 그 값을 비열이라고 한다.

물질의 온도변화에 따른 에너지 값인 열량은 다음과 같이 구한다.

$$Q = mC\Delta T$$

여기서 , m : 질량

C : 비열

ΔT : 온도차

상변화를 동반하게 되는 경우에는 일반적으로 최초의 상의 분자간의 결합이 끊어지고 새로운 결합이 형성된다. 이때 에너지가 필요한 변화가 일어난다. 이와 같이 온도가 일정하게 유지되면서 상변화가 필요한 에너지를 잠열이라고 하며 물질마다 증발잠열이 다르게 나타난다.

[표 5.6] 물의 잠열

비열	
물질 1 g을 온도 1℃ 높이는 데 필요한 열량(cal/g · ℃)	
잠열과 현열	
잠열	온도의 변화 없이 상(phase)변화에 의하여 생성되는 에너지
현열	온도가 변화하면서 발생되는 에너지 변화
물의 잠열	
증발잠열	액체에서 수증기로 변화하는 에너지(539 cal/g)
용융잠열	얼음이 녹아 물로 변화하는 에너지(80 cal/g)

예제 5-1 0℃의 얼음 1 g을 가열하여 100℃의 수증기로 만들기 위하여 필요한 최소한의 에너지는 몇 cal인가? 물의 증발잠열(ΔH_v)과 용융잠열(ΔH_s)은 다음과 같다.

$$\Delta H_v = \frac{539\ \text{cal}}{\text{g}},\quad \Delta H_s = \frac{80\ \text{cal}}{\text{g}}$$

풀이 0℃의 $H_2O\,(s)$를 가열하여 100℃의 증기로 만들기 위하여 다음과 같은 공정을 거쳐야 한다.

$$0℃\ H_2O(s) \xrightarrow[\text{용융}]{①} 0℃\ H_2O(l) \xrightarrow[\text{가열}]{②} 100℃\ H_2O(l) \xrightarrow[\text{증발}]{③} 100℃\ H_2O(v)$$

① 0℃의 $H_2O\,(s)$를 가열하여 0℃의 $H_2O\,(l)$로 되는 공정은 온도변화 없이 상이 변화하는 공정으로 물의 용융 잠열(ΔH_s)로부터 필요한 에너지를 계산하면

$$\Delta H_s = \frac{80\ \text{cal}}{\text{g}} \times 1\ \text{g} = 80\ \text{cal}$$

② 0℃의 $H_2O\,(l)$를 가열하여 100℃의 $H_2O\,(l)$로 되는 공정은 온도가 변화하는 공정이므로 이때 필요한 에너지를 계산하면

$$\Delta H_{0\sim100} = \frac{1\ \text{cal}}{\text{g ℃}} \times 100℃ \times 1\ \text{g} = 100\ \text{cal}$$

③ 100℃의 $H_2O\,(l)$를 가열하여 100℃의 $H_2O\,(v)$로 되는 공정은 온도변화 없이 상이 변화하는 공정으로 물의 증발 잠열(ΔH_v)로부터 필요한 에너지를 계산하면

$$\Delta H_v = \frac{539\ \text{cal}}{\text{g}} \times 1\ \text{g} = 539\ \text{cal}$$

④ 0℃의 $H_2O\,(s)$를 가열하여 100℃의 $H_2O\,(v)$로 되는 공정에서 필요한 에너지를 계산하면 $\Delta H_{overall} = \Delta H_s + \Delta H_{0\sim100} + \Delta H_v$ 으로부터

$$\Delta H_{overall} = 80\ \text{cal} + 100\ \text{cal} + 539\ \text{cal} = 719\ \text{cal}$$

연습문제

1. 온도계를 이용해서 온도를 측정하였더니 125°F이었다. 이 온도는 절대온도로 몇 K 인가?

풀이 상대온도(°F)를 절대온도(K)로 환산하기 위해서는 먼저 ℃를 °F로 환산한 다음에 K로 환산하면 된다. °F = ℃ × 1.8 + 32에서 ℃ = (°F − 32)/1.8이 된다. 그러므로 125°F를 ℃로 환산하면 ℃ = (°F − 32)/1.8 = (125 − 32)/1.8 = 51.7℃이다.

상대온도(℃)를 절대온도(K)로 환산하는 과정은 K = ℃ + 273이므로 125°F에서 환산된 온도인 51.7℃를 절대온도 K로 환산하면

125°F = 51.7℃ = 273 + 51.7 = 324.7K

2. 질량이 250 lb인 물체가 4 m/s의 속도로 관 속에서 흐르고 있다. 이때 운동에너지를 N · m의 단위로 구하시오.

풀이 운동에너지(E_K)는 $E_K = \frac{1}{2} m U^2$ 이므로 주어진 조건을 이용해서 계산하면 다음과 같다.

$$E_K = \frac{mU^2}{2} = \frac{250\,\text{lb}}{2} \times \left(\frac{4\,\text{m}}{\text{s}}\right)^2 \times \frac{0.454\,\text{kg}}{1\,\text{lb}} = \frac{908\,\text{kg} \cdot \text{m}^2}{\text{s}^2}$$

$$E_K = \frac{908\,\text{kg} \cdot \text{m}^2}{\text{s}^2} = \frac{908\,\text{kg} \cdot \text{m}^2}{\text{s}^2} \times \frac{1\,\text{N}}{1\,\text{kg} \cdot \text{m/s}^2} = 908\,\text{N} \times \text{m}$$

3. 높이 20 m 지점에 질량이 150 lb인 물체가 매달려 있다. 이 물체가 지상으로 자유낙하 한다면 위치에너지는 몇 N · m인가? 단, 이때 중력가속도는 9.8 m/s^{2}이다.

풀이 위치에너지(E_P)는 $E_P = mgh$이다.

$$E_P = mgh = 150\,\text{lb} \times \frac{0.454\,\text{kg}}{1\,\text{lb}} \times 20\,\text{m} \times \frac{9.8\,\text{m}}{\text{s}^2} = \frac{13347.6\,\text{kg} \cdot \text{m}^2}{\text{s}^2}$$

$$E_P = \frac{13347.6\,\text{kg} \cdot \text{m}^2}{\text{s}^2} = \frac{13347.6\,\text{kg} \cdot \text{m}^2}{\text{s}^2} \times \frac{1\,\text{N}}{1\,\text{kg} \cdot \text{m/s}^2}$$

$$= 13347.6\,\text{N} \cdot \text{m}$$

4. 주사기에 80 mL의 물을 넣고 1.2 kg_f/cm^2의 압력을 가해 20 mL의 물을 주사기를 통해 방출시켰다. 이 때 주사기에 가해진 일은 몇 J인가?

풀이 일은 $W = P_{ex}\Delta V$로 압력과 부피 변화로부터 일을 계산할 수 있다.

$$W = P_{ex}\Delta V$$
$$= \frac{1.2\,kg_f}{cm^2} \times 20\,mL \times \frac{1\,cm^3}{1\,mL} \times \frac{1\,m}{100\,cm} \times \frac{9.8\,N}{1\,kg_f} \times \frac{1\,J}{1\,N \times m}$$
$$= 2.352\,J$$

5. $\frac{205\,kg_f \cdot m}{s}$는 몇 HP인가?

풀이 동력의 단위로부터 HP와 $\frac{kg_f \cdot m}{s}$ 사이의 환산 관계는 다음과 같다.

$$1HP = \frac{550lbf \times ft}{s} = \frac{550lbf \times ft}{s} \times \frac{0.454kgf}{1lbf} \times \frac{0.3048m}{1ft}$$
$$= \frac{76.1kgf \times m}{s}$$

따라서 $\frac{100\,kg_f \cdot m}{s}$를 HP의 단위로 환산하면

$$\frac{205\,kg_f \cdot m}{s} = \frac{205kg_f \cdot m}{s} \times \frac{1\,HP}{\frac{76.1\,kgf \cdot m}{s}} = 2.69\,HP$$

6. 0℃의 얼음 5 g을 가열하여 100℃의 수증기로 만들기 위하여 필요한 최소한의 에너지는 몇 cal인가? 물의 증발잠열(ΔH_v)과 용융잠열(ΔH_s)은 다음과 같다.

$$\Delta H_v = \frac{539\,cal}{g},\ \Delta H_s = \frac{80\,cal}{g}$$

풀이 0℃의 $H_2O(s)$를 가열하여 100℃의 증기로 만들기 위하여 다음과 같은 공정을 거쳐야 한다.

$$0℃\ H_2O(s) \xrightarrow[\text{용융}]{①} 0℃\ H_2O(l) \xrightarrow[\text{가열}]{②} 100℃\ H_2O(l) \xrightarrow[\text{증발}]{③} 100℃\ H_2O(v)$$

① 0℃의 $H_2O(s)$를 가열하여 0℃의 $H_2O(l)$로 되는 공정은 온도변화 없이 상이 변화하는 공정으로 물의 용융 잠열(ΔH_s)로부터 필요한 에너지를 계산하면

$$\Delta H_s = \frac{80\,\text{cal}}{\text{g}} \times 5\,\text{g} = 400\,\text{cal}$$

② 0℃의 $H_2O(l)$를 가열하여 100℃의 $H_2O(l)$로 되는 공정은 온도가 변화하는 공정이므로 이때 필요한 에너지를 계산하면

$$\Delta H_{0\sim100} = \frac{1\,\text{cal}}{\text{g}℃} \times 100℃ \times 5\,\text{g} = 500\,\text{cal}$$

③ 100℃의 $H_2O(l)$를 가열하여 100℃의 $H_2O(v)$로 되는 공정은 온도변화 없이 상이 변화하는 공정으로 물의 증발 잠열(ΔH_v)로부터 필요한 에너지를 계산하면

$$\Delta H_v = \frac{539\,\text{cal}}{\text{g}} \times 5\,\text{g} = 2695\,\text{cal}$$

④ 0℃의 $H_2O(s)$를 가열하여 100℃의 $H_2O(v)$로 되는 공정에서 필요한 에너지를 계산하면

$$\Delta H = 400\,\text{cal} + 500\,\text{cal} + 2695\,\text{cal} = 3595\,\text{cal}$$

7. 20℃의 $H_2O(l)$ 3 g을 가열하여 125℃의 증기로 만들기 위하여 필요한 최소한의 에너지를 구하시오. 이 과정에서 물질의 질량 변화는 발생하지 않는다.
액체 상태와 수증기 상태의 H_2O의 열용량은 다음과 같다(1 cal = 4.2 J).

$$H_2O(l) : C_p\left[\frac{\text{J}}{\text{mol}\cdot\text{K}}\right] = 18.296,\ H_2O(v) : C_p\left[\frac{\text{J}}{\text{mol}\cdot℃}\right] = 33.46$$

풀이 20℃의 $H_2O\ (l)$를 가열하여 125℃의 증기로 만들기 위하여 다음과 같은 공정을 거쳐야 한다.

$$20℃\ H_2O(l) \rightarrow 100℃\ H_2O(l) \xrightarrow[\text{증발}]{} 100℃\ H_2O(v) \rightarrow 125℃\ H_2O(v)$$

물의 증발잠열(ΔH_v)은 다음과 같다. $\Delta H_v = \dfrac{539\,\text{cal}}{\text{g}}$

액체 상태와 수증기 상태의 H_2O의 열용량은 다음과 같다.

$$H_2O(l) : C_p\left[\frac{\text{J}}{\text{mol}\cdot\text{K}}\right] = 18.296$$

$$H_2O(v) : C_p\left[\frac{\text{J}}{\text{mol}\cdot℃}\right] = 33.46$$

따라서, $\Delta H = \Delta H_{293\sim373} + \Delta H_v + H_{100\sim125}$이다.

그러므로 20℃(293K)부터 100℃(373K)까지의 엔탈피 변화와 100℃부터 125℃까지의 엔탈피 변화를 구하면 다음과 같다.

① $H_2O(l)$가 20℃에서 100℃로 온도가 변화할 때 필요한 열량

물의 비열은 $C_p\left[\frac{J}{mol \cdot K}\right] = 18.296$이므로 $Q = mC\Delta T$로부터 열량 Q를 계산하면 다음과 같다.

$$Q = mC\Delta T = 3\,g \times \frac{18.296\,J}{mol \cdot K} \times (373 - 293)K \times \frac{1\,mol}{18\,g} \times \frac{1\,cal}{4.2\,J}$$

$$= 58.08\,cal$$

② 100℃의 $H_2O(l)$를 가열하여 100℃의 $H_2O(v)$로 되는 공정은 온도변화 없이 상이 변화하는 공정으로 물의 증발 잠열(ΔH_v)로부터 필요한 에너지를 계산하면

$$\Delta H_v = \frac{539\,cal}{g} \times 3\,g = 1617\,cal$$

③ 100℃의 $H_2O(v)$를 가열하여 125℃의 $H_2O(v)$로 되는 공정에서 필요한 에너지를 계산하면 수증기의 비열은 $C_p\left[\frac{J}{mol \cdot ℃}\right] = 33.46$이므로 $Q = mC\Delta T$로부터 열량 Q를 계산하면 다음과 같다.

$$Q = mC\Delta T = 3\,g \times \frac{33.46\,J}{mol \cdot ℃} \times (125 - 100)℃ \times \frac{1\,mol}{18\,g} \times \frac{1\,cal}{4.2\,J}$$

$$= 33.19\,cal$$

따라서 20℃의 $H_2O(l)$를 가열하여 125℃의 수증기로 만들기 위하여 필요한 에너지는 다음과 같다.

$\Delta H = \Delta H_{293\sim373} + \Delta H_v + \Delta H_{100\sim125}$으로부터

$$\Delta H = 58.08\,cal + 1617\,cal + 33.19\,cal = 1708.27\,cal$$

8. 비중이 0.74인 유체가 3.5 m/s의 속도로 흐를 때 이 유체 1 m^3이 할 수 있는 운동에너지는 몇 N · m인가?

풀이

운동에너지는 $E_K = \frac{1}{2}mU^2$이고 유체의 부피를 밀도를 이용해서 질량으로 바꾸어서 계산한다.

유체의 밀도는 1000 kg/m^3 × 0.74 = 740 kg/m^3이다.

질량(m)과 밀도(ρ)의 관계 $m = \rho V$를 이용하면

$$E_K = \frac{1}{2}mU^2 = \frac{1}{2}\rho VU^2 = \frac{1}{2} \times 1\,m^3 \times \frac{740\,kg}{m^3} \times (3.5\,m/s)^2$$

$$= 4532.5\,kg \cdot m^2/s^2$$

$$E_K = 4532.5\,\text{kg} \cdot \text{m}^2/\text{s}^2 = 4532.5\,\text{kg} \cdot \text{m}^2/\text{s}^2 \times \frac{1\,\text{N}}{1\,\text{kg} \cdot \text{m/s}^2}$$
$$= 4532.5\,\text{N} \times \text{m}$$

9. 그림과 같이 면적이 22 cm^2인 피스톤에 외부로부터 300 N/m^2의 압력을 가했더니 피스톤이 24 cm만큼 이동했다. 이때 가해진 일은 몇 J인가?

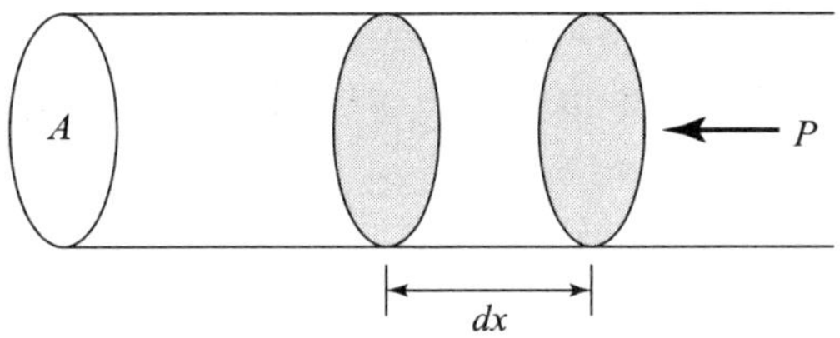

풀이 일은 $W = P_{ex}\Delta V$이므로 압력과 부피 변화로부터 일을 계산할 수 있다.

$$W = P_{ex}\Delta V = \frac{300\,\text{N}}{\text{m}^2} \times 22\,\text{cm}^2 \times 24\,\text{cm} \times \left(\frac{1\,\text{m}}{100\,\text{cm}}\right)^3 \times \frac{1\,\text{J}}{1\,\text{N} \times \text{m}}$$
$$= 0.158\,\text{J}$$

10. 6.5 HP는 몇 $\dfrac{\text{kg}_\text{f} \cdot \text{m}}{\text{s}}$인가?

풀이 동력의 단위로부터 HP와 W 사이의 환산 관계는 다음과 같다.

$$1\,\text{HP} = \frac{550\,\text{lbf} \times \text{ft}}{\text{s}} = \frac{550\,\text{lbf} \times \text{ft}}{\text{s}} \times \frac{0.454\,\text{kgf}}{1\,\text{lbf}} \times \frac{0.3048\,\text{m}}{1\,\text{ft}}$$
$$= \frac{76.1\,\text{kgf} \times \text{m}}{\text{s}}$$

따라서 6.5 HP를 $\dfrac{\text{kg}_\text{f} \cdot \text{m}}{\text{s}}$의 단위로 환산하면

$$6.5\,\text{HP} = 6.5\,\text{HP} \times \frac{\dfrac{76.1\,\text{kg}_\text{f} \cdot \text{m}}{\text{s}}}{1\,\text{HP}} = \frac{494.65\,\text{kg}_\text{f} \cdot \text{m}}{\text{s}}$$

11. 40℃의 온도를 유지하고 있는 물에 외부로부터 에너지가 가해져서 84.5℃까지 상승하였다. 이때 외부에서 가해진 열량은 cal/g인가?

풀이 40℃의 온도를 유지하는 물에 외부로부터 에너지가 가해져서 물의 온도가 84.5℃까지 상승하였을 경우 외부에서 가해진 에너지는 다음과 같다.

$Q = mC\Delta T$이므로 $\dfrac{Q}{m} = C\Delta T$가 된다.

$$\frac{Q}{m} = C\Delta T = \frac{1\,\text{cal}}{\text{g℃}} \times (84.5 - 40)\text{℃} = 44.5\,\text{cal/g}$$

12. 용량이 700 W인 전열기로 2 kg의 물(평균비열 4.18 kJ/kg · K)을 5℃에서 100℃까지 가열하는 경우 전열기의 발생열 중 55%가 유용하게 이용된다면 가열에 필요한 시간은 몇 분[min]인가?

풀이 열량 $Q = mC(T_2 - T_1)$

여기서, Q : 열량[W]
C : 비열[kJ/kg · K]
T : 온도
m : 질량

주어진 조건에서 2 kg의 (물 평균비열 4.18 kJ/kg · K)을 5℃에서 100℃까지 가열하는데 필요한 에너지는 다음과 같다.

$Q = mC(T_2 - T_1) = 2\,\text{kg} \times 4.18\,\text{kJ/kg} \cdot \text{K} \times (373\,\text{K} - 278\,\text{K}) = 794.2\,\text{kJ}$

전열기의 용량이 700 W이고 발생열 중 55%만이 물의 가열에 사용되었으므로 활용된 에너지의 양은 700 W × 0.55 = 385 W = 385 J/s이다.

따라서 가열에 소요되는 시간은

$$\frac{\text{s}}{385\,\text{J}} \times 794.2 \times 10^3\,\text{J} = 2062.86\,\text{s} = 2062.86\,\text{s} \times \frac{1\,\text{min}}{60\,\text{s}} = 34.38\,\text{min}$$

13. 용량이 12 kW인 전열기로 15 kg의 물(평균비열 4.2 kJ/kg · K)을 30℃에서 70℃까지 가열하는 경우 열손실이 없을 경우 가열에 필요한 에너지는 몇 kJ인가?

풀이 열량 $Q = mC(T_2 - T_1)$에서

여기서, Q : 열량[W]
C : 비열[kJ/kg · K]
T : 온도
m : 질량

주어진 조건에서 15 kg의 물(평균비열 4.2 kJ/kg · K)을 30℃에서 70℃까지 가열하는데 필요한 에너지는 다음과 같다.

$$Q = mC(T_2 - T_1) = 15\,\text{kg} \times \frac{4.2\,\text{kJ}}{\text{kg} \cdot \text{K}} \times (40\,\text{K}) = 2520\,\text{kJ}$$

14. 대기압 하에서 20℃의 물 4 kg을 모두 증발시켰을 때 냉각효과를 얻을 수 있는 열량은 몇 kJ인가?

풀이 물의 상 및 온도 변화에 따른 열량은 크게 두 가지로 나누어진다. 상의 변화에 따른 열량인 잠열과 온도 변화에 의한 현열 등 2가지로 구분된다.

① 현열 $Q = mC\Delta T$ 이고

② 잠열은 증발에 의한 증발 잠열과 융해에 의한 융해 잠열로 구분된다.

따라서, 주어진 조건에서 20℃의 물이 100℃의 수증기로 되는 과정은 우선 20℃의 물이 100℃의 물로 변하는 온도 변화의 과정과 100℃의 물이 100℃의 수증기로 되는 상변화의 과정 등 2가지 과정을 거쳐서 일어난다.

그러므로

$Q_T = Q_{현열} + Q_{잠열}$로 계산된다.

$$Q_T = Q_{현열} + Q_{잠열} = mC\Delta T + m\Delta H_{증발}$$

$$Q_T = mC\Delta T + m\Delta H_{증발}$$

$$Q_T = 4\,\text{kg} \times \frac{1\,\text{kcal}}{\text{kg}℃} \times (100 - 20)℃ + 4\,\text{kg} \times \frac{539\,\text{kcal}}{\text{kg}} = 2476\,\text{kcal}$$

에너지 단위환산 관계에서 1 cal = 4.2 J이므로

$$Q_T = mC\Delta T + m\Delta H_{증발} = 2476\,\text{kcal} = 2476\,\text{kcal} \times \frac{4.2\,\text{kJ}}{1\,\text{kcal}}$$

$$= 10399.2\,\text{kJ}$$

15. 대기압 하에서 −10℃의 얼음 18 g을 100℃의 증기로 만드는데 필요한 열량은 몇 kJ인가? (단, 얼음의 융해열은 335 kJ/kg, 물의 증발잠열은 2256 kJ/kg, 얼음의 평균 비열은 2.1 kJ/kg · K이고, 물의 평균 비열은 4.18 kJ/kg · K이다.)

풀이 물의 상 및 온도 변화에 따른 열량은 크게 두 가지로 나누어진다. 상의 변화에 따른 열량인 잠열과 온도 변화에 의한 현열 등 2가지로 구분된다.

① 현열 $Q = mC\Delta T$ 이고

② 잠열은 증발에 의한 증발 잠열과 융해에 의한 융해 잠열로 구분된다.

따라서 주어진 조건에서 −10℃의 얼음이 100℃의 수증기로 되는 과정은
① −10℃의 얼음이 0℃의 얼음으로 변화하는 과정
② 0℃의 얼음이 0℃의 물로 변화하는 과정
③ 0℃의 물이 100℃의 물로 변하는 온도 변화의 과정
④ 100℃의 물이 100℃의 수증기로 되는 상변화의 과정 등 4가지 과정을 거쳐서 일어난다.

그러므로 $Q_T = Q_{현열} + Q_{잠열} + Q_{현열} + Q_{잠열}$로 계산된다.
$Q_T = Q_{현열} + Q_{잠열} + Q_{현열} + Q_{잠열}$에서
$Q = mC\Delta T + m\Delta H_{융해} + mC\Delta T + m\Delta H_{증발}$이 된다.

① −10℃의 얼음 18 g (= 0.018 kg)이 0℃의 얼음으로 변화하는 과정에서의 에너지는 다음과 같다.

$$Q_{현열} = mC\Delta T = 0.018\,\text{kg} \times \frac{2.1\,\text{kJ}}{\text{kg}\cdot\text{K}} \times (10-0)\,\text{K} = 0.378\,\text{kJ}$$

② 0℃의 얼음 18 g이 0℃의 물로 상변화되는 과정에서의 에너지는 다음과 같다.

$$Q_{융해잠열} = m\Delta H_{융해} = 0.018\,\text{kg} \times \frac{335\,\text{kJ}}{\text{kg}} = 6.03\,\text{kJ}$$

③ 0℃의 물 18 g이 100℃의 물로 변하는 온도 변화의 과정에서의 에너지는 다음과 같다.

$$Q_{현열} = mC\Delta T = 0.018\,\text{kg} \times \frac{4.18\,\text{kJ}}{\text{kg}\cdot\text{K}} \times (100-0)\,\text{K} = 7.52\,\text{kJ}$$

④ 100℃의 물 18 g이 100℃의 수증기로 되는 상변화의 과정에서의 에너지는 다음과 같다.

$$Q_{증발잠열} = m\Delta H_{증발} = 0.018\,\text{kg} \times \frac{2256\,\text{kJ}}{\text{kg}} = 40.61\,\text{kJ}$$

따라서 −10℃의 얼음 18 g을 100℃의 증기로 만드는데 필요한 열량은
$Q_T = Q_{현열} + Q_{융해} + Q_{현열} + Q_{잠열}$에서
$Q_T = 0.378\,\text{kJ} + 6.03\,\text{kJ} + 7.52\,\text{kJ} + 40.61\,\text{kJ} = 54.538\,\text{kJ}$

16. 섭씨로 측정할 때 온도의 상승이 5℃이었다. 이것을 화씨로 측정하면 몇 도 상승하겠는가?

풀이

$t_{°F} = \frac{9}{5} t_{℃} + 32$에서

$t_{°F} = \frac{9}{5} \times 5 + 32 = 41°F$

결국, 섭씨를 0℃로 기준하면 41°F − 32°F = 9°F만큼 상승함을 알 수 있다.

17. 0.05 m^3의 물에 500℃의 철 2 kg을 넣어서 그 평형 온도가 20℃로 되었다. 물의 온도는 몇 ℃ 올라가는가? (단, 철의 비열은 0.145 kcal/kg℃이며 물과 용기는 열 교환이 없다.)

풀이

$Q = GC\Delta t$에서 물 : $Q_1 = 50 \times 1 \times \Delta t$

철 : $Q_2 = 2 \times 0.145 \times (500 - 20)$

$Q_1 = Q_2$에서 $50 \times 1 \times \Delta t = 2 \times 0.145 \times (500 - 20)$

$\therefore \Delta t = 2.784℃$

18. 1200 kg의 철(비열 : 0.113 kcal/kg · ℃)을 온도 10℃에서 86℃까지 높이는데 필요한 열량은 몇 kcal인가?

풀이

$Q = GC(t_2 - t_1) = 1200 \times 0.113 \times (86 - 10) = 10305.6\,\text{kcal}$

19. 시속 60 km/h로 달리던 3톤 차가 갑자기 브레이크에 의해 50 m 앞에서 정지하였다면, 노면과 바퀴 사이의 마찰계수를 0.3이라고 할 때 브레이크에서 발생되는 열량은?

풀이

마찰력 $F = \mu P = 0.3 \times 3000 = 900\,\text{kg}_f$

일량 $W = F \cdot S = 900 \times 50 = 45000\,\text{kg}_f \cdot \text{m}$

결국, $AW = \frac{45000}{427} = 105.4\,\text{kcal}$

20. 어느 엘리베이터의 정원은 6명이다. 1인당 중량을 68 kg_f, 운전 속도를 80 m/min라고 할 때 필요한 동력은 몇 PS인가? (단, 엘리베이터의 자중은 무시한다.)

풀이

일량 $W = \dfrac{68 \times 80 \times 6}{60} = 544\,kg_f \cdot m/s$

결국, 동력 $P = \dfrac{544}{75} = 7.25\,(PS)$

21. 중량 3 kg_f, 온도 350℃인 철을 온도 20℃인 물에 넣어 평형 상태가 된 후의 온도가 30℃가 되었다. 열손실이 없다면 물의 양은 몇 kg_f인가? (단, 철의 비열은 0.113 kcal/kg·℃이다.)

풀이

$Q = GC\Delta t$ 에서

(물) (철)

$G \times 1 \times (30-20) = 3 \times 0.113 \times (350-30)$

$\therefore\ 10.848\,kg_f$

6. 기체관련 법칙

기체의 경우 분자간의 간격이 크기 때문에 외부환경에 따른 영향이 비교적 크게 나타난다. 즉, 기체의 경우 온도가 증가함에 따라 부피가 변화하고 이러한 부피변화에 의해 압력도 변화하는 등 외부환경 변화가 다른 조건들의 변화를 가져온다. 이러한 외부환경조건인 온도와 압력 변화에 따른 특성을 이해하기 위해서 기체 관련된 기본적인 법칙 및 그것을 활용한 계산에 대해서 학습해야 한다. 여기에서는 외부 환경조건의 대표적인 요인인 압력과 온도 그리고 부피가 기체의 기본적인 물성에 미치는 영향에 대해서 알아보려고 한다.

또한 기체의 압력과 부피 사이의 관계에 대한 법칙은 보일의 법칙, 기체의 온도와 부피 사이의 관계는 샤를의 법칙으로 설명할 수 있다. 보일의 법칙과 샤를의 법칙과 관련된 기체의 부피 변화는 우리의 일상생활에서도 쉽게 관찰할 수 있으며 보일의 법칙과 샤를의 법칙에 대해 자세히 알아보고, 같은 법칙을 발견한 보일과 마리오트, 샤를과 게이뤼삭에 대해 알아보려고 한다.

6.1 기체관련 기본 법칙

1) 보일의 법칙

용기 속에 넣어 둔 기체 분자는 모든 방향으로 활발한 운동을 하고 있기 때문에 용기벽에 충돌하여 힘을 주는데, 이처럼 충돌에 의하여 용기벽의 단위넓이에 작용하는 힘을 그 기체의 압력이라고 한다. 외부에서 힘을 가해 기체의 부피를 감소시키면, 기체의 밀도가 증가하여 충돌횟수도 증가하므로 기체의 압력은 증가한다. 반대로 부피가 늘어나면 압력은 감소한다. 보일은 실험에서 일정한 온도에서 일정량의 기체의 부피는 압력에 반비례한다는 사실을 발견했다.

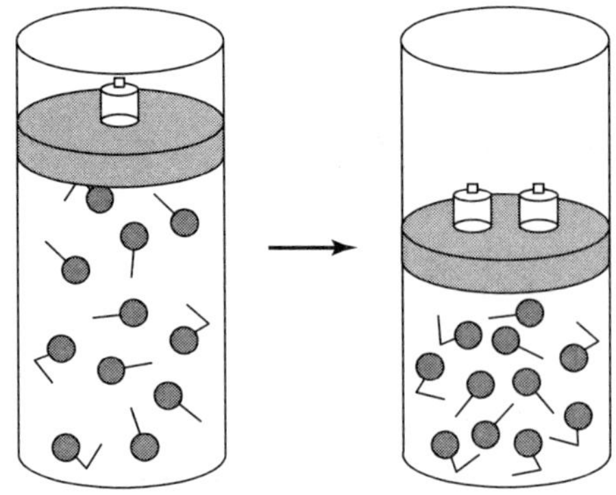

[그림 6.1] 보일의 법칙

보일 법칙은 기체분자의 크기가 0이고 서로 영향을 미치지 않는 이상기체의 경우, 부피가 1/2배가 되면 압력은 정확히 2배가 된다. 보일의 실험에서는 적은 양의 기체를 사용하여 이상기체와 거의 비슷한 결과를 얻었다. 하지만 실제 기체에 대한 엄밀한 실험과 검토를 통해 보일의 법칙은 실제 기체에 그대로 적용할 수 없다는 것이 밝혀졌다.

그림 6.1에서와 같이 온도가 일정하게 유지되는 등온상태에서 압력이 P_1이고 부피가 V_1인 기체의 압력변화가 발생하여 P_1에서 P_2로 증가하는 경우 부피는 압축되어 감소하게 된다. 반대로 압력이 P_1에서 P_2로 감소하게 되면 부피는 팽창되어 증가하게 된다. 이러한 변화를 식으로 나타내면

$$P_1 V_1 = P_2 V_2$$

가 된다.

2) 샤를의 법칙

온도와 기체의 부피에 관한 법칙으로 기체팽창의 법칙이라고도 하며, 일정한 압력에서 기체의 부피는 그 종류와는 관계없이 절대온도에 정비례한다는 법칙이다. 즉, 압력이 일정할 때 기체의 부피는 종류에 관계없이 온도가 1℃ 올라갈 때마다 0℃일 때 부피의 1/273씩 증가한다는 것이다. 일정한 압력일 때 기체 분자의 운동은 온도가 높아짐에 따라 활발해져서 용기의 벽에 충돌하는 횟수가 증가하므로 부피가 커지게 된다. V를 온도 t℃에서의 기체의 부피라 하고, V_0을 0℃에서의 부피라고 하면, 다음의 관계식이 성립된다.

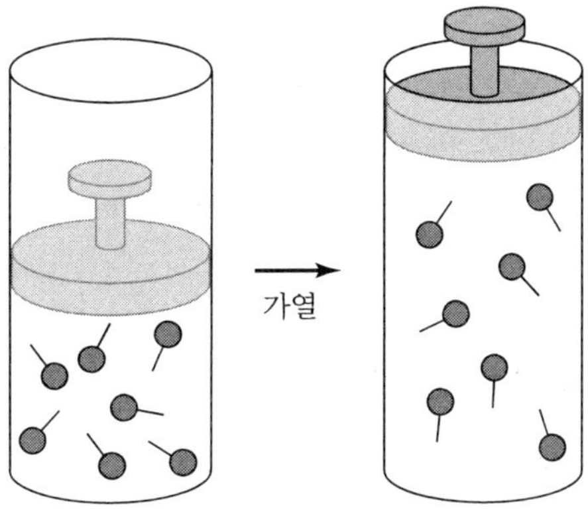

[그림 6.2] 샤를의 법칙

$$V = V_0 \times \left(1 + \frac{t}{273}\right)$$

여기서, 절대온도를 사용하면

$$0℃ = 273\,\text{K} = T_0$$
$$t\,℃ = (273 + t)\,\text{K} = T$$

$$\therefore \; \frac{V_0}{T_0} = \frac{V}{T} = \text{일정}(k)$$

위의 식처럼 절대온도를 사용할 때 온도와 부피는 일정하게 증가함을 알 수 있다.

3) 아보가드로 법칙

이탈리아 과학자 아보가드로(Amedeo Avogadro, 1776~1856)가 밝힌 기체 반응의 법칙으로 1811년 단위입자의 상대적 질량 및 이들의 결합비를 결정하는 하나의 방법이란 논문을 통해 같은 온도와 같은 압력에서는 기체의 종류에 상관없이 같은 부피 속에 같은 수의 분자를 포함한다는 가설을 발표하였다. 기체의 입자가 분자라는 사실이 밝혀지기 전까지는 가설로만 여겨졌으나 1860년에 S. 카니차로에 의해 재조명되면서 '법칙'으로 인정받는다. 모든 기체는 표준상태(0℃, 1기압)에서 같은 부피 22.4 L 속에 6×10^{23}개의 분자를 갖는다는 아보가드로의 수를 제시하였는데 이 법칙은 분자량 결정 방법을 제공함으로써 근대 화학을 성립하는 데 기초가 되었다.

또한 이러한 법칙을 통해 모든 기체는 표준상태에서 기체 1 mol이 22.4 L의 부피를 가진다는 것과 온도와 압력을 알 수 있을 때 일정 공간 내에 있는 기체의 양을 계산할 수 있다. 아보가드로의 법칙에 언급된 조건들을 기호로 표시하면 바로 기체상수 R이 된다.

4) 이상기체 상태방정식

이상기체 방정식은 보일의 법칙, 샤를의 법칙, 아보가드로 법칙을 모두 적용할 수 있는 식이다.

기체 1몰은 0℃, 1기압에서 22.4 L를 차지하므로 이 값을 대입하여 이상기체 법칙의 비례상수, 즉 R값을 구할 수 있다.

$$R = \frac{PV}{nT} = \frac{1\,\mathrm{atm} \times 22.4\,\mathrm{L}}{1\,\mathrm{mol} \times 273\,\mathrm{K}} \fallingdotseq 0.082\,\mathrm{atm} \cdot \mathrm{L/mol} \cdot \mathrm{K}$$

이러한 기체상수를 통해 이상기체 n몰에 대하여 이상기체 방정식은 다음과 같이 나타낸다.

$$PV = nRT$$

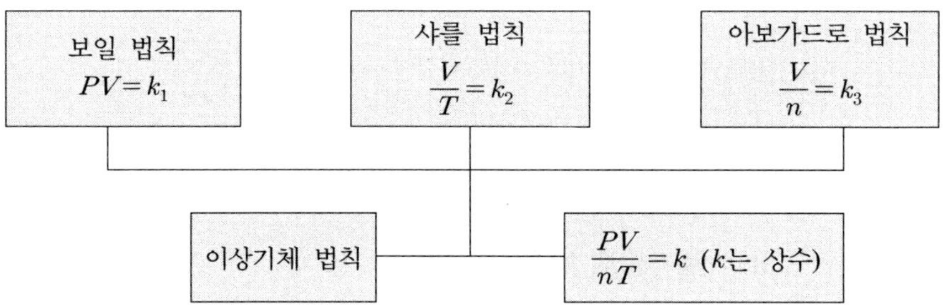

[그림 6.3] 이상기체 상태방정식

6.2 기체상수

여러 종류의 기체(수소, 산소, 메테인 등) 1몰을 같은 부피의 용기에 넣어 온도를 같게 하고 압력을 측정해보면 정확하게 같지는 않지만 거의 같다는 것이 실험적으로 발견된다. 용기 속에 있는 기체의 밀도를 점점 낮춰가며 측정해 보면 측정한 압력의 작은 차이들이 점점 줄어든다. 계속 용기 속 기체밀도를 낮추면 충분히 낮은 밀도에서 모든 기체가 이상기체 법칙을 따르게 된다. 그리고 충분히 낮은 밀도에서 단일 기체뿐만 아니라 혼합기체에서도 이상기체 법칙을 만족시킨다. 이때 이상기체 1몰의 상태방정식은 압력을 P, 부피를 V, 절대온도를 T라 할 때 $PV=nRT$로 표시되는데, 이때의 R값을 말한다. 여기서, V는 아보가드로의 법칙에 의해 등온·등압 하에서 그 종류에 관계없이 항상 일정한 값(0℃, 1 atm에서는 22.4 L)을 가진다. 따라서 이상기체 1 mol을 취하면 R의 값은 0.082 atm·L/mol·K가 된다.

여기서, 압력과 온도 그리고 부피의 단위체계에 따른 기체상수 R값에 대해서 구체적으로 살펴보자.

먼저 가장 보편적으로 사용하는 R값은

$$R=\frac{PV}{nT}=\frac{1\,\text{atm}\times 22.4\,\text{L}}{1\,\text{mol}\times 273\,\text{K}}\fallingdotseq 0.082\,\text{atm}\cdot\text{L/mol}\cdot\text{K}$$

이며, 단위에 따른 R값을 알아보도록 한다.

(1) 압력을 높이로 부피를 L로 표시하는 경우 기체상수 값

① 압력이 mmHg이고 부피가 L인 경우

$$R=\frac{PV}{nT}=\frac{760\,\text{mmHg}}{273\,\text{K}}\times\frac{22.4\,\text{L}}{\text{mol}}$$

$$=\frac{62.36\,\text{mmHg}\times\text{L}}{\text{mol}\times\text{K}}$$

② 압력이 mmH_2O이고 부피가 L인 경우

$$R=\frac{PV}{nT}=\frac{10336\,\text{mmH}_2\text{O}}{273\,\text{K}}\times\frac{22.4\,\text{L}}{\text{mol}}$$

$$=\frac{848.082\,\text{mmH}_2\text{O}\times\text{L}}{\text{mol}\times\text{K}}$$

(2) 압력을 높이로 부피를 m^3로 표시하는 경우 기체상수 값

① 압력이 mmHg이고 부피가 m^3인 경우

$$R = \frac{PV}{nT} = \frac{760\,\mathrm{mmHg}}{273\,\mathrm{K}} \times \frac{0.0224\,\mathrm{m^3}}{\mathrm{kmol}}$$

$$= \frac{0.06236\,\mathrm{mmHg} \times \mathrm{m^3}}{\mathrm{kmol} \times \mathrm{K}}$$

② 압력이 mmH_2O이고 부피가 m^3인 경우

$$R = \frac{PV}{nT} = \frac{10336\,\mathrm{mmH_2O}}{273\,\mathrm{K}} \times \frac{0.0224\,\mathrm{m^3}}{\mathrm{kmol}}$$

$$= \frac{0.848082\,\mathrm{mmH_2O} \times \mathrm{m^3}}{\mathrm{kmol} \times \mathrm{K}}$$

(3) 압력을 힘의 값으로 부피를 L로 표시하는 경우

① 압력이 kPa이고 부피가 L인 경우

$$R = \frac{PV}{nT} = \frac{101.3\,\mathrm{kPa}}{273\,\mathrm{K}} \times \frac{22.4\,\mathrm{L}}{\mathrm{mol}}$$

$$= \frac{8.311\,\mathrm{kPa} \times \mathrm{L}}{\mathrm{mol} \times \mathrm{K}}$$

② 압력이 kg_f/cm^2이고 부피가 L인 경우

$$R = \frac{PV}{nT} = \frac{1.0336\,\mathrm{kg_f/cm^2}}{273\,\mathrm{K}} \times \frac{22.4\,\mathrm{L}}{\mathrm{mol}}$$

$$= \frac{0.0848\,\mathrm{kg_f/cm^2} \times \mathrm{L}}{\mathrm{mol} \times \mathrm{K}}$$

③ 압력이 N/m^2이고 부피가 L인 경우

$$R = \frac{PV}{nT} = \frac{101.3 \times 10^3\,\mathrm{N/m^2}}{273\,\mathrm{K}} \times \frac{22.4\,\mathrm{L}}{\mathrm{mol}}$$

$$= \frac{8.311 \times 10^3\,\mathrm{N/m^2} \times \mathrm{L}}{\mathrm{mol} \times \mathrm{K}}$$

(4) 압력을 힘의 값으로 부피를 m^3으로 표시하는 경우 기체상수 값

① 압력(P)이 kPa이고 부피(V)가 m^3인 경우

표준상태의 값이 $P=101.3$ kPa이고 $V=0.0224\ m^3$ 그리고 $T=$ 273K이므로

$$R = \frac{PV}{nT} = \frac{101.3\ kPa}{273\ K} \times \frac{0.0224\ m^3}{kmol}$$

$$= \frac{0.008311\ kPa \times m^3}{kmol \times K}$$

② 압력(P)이 kg_f/cm^2이고 부피(V)가 m^3인 경우
표준상태의 값이 $P=1.0336\ kg_f/cm^2$이고 $V=0.0224\ m^3$ 그리고 $T=273$ K이므로

$$R = \frac{PV}{nT} = \frac{1.0336\ kg_f/cm^2}{273\ K} \times \frac{0.0224\ m^3}{kmol}$$

$$= \frac{8.48 \times 10^{-5}\ kg_f/cm^2 \times m^3}{kmol \times K}$$

③ 압력(P)이 N/m^2이고 부피(V)가 m^3인 경우
표준상태의 값이 $P=101.3 \times 10^3\ N/m^2$이고 $V=0.0224\ m^3$ 그리고 $T=273$ K이므로

$$R = \frac{PV}{nT} = \frac{101.3 \times 10^3\ N/m^2}{273\ K} \times \frac{0.0224\ m^3}{kmol}$$

$$= \frac{8.311\ N/m^2 \times m^3}{kmol \times K}$$

(5) 기체상수가 에너지 단위로 표시되는 경우 기체상수 값

① 압력이 N/m^2이고 부피가 m^3인 경우

$$R = \frac{PV}{nT} = \frac{101.3 \times 10^3 N/m^2}{273 K} \times \frac{0.0224 m^3}{kmol}$$

$$= \frac{8.311 N/m^2 \times m^3}{kmol \times K} \text{에서}$$

$$R = \frac{8.311 \times 10^3 N/m^2 \times m^3}{kmol \times K} \times \frac{1 J}{N \times m}$$

$$= \frac{8.311 kJ}{kmol \times K} = \frac{8.311 J}{mol \times K}$$

6.3 기체의 밀도 및 비중 계산

1) 기체의 밀도

순수한 기체의 밀도는 온도와 압력에 따라 변하므로 액체와 달리 기체의 경우에는 밀도를 나타낼 때는 측정조건을 명시해야 한다. 또한 기체의 밀도는 외부조건이 제시되지 않으면 표준상태로 계산하여야 한다. 외부의 압력 변화에 의하여 부피가 변하는 기체는 압축성 물질이라고도 한다. 기체의 밀도는 주어진 조건에서 기체를 이상기체로 간주하고 기체 상태방정식으로부터 기체의 밀도를 구해야 한다.

$PV=nRT$에서 몰수(n)는 기체의 질량/분자량(M)이므로 이 식을 다시 정리하면

$$PV=\frac{mRT}{M}$$

이고 정리하면 $PVM=mRT$가 되며 $PM=\frac{m}{V}RT$이고 $\frac{m}{V}$는 밀도 ρ이므로

$$PM=\rho RT$$

와 같이 나타내고 기체의 밀도는 다음과 같다.

$$\rho=\frac{PM}{RT}=\frac{\text{압력}\times\text{기체의 분자량}}{\text{기체상수}\times\text{절대온도}}$$

2) 기체의 비중

표준물질(A)의 밀도에 대한 기준물질(ref)의 밀도의 비를 비중(specific gravity, sp.gr)이라 한다. 따라서 기체의 비중도 기준물질인 공기의 밀도를 기준으로 하여 계산한다. 기체의 밀도는 기체 상태방정식으로부터 계산된 결과를 활용하면 된다.

$$\text{기체의 비중}=\frac{(\mathrm{kg/m^3})_\mathrm{A}}{(\mathrm{kg/m^3})_{\text{공기}}}=\frac{(\mathrm{g/cm^3})_\mathrm{A}}{(\mathrm{g/cm^3})_{\text{공기}}}$$

비중은 단위를 갖지 않는 무차원[−] 수이며, 어느 단위계를 사용해도 같은 값이 된다. 기체의 경우에는 온도가 변화하면 분자의 운동에너지가 증가하여 부피가 증가하게 된다. 따라서 기체의 부피는 온도와 압력에 따라서 변화하게 된다. 이러한 경우 기체의 비중을 나타낼 때는 기준물질인 공기나 수소의 온도, 압력 조건에서 밀도값을 계산하고 대상물질의 밀도값을 계산하여 비중을 계산하여야 한다.

예제 6–1 표준상태에서 이산화탄소(CO_2)의 비중을 계산하여라.

풀이 이산화탄소를 이상기체로 간주하여 이 문제를 해결하면, 기체의 밀도는 $\rho = \frac{PM}{RT}$ 이므로 주어진 조건에서 기준기체인 공기의 밀도와 대상물질인 이산화탄소의 밀도를 각각 구해야 비중을 구할 수 있다.

먼저 표준상태인 760 mmHg, 0℃의 기준물질인 공기의 밀도는

$$\rho_{Air} = \frac{PM}{RT} = \frac{760\ \text{mmHg}}{(273+0)\ \text{K}} \times \frac{29\ \text{kg}}{\text{kmol}} \times \boxed{\frac{273\ \text{K}}{760\ \text{mmHg}} \times \frac{\text{kmol}}{22.4\ \text{m}^3}} = \frac{1.295\ \text{kg}}{\text{m}^3}$$

표준상태(760 mmHg, 0℃)의 이산화탄소의 밀도

$$\rho_{CO_2} = \frac{PM}{RT} = \frac{760\ \text{mmHg}}{(273+0)\ \text{K}} \times \frac{44\ \text{kg}}{\text{kmol}} \times \boxed{\frac{273\ \text{K}}{760\ \text{mmHg}} \times \frac{\text{kmol}}{22.4\ \text{m}^3}} = \frac{1.964\ \text{kg}}{\text{m}^3}$$

표준상태(0℃, 1 atm)의 공기와 이산화탄소의 밀도값으로부터 비중(sp.gr.)을 구하면 다음과 같다.

$$\text{sp.gr.} = \frac{(\text{kg/m}^3)_{CO_2}}{(\text{kg/m}^3)_{Air}} = \frac{1.964\ \text{kg/m}^3}{1.295\ \text{kg/m}^3} = 1.517$$

이 값은 이산화탄소의 분자량(44 g/mol)과 공기의 분자량(29 g/mol)의 비 $\frac{44}{29} = 1.517$ 와 같다.

(참조) 분자량 C : 12, H : 1, O : 16, N : 14, He : 4

기체의 비중을 나타낼 때 기준기체(수소 또는 공기)와 비중을 측정하고자 하는 대상기체의 온도와 압력이 같은 조건이라면 두 기체의 분자량의 비가 바로 기체의 비중을 의미한다. 즉, 일정한 압력과 온도조건에서 기체의 분자량만큼의 질량이 차지하는 부피는 서로 같으므로(0℃, 1 atm에서 22.4 L) 이를 다음과 같이 나타낼 수 있다.

$$\text{기체의 비중} = \frac{\text{기체 밀도}}{\text{공기 밀도}} = \frac{\text{기체의 분자량}/22.4}{\text{공기의 분자량}/22.4} = \frac{\text{기체의 분자량}}{\text{공기의 분자량}}$$

이 된다.

연습문제

1. 온도가 일정하게 유지되는 고압가스 용기에 들어있는 120 kPa의 압력에서 부피가 11.2 m^3이었다. 이 용기에 외부에서 에너지가 가해져서 압력이 150 kPa까지 상승하게 되면 기체의 부피는 몇 m^3인가?

풀이 기체의 온도(T)가 일정하게 유지될 때 압력(P), 그리고 부피(V)의 변화에 대한 보일의 법칙 $P_1 \times V_1 = P_2 \times V_2$을 이용해서 계산할 수 있다.

주어진 조건에서 $P_1 = 120\,\text{kPa}$, $V_1 = 11.2\,\text{m}^3$인 상태에서 $P_2 = 150\,\text{kPa}$로 변화할 때 V_2를 구하는 문제이다.

$P_1 \times V_1 = P_2 \times V_2$에서 $V_2 = \dfrac{V_1 P_1}{P_2}$이므로 V_2를 계산하면 다음과 같다.

$$V_2 = \frac{V_1 P_1}{P_2} = \frac{11.2\,\text{m}^3 \times 120\,\text{kPa}}{150\,\text{kPa}} = 8.96\,\text{m}^3$$

2. 압력이 대기압으로 일정하게 유지되고 온도가 25℃인 용기에 들어 있는 기체의 부피가 12.5 m^3이었다. 이 용기에 외부에서 에너지가 가해져서 온도가 250℃까지 증가하였다면 용기 중에 있는 기체의 부피는 어떻게 변화하는가?

풀이 기체의 압력(P)이 일정하게 유지될 때 온도(T), 그리고 부피(V)의 변화에 대하여 샤를의 법칙 $\dfrac{V_1}{T_1} = \dfrac{V_2}{T_2}$으로부터, 주어진 조건에서 T_1 = 25℃, V_1 = 12.5 m^3인 상태에서 T_2 = 250℃로 변화할 때 V_2를 구하는 문제이다.

$\dfrac{V_1}{T_1} = \dfrac{V_2}{T_2}$에서 $V_2 = \dfrac{V_1 T_2}{T_1}$이므로 V_2를 계산하면 다음과 같다.

$$V_2 = \frac{V_1 T_2}{T_1} = \frac{12.5\,\text{m}^3 \times (250 + 273)\,\text{K}}{(25 + 273)\,\text{K}} = 21.94\,\text{m}^3$$

부피가 12.5 m^3에서 21.94 m^3로 증가하는 현상이 발생한다.

3. 공기가 압력 1.05 MPa, 온도 25℃, 체적 0.1 m^3인 처음 상태에서 온도가 변화하여 압력 0.5 MPa, 체적 0.05 m^3인 상태로 변화하였다면 이때 공기의 온도는 몇 K인가?

풀이 기체의 압력(P), 온도(T), 그리고 부피(V)에 관한 보일-샤를의 법칙을 이용해서 해결할 수 있다.

$\frac{P_1 V_1}{T_1} = \frac{P_2 V_2}{T_2}$에서 T는 절대온도이며, P는 압력, V는 부피이다.

주어진 조건에서 $P_1 = 1.05\text{ MPa}$, $T_1 = 25℃$, $V_1 = 0.1\text{ m}^3$인 상태에서 $P_2 = 0.5\text{ MPa}$, $V_2 = 0.05\text{ m}^3$일 때 T_2를 계산하면 다음과 같다.

$$T_2 = \frac{P_2 V_2 T_1}{P_1 V_1} = \frac{0.5\text{MPa} \times 0.05\text{m}^3 \times (25+273)\text{K}}{1.05\text{MPa} \times 0.1\text{m}^3} = 70.95\text{K}$$

4. 액화 산소 30 kg이 25℃의 온도에서 대기 중으로 방출될 경우 1 atm의 압력에서 부피는 몇 m^3이 되는가?

풀이 대기 중에 존재하는 기체의 부피는 이상기체 상태방정식을 이용해서 계산한다.

$PV = \frac{m}{M}RT$에서 부피는 $V = \frac{m}{PM}RT$이므로 주어진 조건에서 $P = 1$ atm, 온도 $T = 25℃ = 25 + 273 = 298\text{ K}$, 산소의 질량($m$) = 30 kg이므로 이 값을 이용해서 부피를 계산하면 다음과 같다.

$$V = \frac{m}{PM}RT = \frac{30\text{kg} \times 298\text{K}}{1\text{atm} \times 32\text{kg/kmol}} \times \frac{1\text{atm} \times 22.4\text{m}^3}{\text{kmol} \times 273\text{K}}$$
$$= 22.9\text{m}^3$$

5. 온도가 25℃인 조건에서 산소기체 40 kg이 부피 4 m^3인 용기에 가득 차 있다. 이 때 용기 중에 있는 산소에 가해진 압력은 몇 kPa인가?

풀이 기체 상태방정식을 이용해서 계산하면 다음과 같다.

$PV = \frac{m}{M}RT$에서 압력은 $P = \frac{m}{VM}RT$가 된다.

주어진 조건에서 $V = 4\text{ m}^3$, $T = 25℃ = 25 + 273 = 298\text{ K}$, 산소의 질량($m$) = 40 kg이므로, 이 값을 이용해서 압력을 계산하면

$$P = \frac{m}{VM}RT = \frac{40\text{kg} \times 298\text{K}}{4\text{m}^3 \times 32\text{kg/kmole}} \times \frac{101.3\text{kPa} \times 22.4\text{m}^3}{\text{kmole} \times 273\text{K}}$$
$$= 774.036\text{kPa}$$

6. 부피가 4 m^3인 탱크에 산소가 10 kg이 들어 있다. 온도가 25℃라면 압력은 몇 kPa인가?

풀이 이상기체 상태방정식을 이용해서 압력을 계산하면 다음과 같다.

$PV = \frac{m}{M}RT$에서 압력은 $P = \frac{m}{VM}RT$가 된다.

주어진 조건에서 $V = 4\text{ m}^3$, $T = 25℃ = 25 + 273 = 298\text{ K}$, 질량($m$) = 10 kg 이므로 이 값을 대입하면

$$P = \frac{m}{VM}RT = \frac{10\,\text{kg} \times 298\,\text{K}}{4\,\text{m}^3 \times 32\,\text{kg/kmol}} \times \frac{101.3\,\text{kPa} \times 22.4\,\text{m}^3}{\text{kmol} \times 273\,\text{K}}$$
$$= 193.51\,\text{kPa}$$

7. 온도 25℃, 압력 100 kPa인 공기의 밀도는 몇 kg/m^3인가? (이때 공기의 평균 분자량은 29 kg/kmol이다.)

풀이 기체의 밀도는 온도와 압력에 따라 변화하므로 기체 상태방정식을 이용하여 구해야 한다.

기체의 밀도 $\rho = \frac{PM}{RT}$ 이므로 주어진 조건에 대입하면

$$\rho = \frac{PM}{RT} = \frac{100\,\text{kPa} \times \frac{29\,\text{kg}}{\text{kmol}}}{\frac{101.3\,\text{kPa}}{273\,\text{K}} \times \frac{22.4\,\text{m}^3}{\text{kmol}} \times (273 + 15)\,\text{K}}$$
$$= \frac{1.17\,\text{kg}}{\text{m}^3}$$

8. 표준상태에서 질소기체(N_2)의 비중을 계산하여라.

풀이 기체의 밀도와 비중을 계산하기 위해서는 기체를 이상기체로 간주하여 문제를 해결해야 한다. 기체의 밀도는 $\rho = \frac{PM}{RT}$ 이므로 주어진 조건에서 기준기체인 공기의 밀도와 대상물질인 질소의 밀도를 각각 구해야 비중을 구할 수 있다.

먼저 표준상태인 공기의 밀도는 (공기의 평균분자량이 29 kg/kmol일 때)

$$\rho_A = \frac{PM}{RT} = \frac{760\,\text{mmHg}}{(273 + 0)\,\text{K}} \times \frac{29\,\text{kg}}{\text{kmol}} \times \frac{273\,\text{K}}{760\,\text{mmHg}} \times \frac{\text{kmol}}{22.4\,\text{m}^3}$$
$$= \frac{1.295\,\text{kg}}{\text{m}^3}$$

이때 질소의 밀도는

$$\rho_N = \frac{PM}{RT} = \frac{760\,\text{mmHg}}{(273+0)\,\text{K}} \times \frac{28\,\text{kg}}{\text{kmol}} \times \frac{273\,\text{K}}{760\,\text{mmHg}} \times \frac{\text{kmol}}{22.4\,\text{m}^3}$$

$$= \frac{1.25\,\text{kg}}{\text{m}^3}$$

가 되며, 공기와 질소의 밀도값으로부터 비중을 구하면

$$\frac{1.25\,\text{kg/m}^3}{1.295\,\text{kg/m}^3} = 0.965$$

이 값은 질소의 분자량(28 kg/kmol)과 공기의 분자량(29 kg/kmol)의 비와 같다.

$$\frac{28}{29} = 0.965$$

9. 온도가 25℃이고 압력이 760 mmHg일 때 이산화탄소의 비중은?

풀이 먼저 25℃일 때 공기의 밀도를 구하면

(공기의 평균분자량이 29 kg/kmol일 때)

$$\rho_A = \frac{760\,\text{mmHg}}{(273+25)\,\text{K}} \times \frac{29\,\text{kg}}{\text{kmol}} \times \frac{273\,\text{K}}{760\,\text{mmHg}} \times \frac{\text{kmol}}{22.4\,\text{m}^3} = \frac{1.186\,\text{kg}}{\text{m}^3}$$

이 된다.

또한 25℃일 때 이산화탄소의 밀도는

(이산화탄소의 평균분자량이 44 kg/kmol일 때)

$$\rho_C = \frac{760\,\text{mmHg}}{(273+25)\,\text{K}} \times \frac{44\,\text{kg}}{\text{kmol}} \times \frac{273\,\text{K}}{760\,\text{mmHg}} \times \frac{\text{kmol}}{22.4\,\text{m}^3} = \frac{1.8\,\text{kg}}{\text{m}^3}$$

이 된다.

따라서 비중은 $\dfrac{1.8\,\text{kg/m}^3}{1.186\,\text{kg/m}^3} = 1.52$가 된다.

7. 혼합과 분리공정

7.1 혼합공정

혼합이란 두 개의 물질이 서로 섞여서 본래의 성질을 유지하는 것으로 두 개의 물질이 만나서 새로운 물질로 만들어지는 화학결합과는 다른 의미를 가지고 있다. 다음 그림과 같이 양을 알 수 없는 8%의 소금물에 양을 알 수 없는 5%의 소금물을 첨가해서 7%의 소금물 600 g_f을 만드는 방법을 알아보자.

[그림 7.1] 서로 다른 농도의 소금물 혼합

서로 다른 농도를 가진 소금물 2개를 혼합하는 과정에서 소금의 양과 물의 양은 변함없이 일정하게 유지된다. 때문에 혼합공정에 질량은 변하지 않고 농도만 변화하는 질량보존의 관계가 성립한다. 즉, 혼합에 사용된 원료의 질량은 혼합된 제품의 질량이다.

다시 문제로 돌아가서 8%의 소금물 x [g_f]에 5%의 소금물 y [g_f]을 첨가하여 7%의 소금물 600 g_f을 만드는 방법을 좀 더 구체적으로 살펴보면 다음과 같다.

(1) 소금물의 전체량은 x [g_f]에 y [g_f]이 합해져서 그 양이 600 g_f이다

(2) 소금물의 소금 양을 살펴본다면 다음과 같다.

① 8%의 소금물 x [g_f] 중에 있는 소금의 양은 $x \times \frac{8}{100} = 0.08x$

② 5%의 소금물 y [g_f] 중에 있는 소금의 양은 $y \times \frac{5}{100} = 0.05x$

③ 7%의 소금물 600 g_f 중에 있는 소금의 양은 $600\,g_f \times \frac{7}{100} = 42\,g_f$

즉, 소금의 양은 $0.08x + 0.05y = 42$이다.

그러므로 소금의 양 $0.08x + 0.05y = 42$와 소금물의 양 $x + y = 600$의 두 식으로부터 계산할 수 있다.

7.2 물질 혼합의 계산

2가지 물질이 혼합되어 새로운 물질이 만들어지는 과정을 다음 그림 7.2에 나타내었다. 예를 들어, 혼합장치를 통해 a와 b의 두 가지 성분으로 구성된 물질 1이 물질 2와 혼합되어 물질 3이 되는 과정을 보면 이 혼합공정에서 물질의 흐름양은 다음과 같다.

혼합장치로 공급되는 물질의 양
= 혼합장치에서 혼합되어 나오는 물질의 양

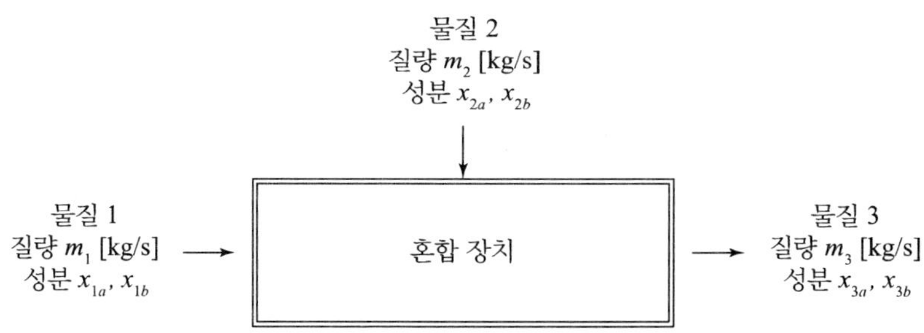

[그림 7.2] 혼합공정에서 물질의 이동관계

1) 전체 물질의 이동량

정상상태의 혼합공정에서는 시간이 지나도 물질의 전체량에는 변함이 없어야 하므로 혼합을 위해 공급된 물질의 전체량과 혼합 후 생성된 물질의 전체량은 서로 같다.

그림 7.2에서 m은 질량이고 x는 조성을 나타낼 값이다. 혼합을 위해 공급되는 질량은 m_1과 m_2이고, m_3는 혼합된 생성물의 질량이므로 혼합에 따른 전체 물질의 이동량은 다음과 같이 나타낼 수 있다.

$$m_1 + m_2 = m_3$$

도입되는 물질의 양과 유출되는 양이 항상 일정하다는 질량보존의 관계로부터 쉽게 구할 수 있다.

2) 물질 중 개별 성분의 이동량

각 흐름에서의 개별적인 성분물질의 흐름양에 관한 계산식을 물질 중 개별 성분의 이동량이라 하며 성분물질수지라고도 한다. 혼합에 사용되는 물질 중에 있는 특정물질의 흐름양을 볼 때 그림 a, b의 2성분계에서 a의 흐름양은 다음과 같다. 물질의 양 m_1 중에 있는 성분 a의 조성이 x_{1a}라면 물질 m_1 중에 있는 성분 a의 양은 $m_1 \times x_{1a}$가 된다.

혼합을 위해 공급되는 물질의 양은 m_1과 m_2이고, 혼합이 되어 생성된 물질의 양은 m_3이다. 물질 중에 있는 특정 성분 a의 양은 물질의 양(m)과 조성분율(x_a)로부터 다음과 같이 구해진다.

① 물질 m_1 중에 있는 성분 a의 양 $= m_1 \times x_{1a}$
② 물질 m_2 중에 있는 성분 a의 양 $= m_2 \times x_{2a}$
③ 물질 m_3 중에 있는 성분 a의 양 $= m_3 \times x_{3a}$

혼합을 위해 도입되어 생성된 물질에 있는 특정 성분 a의 양적인 관계는

$$m_1 \times x_{1a} + m_2 \times x_{2a} = m_3 \times x_{3a}$$

마찬가지로 혼합에 관여하는 물질 중에 있는 특정 성분 b의 양은 물질의 양(m)과 조성분율(x_b)로부터 다음과 같이 구해진다.

$$m_1 \times x_{1b} + m_2 \times x_{2b} = m_3 \times x_{3b}$$

이렇게 정리된 전체 물질 이동량과 개별 성분의 이동량에 관한 식으로부터 연립방정식을 이용해서 질량값 m과 성분조성 x의 값을 계산한다.

7.3 분리공정

하나의 물질에서 서로 다른 2개의 물질로 분리되는 경우 질량보존의 관계에 의하면 공급되는 물질과 공정을 통해서 만들어지는 서로 다른 2개의 제품의 양의 합은 항상 일정하게 유지된다.

하나의 물질이 서로 다른 2개의 물질로 분리되는 과정에 대해 그림 7.3에서 나타내었다. 예를 들어, 분리장치를 통해 a와 b의 두 가지 성분으로 구성된 물질 1이 분리되어 물질 2와 물질 3이 되는 과정을 살펴보자

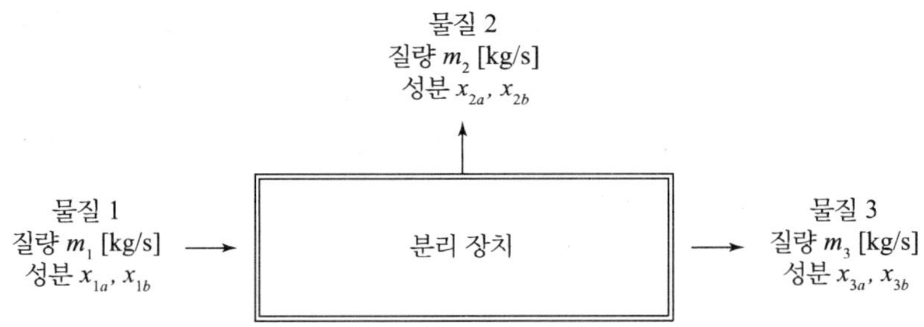

[그림 7.3] 분리공정에서 물질의 이동관계

이 분리공정에서 물질의 흐름양은 다음과 같다.

> 분리장치로 공급되는 물질의 양
> = 분리되어 나오는 물질의 양

물질의 이동량은 다음과 같은 조건에 의하여 설정된다.

① 질량수지는 질량보존의 법칙을 계산으로 나타낸 것이다.
② 전체 물질 이동량은 분리하기 위해 공급한 물질의 전체량과 분리 후 만들어진 물질의 전체량의 관계를 의미한다.

1) 전체 물질의 이동량

정상상태 분리공정에서는 시간이 지나도 물질의 전체량에는 변함이 없어야 하므로 전체 물질의 이동량을 살펴보면 공급된 물질의 양과 분리되어 새롭게 만들어진 물질의 전체량은 같다.

그림 7.3에서 m은 질량이고, x는 조성을 나타낸 값이다. 분리를 위해 공급되는 질량 m_1과 분리되어 새롭게 만들어진 물질의 질량 m_2와 m_3의 경우 분리에 따른 전체 물질의 이동량은 다음과 같이 나타낼 수 있다.

$$m_1 = m_2 + m_3$$

즉, 도입되는 물질의 양(m_1)과 유출되는 물질의 양($m_2 + m_3$)이 항상 일정하다는 질량보존의 관계로부터 유입되거나 새롭게 생성되는 물질의 양을 쉽게 계산할 수 있다.

2) 물질 중 개별 성분의 이동량

각 흐름에서의 개별적인 성분물질의 흐름양에 관한 계산식을 물질 중 개별 성분의 이동량이라 하며, 성분물질수지라고도 한다.

처음에 주어진 물질을 분리하는 공정에서 새로운 물질로 분리된 후에 물질 중에 있는 특정 성분물질의 흐름양을 살펴보면, 성분 a와 b의 2성분 계에서 성분 a의 흐름양은 다음과 같다.

물질의 양 m_1 중에 있는 성분 a의 조성이 x_{1a}이라면, 물질 m_1 중에 있는 성분 a의 양은 $m_1 \times x_{1a}$이 된다.

분리에 의해 생성된 물질이 m_2과 m_3이고, 물질 중에 있는 특정 성분 a의 양은 물질의 양(m)과 조성분율(x_a)로부터 다음과 같이 구해진다.

$$m_1 \times x_{1a} = m_2 \times x_{2a} + m_3 \times x_{3a}$$

마찬가지로 분리에 의해 생성된 물질 중에 있는 특정 성분 b의 양은 물질의 양(m)과 조성분율(x_b)로부터 다음과 같이 구해진다.

$$m_1 \times x_{1b} = m_2 \times x_{2b} + m_3 \times x_{3b}$$

연습문제

1. 건조목재에 물을 첨가해서 보관하려고 한다. 건조목재에 물을 첨가하는 공정을 정상상태공정으로 유지시키면서 장치에 들어가는 건조목재의 양이 150 kg_f이었다. 수분첨가 공정을 거쳐서 나온 습한 목재의 양이 188 kg_f이라면 첨가되는 수분의 양은 몇 kg_f인가?

풀이 정상상태에서의 도입량은 유출량과 같다.

- 정상상태 : 열 및 물질이동 등의 동적 현상에서 각각의 상태를 결정하는 여러 가지 상태량이 시간적으로 변하지 않을 때 정상상태라고 말한다.

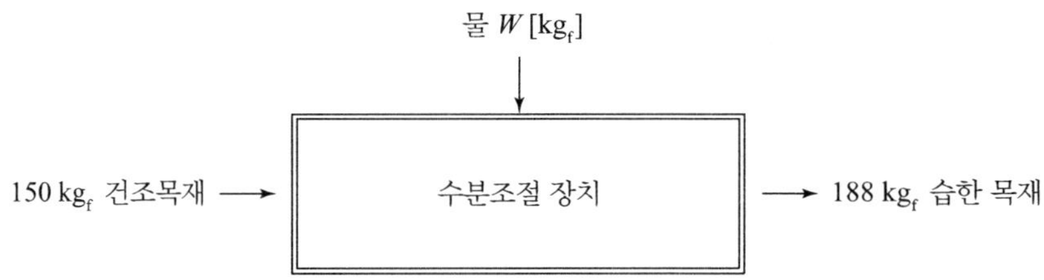

공정에서 공급되는 수분의 양을 W라 하면

- 수분조절 장치에 들어가는 건조목재의 양 : 150 kg_f
- 수분조절 장치에서 나오는 습한 목재의 양 : 188 kg_f

따라서 이를 이용하면 188 kg_f = 150 kg_f + W이 된다.

첨가되는 수분의 양(W)은 다음과 같다.

W = 38 kg_f

2. 목재에 물을 첨가하는 공정을 정상상태공정으로 유지시키면서 장치에 들어가는 목재에는 수분이 3% 들어 있고, 목재의 양은 80 kg_f이었다. 수분첨가 공정을 통해 20 kg_f의 수분을 첨가하였다면 수분첨가 공정을 거쳐서 나온 습한 목재 중에 들어 있는 수분의 양은 몇 %인가?

풀이 이 문제는 수분이 3%인 목재 80 kg_f에 물 20 kg_f을 가했을 때 습한 목재 중에 있는 수분의 %를 계산하는 문제이다.

물질의 양적인 관계를 알기 위해서 혼합을 위해 도입되는 물질과 혼합 후 생성되는 물질을 구분한다. 도입되는 물질은 목재+물이고, 혼합 후 생성물질은 수분 20 kg$_f$이 가해진 습한 목재이다.

전체 물질의 이동량은 다음과 같다.

$m_1 + m_2 = m_3$에서 각 물질의 양은 목재+물=습한 목재이므로

80 kg$_f$ + 20 kg$_f$ = P (= 100 kg$_f$)

물질 중 개별 성분의 이동량은 다음과 같다.

전체 물질의 이동량이 80 kg$_f$ + 20 kg$_f$ = m_3(= 100 kg$_f$)이고, 물질은 목재와 수분으로 되어 있으므로 개별 성분인 수분과 목재의 양적인 관계는 다음과 같다.

목재 80 kg$_f$ 중에는 수분이 3%이므로 목재는 97%이고, 공급되는 물 20 kg$_f$ 중에는 수분의 양이 100%이고 목재의 양은 0%이다. 원료 목재와 물이 만나서 만들어진 습한 목재 P [kg$_f$] 중에는 수분의 양은 알 수 없으므로 x [%]라고 하자.

수분의 양을 전체 물질의 양적인 관계식인 80 kg$_f$ + 20 kg$_f$ = m_3(= 100 kg$_f$)에 나타내면 다음과 같다.

$$x = \frac{80\,\mathrm{kg_f} \times 0.03 + 20\,\mathrm{kg_f}}{100\,\mathrm{kg_f}} = \frac{23\,\mathrm{kg_f}}{100\,\mathrm{kg_f}} = 0.224$$

습한 목재 중에 있는 수분의 함량은 0.224, 즉 22.4%이다.

3. 다음 그림과 같이 양을 알 수 없는 8%의 소금물에 양을 알 수 없는 5%의 소금물을 첨가해서 7%의 소금물 600 g$_f$을 만들 때 사용되는 5%의 소금물의 양[g$_f$]과 8%의 소금물의 양[g$_f$]을 계산하여라.

풀이

x [g$_f$]의 소금물과 y [g$_f$]의 소금물이 혼합되어 600 g$_f$의 소금물이 만들어지므로 이 관계를 식으로 표현하면 x [g$_f$] + y [g$_f$] = 600 g$_f$이 된다.

혼합되는 소금물 x [g$_f$]과 y [g$_f$], 그리고 생성된 소금물 600 g$_f$에 들어 있는 소금의 양은 다음과 같이 나타낼 수 있다.

전체 물질의 양적인 관계인 x [g$_f$] + y [g$_f$] = 600 g$_f$에서 소금물은 소금과 물로 되어 있다. 이 중에서 소금의 양을 기준으로 양적인 관계를 표시하면

$x\,[\mathrm{g_f}] \times 0.08 + y\,[\mathrm{g_f}] \times 0.05 = 600\,\mathrm{g_f} \times 0.07$

위에서 구해진 식을 이용하여

$x\,[g_f] + y\,[g_f] = 600\,g_f$과 $x\,[g_f] \times 0.08 + y\,[g_f] \times 0.05 = 600\,g_f \times 0.07$로부터 x와 y를 계산하면 다음과 같다.

$x + y = 600\,g_f$에서 $x = 600 - y$이므로

이 값을 $x \times 0.08 + y \times 0.05 = 600 \times 0.07$에 대입하면

$(600 - y) \times 0.08 + y \times 0.05 = 600 \times 0.07 = 42$

이 식을 정리하면 $48 - y \times 0.08 + y \times 0.05 = 42$가 되어서

$48 - 42 = y \times (0.08 - 0.05)$이 된다.

그러므로 $y = \dfrac{48 - 42}{(0.08 - 0.05)} = \dfrac{6}{0.03} = 200$

$x = 600 - y$이므로 $x = 600 - 200 = 400$이 된다.

즉, 8%의 소금물 400 g_f과 5%의 소금물 200 g_f을 혼합하면 7%의 소금물 600 g_f이 만들어진다.

4. 정상상태로 조작되는 혼합공정에서 95%의 진한 황산을 희석하기 위해서 황산을 80 kg_f/s의 속도로 도입하고 물을 연속적으로 가하여 40%의 황산을 제조하려 한다. 이때 물의 도입량[kg_f/s]과 묽은 황산의 생성량[kg_f/s]을 구하시오.

풀이 혼합을 위해 공급되는 물의 도입량을 m_2라 하고, 배출되는 40% 묽은 황산의 양을 m_3라 하면 위 문제를 공정으로 표시하면

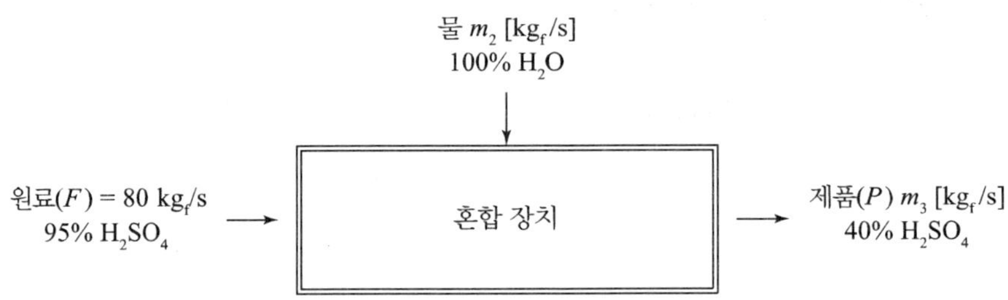

- 혼합을 위해 도입되는 양 : $80 + m_2$
- 혼합 후 생성되는 양 : m_3
- 물질 전체의 이동량 : $80 + m_2 = m_3$

혼합에 사용된 성분은 물과 황산 2가지이므로 황산에 대하여 계산하면 묽은 황산인 제품의 생성량 m_3는 다음과 같다.

$80 + m_2 = m_3$에서 황산의 양은 다음과 같다.

$(80) \times (0.95) = m_3 \times (0.40)$

$$m_3 = \frac{80\,\mathrm{kg_f/s} \times 0.95}{0.4} = \frac{76}{0.4} = 190\,\mathrm{kg_f/s}$$

이 결과를 $80 + m_2 = m_3$에 대입하여 계산하면 도입되는 물의 양(m_2)를 구한다.

$m_2 = 190 - 80 = 110\,\mathrm{kg_f/s}$

5. 20%의 소금물을 농축해서 소금물의 농도를 50%로 하고자 한다. 20% 소금물 2000 $\mathrm{kg_f}$를 농축할 때 증발되는 물의 양은 몇 $\mathrm{kg_f}$인가? 이 공정의 공정도는 다음과 같다.

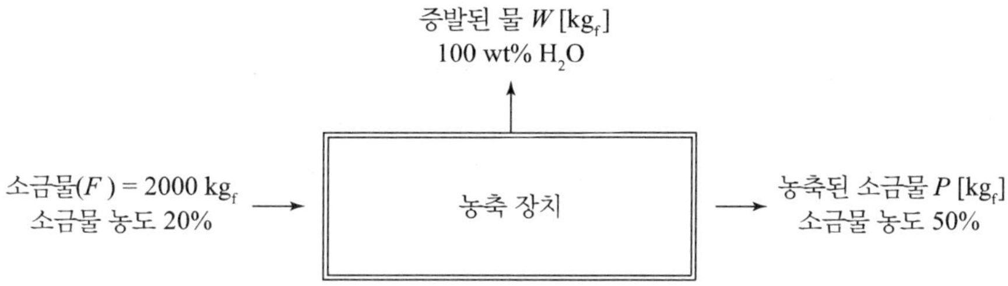

풀이

전체 물질의 이동량을 살펴보면

공정에 도입되는 양은 F이고, 유출되는 양은 W와 P이다.

즉, $F = W + P$이므로 이 식을 주어진 값으로 나타내면

$2000\,\mathrm{kg_f} = W\,[\mathrm{kg_f}] + P\,[\mathrm{kg_f}]$이 된다.

물질 중 개별 성분의 이동량을 살펴보면 다음과 같다.

전체 물질의 이동량이 $2000\,\mathrm{kg_f} = W\,[\mathrm{kg_f}] + P\,[\mathrm{kg_f}]$이고, 소금물은 소금과 물로 되어 있다.

그러므로 도입되는 물질의 양 $F(= 2000\,\mathrm{kg_f})$과 유출되는 물질의 양 $W\,[\mathrm{kg_f}]$와 $P\,[\mathrm{kg_f}]$ 중에 있는 소금의 양은 다음과 같이 계산할 수 있다.

도입되는 소금물 2000 $\mathrm{kg_f}$ 중에는 소금이 20%이므로 물이 80%이고, 농축되어 생성된 소금물 $P\,[\mathrm{kg_f}]$ 중에는 소금의 양이 50%이고 물의 양은 50%이다.

농축공정을 통해 증발된 물의 양은 $W\,[\mathrm{kg_f}]$이고 순수한 물(=100%)만 있다.

이 중에서 소금의 양을 기준으로 식을 표시해보면

$2000 \times 0.2 = W \times 0 + P \times 0.5$

주어진 식을 풀어서 답을 구하면 다음과 같다.

$$P = \frac{2000\,\mathrm{kg_f} \times 0.2}{0.5} = \frac{400\,\mathrm{kg_f}}{0.5} = 800\,\mathrm{kg_f}$$

따라서, 물의 양 $W = 2000 - 800 = 1200\,\mathrm{kg_f}$

6. 100 kg_f의 공기에서 질소기체만 분리해서 질소기체 5 kg_f을 제거했다. 남아 있는 공기 중 산소의 농도는 몇 %인가? (처음 공기 중에 있는 산소의 농도는 질량비로 20%이었다.)

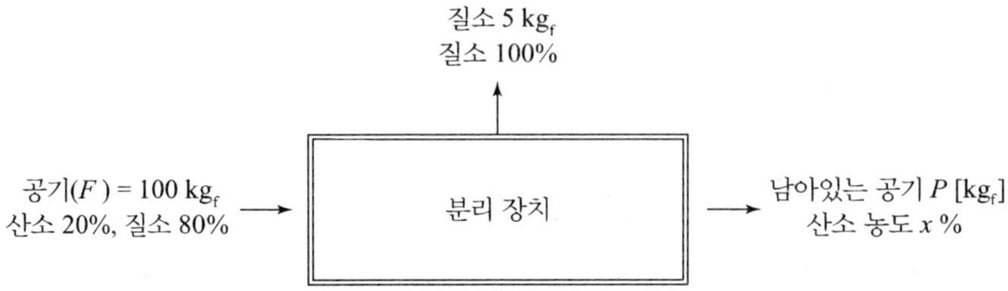

풀이

분리공정에서 전체 물질의 이동량을 살펴보면

도입되는 공기 = 분리된 질소 + 남아 있는 공기

$100 = 5 + P$에서 남아 있는 공기의 양 P는 95 kg_f이 된다.

물질 중 개별 성분의 이동량을 살펴보면 다음과 같다.

공기는 산소와 질소로 되어 있으므로

이 중에서 산소의 양을 기준으로 식을 표시해보면

$100 \times 0.2 = 5 \times 0 + 95 \times x$

주어진 식을 풀어서 답을 구한다.

$$x = \frac{100\,\mathrm{kg_f} \times 0.2}{95} = \frac{20\,\mathrm{kg_f}}{95\,\mathrm{kg_f}} = 0.211$$

남아 있는 공기 중 산소의 농도는 0.211, 즉 21.1%이다.

7. 20%의 소금물 150 kg_f에 5% 소금물 250 kg_f을 혼합하였을 때 생성된 소금물의 농도는 몇 %인가?

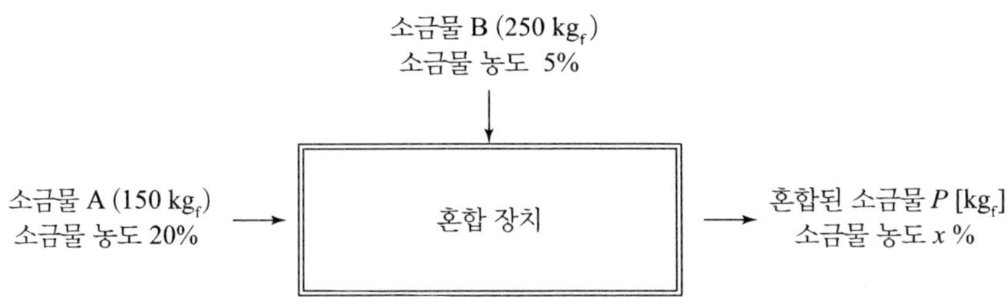

풀이

20%의 소금물 150 kg_f에 5% 소금물 250 kg_f을 혼합한 혼합공정은 다음과 같다. 혼합공정에서 물질 전체의 양적인 관계는 다음과 같다.

$150\,kg_f + 250\,kg_f = P\ [kg_f]\,(=400\,kg_f)$

물질 중 개별 성분의 양적인 관계는

전체 물질의 이동량이 $150\,kg_f + 250\,kg_f = P\ [kg_f]\,(=400\,kg_f)$이므로

소금물은 소금과 물로 되어 있으므로 소금을 기준으로 나타내면

150 kg_f의 소금물 중에 소금은 20%이고,

250 kg_f의 소금물 중에 소금의 양은 5%이고,

혼합된 소금물 P [kg_f] 중 소금물의 양은 x [%]이므로

$$\frac{150\,kg_f \times 0.2 + 250\,kg_f \times 0.05}{400\,kg_f} = \frac{42.5\,kg_f}{400\,kg_f} = 0.106$$

$x = 10.6\%$ 이다.

8. 5%의 소금물 150 kg_f에 1.5% 소금물을 혼합해서 3%의 농도를 가진 소금물을 만들려고 한다. 이때 필요한 1.5% 소금물의 양은 몇 kg_f인가?

풀이 5%의 소금물 150 kg_f에 1.5% 소금물을 혼합해서 3%의 농도를 가진 소금물을 만드는 공정은 다음과 같다.

1.5% 소금물의 양을 A [kg_f]이라고 하면 혼합공정에서 물질 전체의 양적인 관계는 다음과 같다.

$150\,kg_f + A\ [kg_f] = P\ [kg_f]$

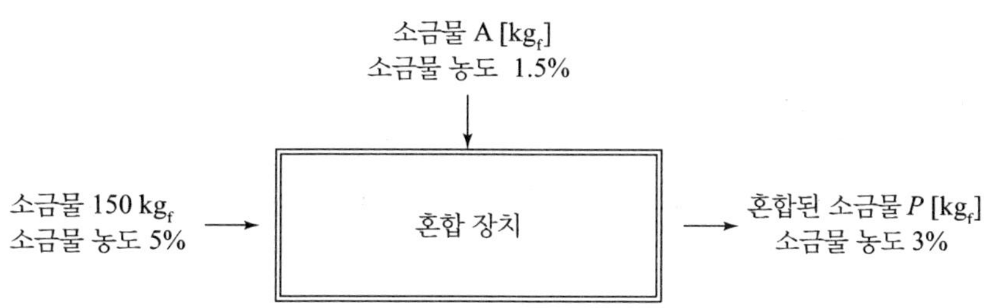

물질 중 개별 성분의 양적인 관계는

전체 물질의 이동량이 $150\,kg_f + A\ [kg_f] = P\ [kg_f]$이므로

소금물은 소금과 물로 되어 있으므로 소금을 기준으로 나타내면

$150\,kg_f \times 0.05 + A\ [kg_f] \times 0.015 = P\ [kg_f] \times 0.03$

$150\,kg_f + A\ [kg_f] = P\ [kg_f]$을

$150\,kg_f \times 0.05 + A\ [kg_f] \times 0.015 = P\ [kg_f] \times 0.03$에 대입해서 정리하면 다음과 같이 나타낼 수 있다.

$150\,kg_f \times 0.05 + A\ [kg_f] \times 0.015 = (150\,kg_f + A\ [kg_f]) \times 0.03$

$$150\,kg_f \times 0.05 + A\ [kg_f] \times 0.015 = 150\,kg_f \times 0.03 + A\ [kg_f] \times 0.03$$

$$150\,kg_f \times 0.05 - 150\,kg_f \times 0.03 = A\ [kg_f] \times 0.03 - A\ [kg_f] \times 0.015$$

$$150\,kg_f \times (0.05 - 0.03) = A\ [kg_f] \times (0.03 - 0.015)$$

$$A = \frac{150\,kg_f \times (0.05 - 0.03)}{(0.03 - 0.015)} = \frac{3\,kg_f}{0.015} = 200\,kg_f$$

9. 5%의 농도를 가진 수용성 소화약제 250 kg_f에 물을 가해서 농도를 2%로 희석하려고 한다. 이때 필요한 물의 양은 몇 kg_f인가?

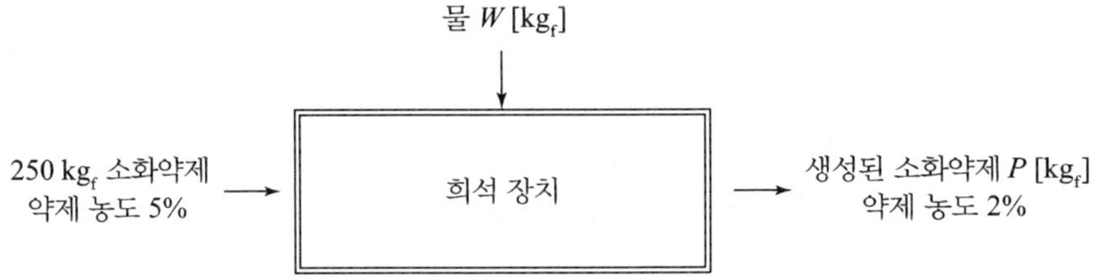

풀이

희석 공정에서 각 물질의 양은 $250\,kg_f + W\,[kg_f] = P\,[kg_f]$

물질은 소화약제와 물로 되어있다. 이 중에서 소화약제의 양을 기준으로 물질의 흐름양을 계산하면 각 물질 중에 있는 소화약제의 양은 다음과 같다.

$$250\,kg_f \times 0.05 + W\,[kg_f] \times 0 = P\,[kg_f] \times 0.02$$

$250\,kg_f \times 0.05 = P\,[kg_f] \times 0.02$에서

$$P = \frac{250\,kg_f \times 0.05}{0.02} = \frac{12.5\,kg_f}{0.02} = 625\,kg_f$$

따라서 첨가한 물의 양 $W = P - 250 = 625 - 250 = 375\,kg_f$

10. 8%의 농도를 가진 수용성 소화약제에 양을 알 수 없는 4%의 수용성 소화약제를 첨가해서 5%의 수용성 소화약제 2500 g_f을 만들 때 사용되는 8%의 수용성 소화약제의 양[g_f]과 4%의 수용성 소화약제 양[g_f]을 계산하여라.

풀이

전체 물질의 이동량은 다음과 같다.

$m_1 + m_2 = m_3$에서 각 물질의 양은 8%의 농도를 가진 수용성 소화약제의 양을 $A\,[g_f]$, 4%의 수용성 소화약제의 양을 $B\,[g_f]$이라고 하면

$$A\,[g_f] + B\,[g_f] = 2500\,g_f$$

물질 중 개별 성분의 이동량은 다음과 같다.

전체 물질의 이동량이 $A\,[\mathrm{g_f}] + B\,[\mathrm{g_f}] = 2500\,\mathrm{g_f}$이므로 물질은 소화약제와 물로 되어 있다. 이 중에서 소화약제 양을 기준으로 식을 표시해보면

$A\ [\mathrm{g_f}] \times 0.08 + B\ [\mathrm{g_f}] \times 0.04 = 2500\,\mathrm{g_f} \times 0.05$

위의 계산식으로부터 문제를 해결하면 $A + B = 2500$

$A \times 0.08 + B \times 0.04 = 2500 \times 0.05$으로부터 A와 B를 계산한다.

$A + B = 2500$에서 $A = 2500 - B$이므로

이 값을 $A \times 0.08 + B \times 0.04 = 2500 \times 0.05$에 대입하면

$(2500 - B) \times 0.08 + B \times 0.04 = 2500 \times 0.05$

이 식을 정리하면 $200 - B \times 0.08 + B \times 0.04 = 125$가 되어서

$200 - 125 = B \times (0.08 - 0.04)$

그러므로 $B = \dfrac{200 - 125}{(0.08 - 0.04)} = \dfrac{75}{0.04} = 1875$

$A = 2500 - B$이므로 $A = 2500 - 1875 = 625$가 된다.

11. 공기 중의 산소의 양은 부피비로 20%를 차지한다. 밀폐된 공간에 있는 공기 1000 L에 불순물로 이산화탄소를 125 L를 첨가했다면 공기 중의 산소의 농도는 몇 %가 되는가?

풀이

순수한 공기 중에 불순물로 이산화탄소를 첨가하는 경우 공기의 성분이 처음에는 산소와 질소 2가지 성분에서 이산화탄소에 의해 3가지 성분으로 변화하므로 공기 중에 있는 산소의 양은 변화하지 않지만 농도는 변화하는 현상을 초래한다. 이러한 원리가 바로 질식소화의 원리이다.

- 혼합을 위해 도입되는 양 : $1000\,\mathrm{L} + 125\,\mathrm{L}$
- 혼합 후 생성되는 양 : P [L]
- 혼합 후 전체 물질의 이동량 : $1000 + 125 = P = 1125$

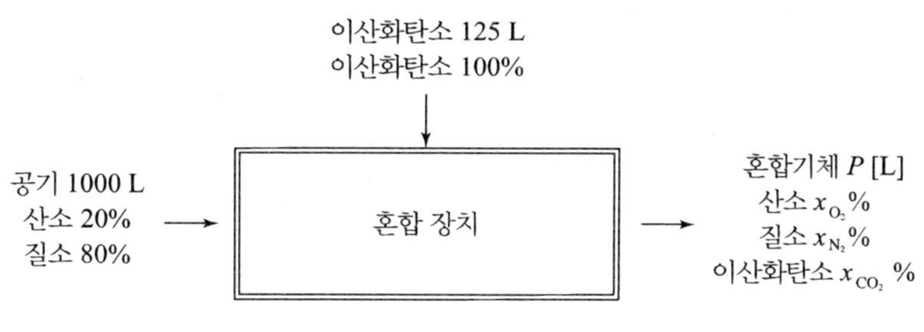

공기 중에 있는 성분은 질소와 산소 2가지이므로 산소에 대하여 계산하면 다음과 같다.

$$(1000)\times(0.2) = 1125\times x_{O_2}$$

$$x_{O_2} = \frac{1000\times 0.2}{1125} = \frac{200}{1125} = 0.178$$

공기 1000 L에 이산화탄소를 125 L를 첨가했다면
공기 중의 산소의 농도는 0.178, 즉 17.8%가 된다.

12. 농도가 9%인 단백포 소화약제 수용액 100 kg_f이 있다. 여기에 물을 혼합해서 1.5% 짜리 단백포 소화약제 수용액을 만들려고 한다. 이때 첨가해야 하는 물의 양은 몇 kg_f인가?

풀이

고농도의 단백포 소화약제 수용액에 물을 혼합하여 농도를 희석시킬 때 필요한 물의 양을 구하는 문제로 다음과 같이 혼합공정으로 표현된다.

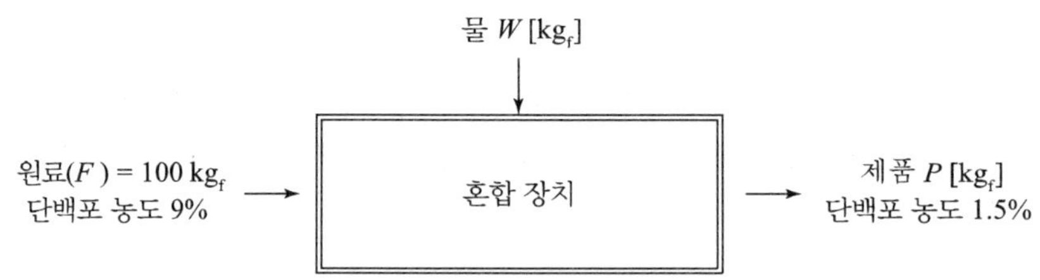

- 혼합을 위해 도입되는 양 : 원료 100 kg_f + 물 $W\,[kg_f]$
- 혼합 후 생성되는 양 : 제품 $P\,[kg_f]$

혼합공정에 관여한 전체 물질의 양은 다음과 같다.

$$100 + W = P$$

단백포 수용액 중의 성분은 물과 단백포 2가지이므로 단백포 소화약제를 기준으로 물질의 이동관계를 계산하면 다음과 같다.

$$100\times 0.09 + W\times 0 = P\times 0.015$$

$$P = \frac{100\times 0.09}{0.015} = \frac{9}{0.015} = 600$$

혼합공정에 관여한 전체 물질의 양은 $100 + W = P$이므로
첨가해야 하는 물의 양 $W = P - 100 = 600 - 100 = 500\,kg_f$이 된다.

13. 100 kg_f의 공기에 이산화탄소 25 kg_f을 혼합하였을 때 공기 중 산소의 농도는 몇 % 인가? (처음 공기 중에 있는 산소의 농도는 질량비로 23%이었다.)

풀이 100 kg_f의 공기에 이산화탄소 25 kg_f을 혼합하는 경우 공기 중에 있는 산소의 양은 변화하지 않으나, 전체 혼합기체의 양이 증가하여 농도의 변화가 발생한다.

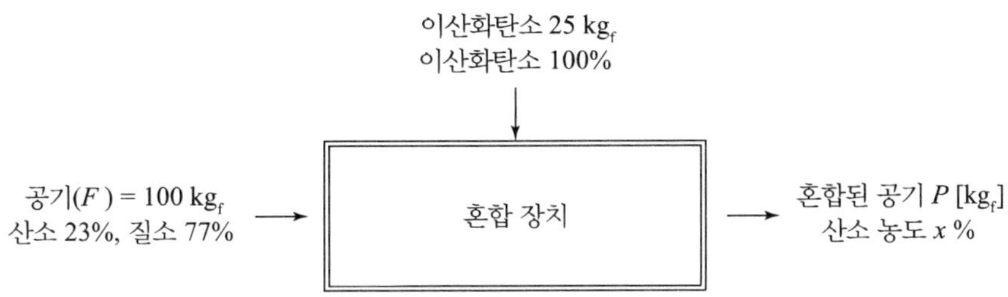

물질 전체의 양적인 관계는 다음과 같다.

$100 + 25 = P$에서 혼합공기의 양은 125 kg_f이 된다.

공기는 산소와 질소로 되어 있다.

이 중에서 산소의 양을 기준으로 식을 표시해보면

$100\,\mathrm{kg_f} \times 0.23 + 25\,\mathrm{kg_f} \times 0 = 125\mathrm{kg_f} \times x$

$$x = \frac{100\,\mathrm{kg_f} \times 0.23}{125\,\mathrm{kg_f}} = \frac{23\,\mathrm{kg_f}}{125\,\mathrm{kg_f}} = 0.184$$

혼합공기 중 산소의 농도는 0.184, 즉 18.4%이다.

제 2 장

유체역학

8. 유체역학

8.1 유체의 성질

유체란 현저한 유동성을 나타내는 물체를 의미하며, 기체와 액체의 총칭으로서 사용되는 경우도 있다. 유체의 운동을 다루는 분야를 유체역학이라 하는데, 여기서 특히 문제가 되는 것은 점성과 압축성이다. 정지하고 있는 유체에는 면에 평행인 접선 변형력(接線變形力)은 작용하지 않고 면에 수직인 압력만 작용한다. 그러나 운동하고 있는 유체에는 점성 때문에 접선 변형력도 작용한다. 이론적으로 간단하게 다루기 위해 점성이 없는 유체를 가정할 경우가 있는데, 이러한 유체를 완전 유체라 한다. 또 압축성은 유체의 열전도율이나 비열 등과 밀접한 관계가 있는데 때로는 압축성이 전혀 없는(따라서 밀도가 변하지 않는) 유체를 생각할 경우가 있으며, 이러한 유체를 비압축성 유체 또는 줄지 않는 유체라 한다.

1) 유체의 점성

점성은 보통 끈끈함 혹은 유체나 기체의 흐름에 대한 내부저항으로 간주되고 유체의 흐름에 대한 저항의 척도라고 할 수 있다. 예를 들면, 물엿은 물보다 흐름에 대한 저항이 더 크므로, 물보다 점성이 크다고 말할 수 있다. 점성을 엄밀히 측정하기는 상당히 어려운 일이지만, 굵기가 같은 가는 관을 같은 양의 액체가 타고 내리는 시간을 비교하면 점성이 큰 액체 쪽이 시간이 더 걸린다. 이때, 한쪽 액체를 표준으로 하여 시간을 재면 점성을 비교할 수가 있다.

그림 8.1에서 x축을 고체벽면으로 할 때 여기에 평행하게 유체가 u의 속도로 흐르고 있다면 유체의 점성으로 인해 벽면 가까이 갈수록 u는 감소되어 $y=0$, 즉 벽면에서는 $u=0$이 된다.

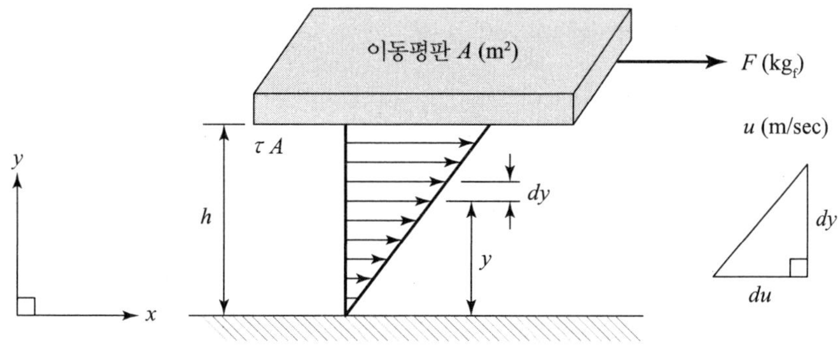

[그림 8.1] 점성의 정의

여기서, u : 평판의 이동속도(m/s)

h : 평판 사이의 수직거리(m)

A : 평판의 단면적(m^2)

F : 평판을 움직이는 힘(kg_f)

τ : 마찰응력(전단응력, kg_f/m^2)

여기에서 고체 벽면에 대해 평행한 단면적 A에 대해 F/A와 du/dy는 비례하게 된다.

$$\frac{F}{A} \propto \frac{du}{dy},\ F \propto \frac{duA}{dy},\ F \propto \frac{uA}{h} \qquad \text{결국, } F = \mu\frac{uA}{h}$$

↑ (=)

비례상수 : μ (점성계수)

자유물체도에서 힘의 평형방정식을 적용하면,

$$F - \tau A = 0,\ F = \tau A = \mu\frac{uA}{h}$$

결국 $\tau = \mu\dfrac{u}{h}$ 가 된다.

위 식을 미분형으로 나타내면

$$\tau = \mu \cdot \frac{du}{dy}$$

여기서, $\dfrac{du}{dy}$: 속도구배

이때 점성계수(μ)의 차원은 $\tau = \mu \frac{u}{h}$ 에서

$$\mu = \frac{\tau \cdot h}{u} = \frac{\mathrm{kg_f/m^2 \cdot m}}{\mathrm{m/sec}} = \mathrm{kg_f \cdot sec/m^2}$$
$$= [\mathrm{FL^{-2}T}] = [\mathrm{ML^{-1}T^{-1}}]$$

가 되며, 점성계수의 단위로 poise를 많이 사용하는데 1 poise = 1 dyne · s/cm^2 = 1 g/cm · s = 1/10 N · s/m^2 = 1/98 kg$_f$ · s/m^{2}이 된다.

동점성계수는 점성계수 μ를 밀도로 나눈 값으로

$$\nu = \frac{\mu}{\rho} = \frac{\mathrm{kg_f \cdot s/m^2}}{\mathrm{kg_f \cdot s^2/m^4}} = \mathrm{m^2/s}\ [\mathrm{L^2T^{-1}}]$$

이다.

여기서, 1 stokes = 1 cm^2/s라 한다.

2) 체적탄성계수

물체에 외력이 가해였을 때 다시 원래의 형태로 돌아오려는 힘인 탄성력(복원력)은 변형된 양에 비례한다. 여기서 탄성력과 변형된 양에 대한 식에서 비례상수가 되는 것이 바로 탄성률이다. 체적 탄성률은 물체의 체적이 변형된 양과 탄성력 간의 비례상수이며 보통 기호 K로 표현한다. 또한 압축력에 대해 기존 체적에서 줄어든 체적만큼의 비율로 표현한다. 정리하자면 체적탄성계수는 체적 변화율에 대한 압력의 비이다.

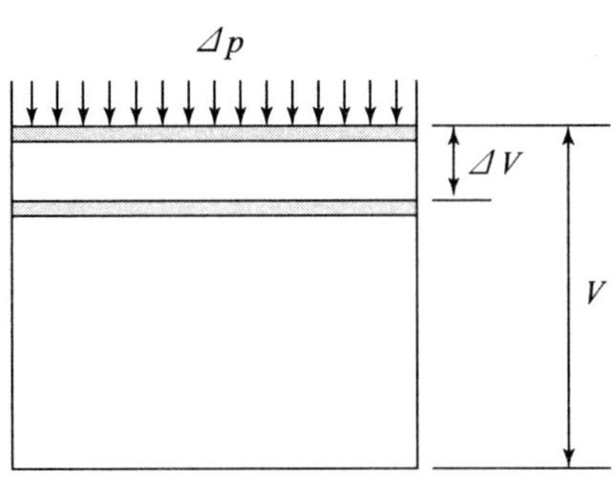

[그림 8.2] 체적탄성계수

$$K = \frac{\Delta p}{\frac{-\Delta V}{V}} = \frac{\Delta p}{\frac{\Delta \rho}{\rho}} = \frac{\Delta p}{\frac{\Delta \gamma}{\gamma}}$$

여기서, (−)의 부호는 압력이 증가함에 따라 체적이 감소함을 의미하며 또한 체적탄성계수의 단위와 차원은 압력과 동일함을 알 수 있다. 결국, 체적의 감소율($-\frac{\Delta V}{V}$)과 비중량의 증가율($\frac{\Delta \gamma}{\gamma}$), 밀도의 증가율($\frac{\Delta \rho}{\rho}$)은 같다고 볼 수 있다. 또한, 압축률은 체적탄성계수의 역수로 $\beta = \frac{1}{K}$ (cm^2/kg_f)이다.

3) 표면장력

분자들간의 결합력은 응집력과 부착력으로 구분하는데 응집력은 같은 종류의 분자끼리 작용하는 분자력이고, 부착력은 다른 종류의 분자끼리 작용하는 분자력이다. 액체 내부의 분자는 인력, 즉 응집력으로 인하여 평행상태에 있으나 자유표면의 분자는 외부로부터 인력을 받지 않기 때문에 수축하려는 장력이 작용하는데, 이 때 이러한 단위길이당 장력을 표면장력이라 한다. 물방울이나 수은의 입자가 둥글게 되는 것은 이 힘 때문이다. 액체 내에 있는 분자는 그 주위에 존재하는 분자로부터 인력을 받고 있는데, 표면에 있는 분자는 그 주위에 있는 분자수가 내부의 분자에 비해 반이 되고 받는 인력도 반이 된다. 이것은 표면의 분자는 내부의 분자에 비해 여분의 에너지를 갖고 있음을 의미하며, 따라서 표면의 분자상태가 표면장력을 결정한다. 표면장력은 대체로 단위길이당의 힘(dyn/cm = 10 N/m)으로 표시된다. 액체의 표면을 넓히려면 이 장력에 저항하여 일을 해야만 하며, 액체의 단위면적의 표면을 만드는 데 필요한 일도 표면장력과 같다. 대부분의 경우 액체의 온도가 상승하면 분자의 열운동이 활발해져 분자간 거리가 증대함에 따라 분자간 인력이 작아지므로 표면장력은 약해진다.

그림 8.3에서와 같이 구형방울에서 직경(d), 표면장력(σ), 구형방울 속과 밖의 압력차(ΔP)에 의해 힘과 평형을 이루고 있을 때 평형방정식을 적용하면, $\Delta P \cdot \frac{\pi d^2}{4} = \sigma \pi d$ 에서

$$\therefore \sigma = \frac{\Delta P \cdot d}{4} \ (\mathrm{kg_f/m})$$

이 된다.

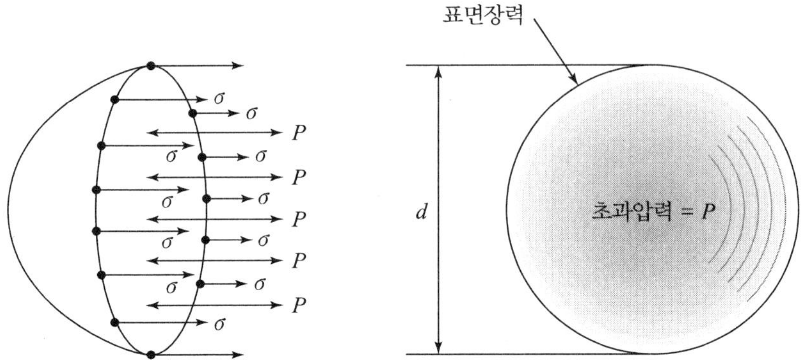

[그림 8.3] 표면장력

만약 외부압력을 P_0 이라고 하면 $\Delta P = P - P_0 = \dfrac{4\sigma}{d}$ 이므로, 결국

$$P = P_0 + \frac{4\sigma}{d}$$

이 된다.

4) 모세관 현상

모세관 현상은 유체의 표면장력에서 기인되는 것으로 모세관을 액체 속에 넣었을 때, 관 속의 액면이 관 밖의 액면보다 높아지거나 낮아지는 현상을 말한다. 예를 들어, 수은과 물에 유리관을 넣었을 때 수은은 관과의 부착력보다 응집력이 더 강하기 때문에 액면이 볼록해진다. 반면, 물은 응집력보다 부착력이 더 강하기 때문에 액면이 오목해진다. 표면이 볼록하면 관 안의 액면이 바깥의 액면보다 낮아지고, 오목하면 관 안의 액면이 더 높아진다. 즉, 수조에 담긴 물에 가는 관을 넣으면 관을 따라 물이 올라오게 된다. 반대로 수은은 더 내려가게 된다.

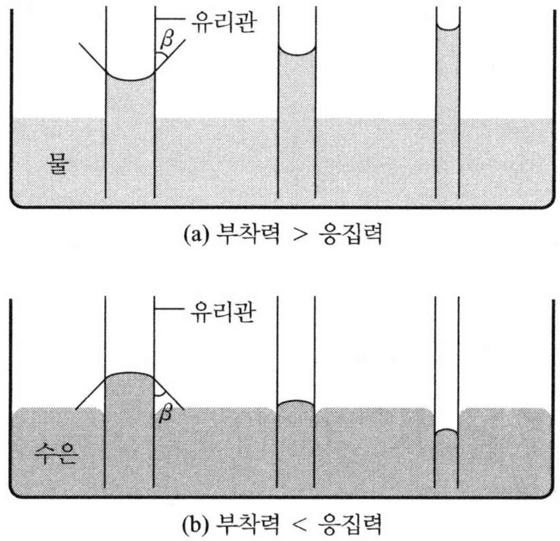

[그림 8.4] 부착력에 따른 물과 수은의 변화

이때 물의 표면장력을 계산해보면,

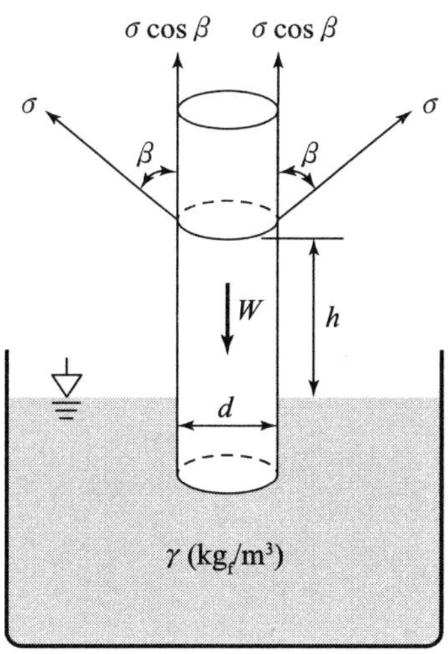

[그림 8.5] 모세관 현상

여기서, β : 액면접촉각(°)

σ : 표면장력(kg_f/m)

d : 관의 직경(m)

γ : 액체의 비중량(kg_f/m)

h : 액면 상승높이(m)

모세관 내에서 표면장력에 의한 수직분력과 상승된 물기둥의 무게가 평형을 이루므로

$$\sigma\cos\beta \cdot \pi d = \gamma \cdot \frac{\pi d^2}{4} \cdot h$$

가 되고

$$\text{액면 상승높이 } h = \frac{4\sigma\cos\beta}{\gamma d}$$

만약 관이 경사가 져도 액면 상승높이는 변화가 없으며, 평판일 경우 평판의 간격을 b라고 할 때 액면 상승의 높이 h는

$$h = \frac{2\sigma\cos\beta}{\gamma b}$$

가 된다.

연습문제

1. 체적이 10 m^3이고 무게가 10,500 kg_f인 디젤유의 비중량, 밀도, 비체적 및 비중을 구하시오.

풀이

$\gamma = 1{,}050\,kg_f/m^3$

$\rho = 107.14\,kg_f \cdot sec^2/m^4$

$v_s = 9.5 \times 10^{-4}\,m^3/kg_f$

$s = 1.05$

2. 어떤 기름의 동점성계수가 3.0 stokes이고, 비중량이 0.00085 kg_f/cm^3이다. 점성계수 μ는?

풀이

1 stokes = 1 cm^2/s

따라서 3.0 stokes = 3.0 cm^2/s

$$\mu = \rho\nu = \frac{\gamma\nu}{g} = \frac{0.00085\,kg_f/cm^3 \times 3.0\,cm^2/s}{980\,cm/s^2}$$

$$= 2.6 \times 10^{-6}\,kg_f \cdot s/cm^2$$

$$= 0.0260\,kg_f \cdot s/m^2$$

3. 실린더 속에 액체가 흐르고 있다. 내벽에서 수직거리 y에서의 속도가 $u = 3y - y^2$ m/s로 표시된다. 벽면에서의 마찰전단응력은 얼마인가? (단, 유체의 $\mu = 3.9 \times 10^{-3}\,kg_f \cdot s/m^2$ 실린더의 안지름은 20 cm이다.)

풀이

$u = 3y - y^2$에서 $\dfrac{du}{dy} = [3 - 2y]_{y=0} = 3\,s^{-1}$

따라서, $\tau_0 = \mu\left(\dfrac{du}{dy}\right)_{y=0} = 3.9 \times 10^{-3} \times 3$

$$= 1.17 \times 10^{-2}\,kg_f/m^2$$

4. 그림에서 베어링의 지름이 30 cm이고, 5 m/s의 속도로 축방향으로 운동하고 있다. 베어링과 축 사이에는 $\mu = 0.005\ \text{kg}_f \cdot \text{s/m}^2$의 기름이 채워져 있을 때 축에 걸리는 힘($\text{kg}_f$)은 얼마인가?

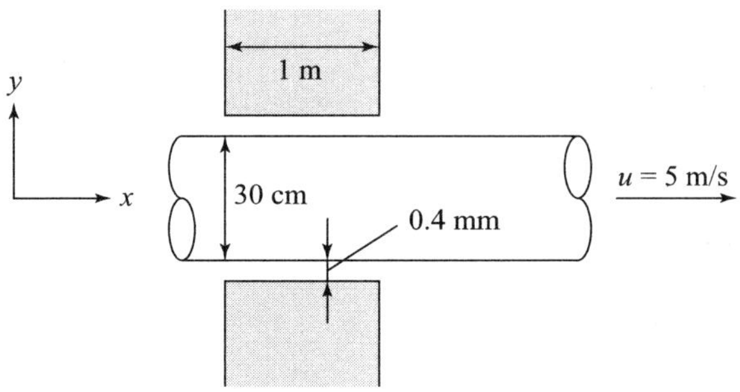

풀이

$$\tau = \mu \frac{du}{dy} = 0.005 \times \frac{5}{0.4 \times 10^{-3}} = 62.5\,\text{kg}_f/\text{m}^2$$

$$F = A\tau = \pi dL\tau = \pi \times 0.3004 \times 1 \times 62.5 = 58.97\,\text{kg}_f$$

5. 그림에서와 같이 반지름이 10 cm, 길이가 40 cm인 원통의 길이가 같고 반지름이 11 cm인 고정된 원통 속을 60 rpm의 속도로 회전시키는데 $0.016\ \text{kg}_f \cdot \text{m}$의 토크가 필요하였다. 이때 두 원통 사이에 채워진 기름의 점성계수는 얼마인가?

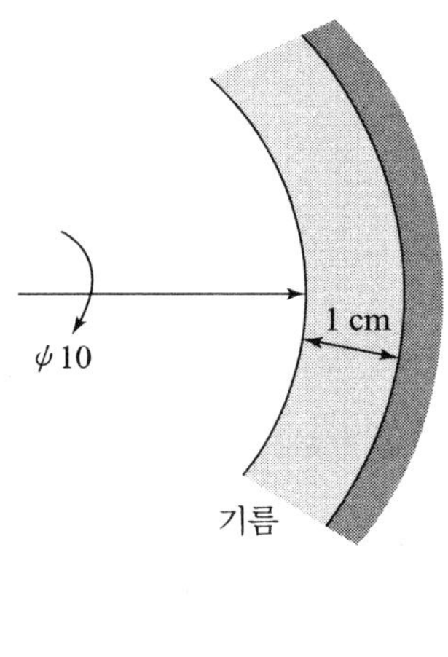

풀이

$$u = r\omega = 0.1 \times \frac{60 \times 2\pi}{60} = 0.628\,\text{m/s}$$

따라서, $T = Fr = (A\tau)r = (2\pi rl)\left(\mu \frac{u}{\Delta r}\right)r$

$$\mu = \frac{T(\Delta r)}{2\pi r^2 lu} = \frac{0.016 \times 0.01}{2\pi \times 0.1^2 \times 0.4 \times 0.628} = 0.01014\,\text{kg} \cdot \text{s/m}^2$$

6. 그림에서 내부 실린더가 0.4 m/s의 일정한 속도로 낙하되고 있을 때 기름의 점성계수는 얼마인가? (단, 내부 실린더의 무게는 2.5 kg_f이다.)

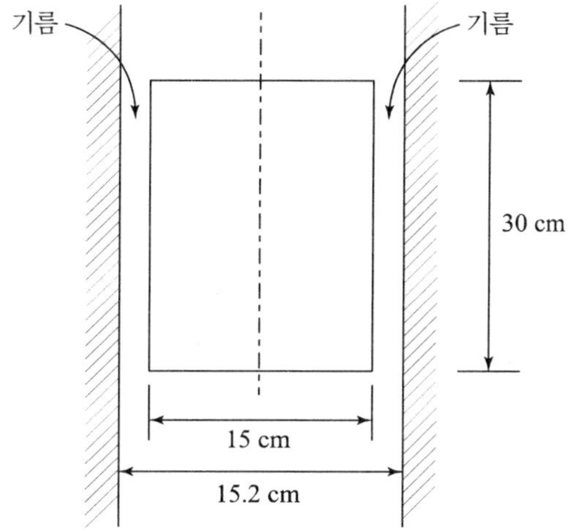

풀이

$$2.5 = \tau A = (\pi \times 0.15 \times 0.3)\mu \frac{0.4}{0.001}$$

$$\mu = \frac{0.001 \times 2.5}{0.4 \times \pi \times 0.15 \times 0.3} = 0.0442\,\mathrm{kg_f \cdot s/m^2}$$

7. 안지름이 7 mm인 액주계에 의하여 어떤 용기의 압력을 측정한 결과 수주 545 mm를 얻었다. 액주계의 모세관 현상을 고려할 때 실제의 압력은 얼마인가? (단, 액주계의 접촉각 $\beta = 12°$이며, 물의 σ = 0.0757 g/cm이다.)

풀이

$$\sigma = 0.0757\,\mathrm{g/cm} = 7.57 \times 10^{-3}\,\mathrm{kg_f/m}$$

$$h = \frac{4\sigma\cos\theta}{\gamma d} = \frac{4 \times 7.57 \times 10^{-3} \times \cos 12°}{10^3 \times 7 \times 10^{-3}} = 4.30\,\mathrm{mm}$$

구하는 압력 p는

$$p = 545 - 4.30 = 540.70\,\mathrm{mmAq}$$

8. 20℃의 대기 중에 지름이 3.0 mm인 수은구가 있다. 그의 내부압력은 얼마인가?

풀이

-20℃ 수은의 $\sigma = 4.81 \times 10^{-2}\,\mathrm{kg_f/m}$를 표로부터 읽을 수 있다.

$$\therefore\ p = \frac{4 \times 4.81 \times 10^{-2}}{3.0 \times 10^{-3}} = 64.13\,\mathrm{kg_f/m^2}$$

9. 점성계수 $\mu = 1.844 \times 10^{-6}$ kg · sec/m²인 건조 공기의 동점성계수는 몇 stokes인가? (단, 건조 공기의 비중량은 1.204 kg$_f$/m³으로 한다.)

풀이

$$\nu = \frac{\mu}{\rho} = \frac{\mu}{\left(\frac{\gamma}{g}\right)} = \frac{\mu g}{\gamma} = \frac{1.844 \times 10^{-6} \times 9.8}{1.204}$$

$$\fallingdotseq 0.000015\,\mathrm{m^2/s} = 0.15\,\mathrm{cm^2/s} = 0.15\,\mathrm{stokes}$$

10. 간격 4 mm인 평행한 두 평판 사이에 점성계수 15.14 poise의 피마자기름이 차 있다. 한 쪽 평판이 다른 판에 대해서 7 m/sec의 속도로 미끄러질 때 면적 1 m²당 받는 힘 [kg$_f$/m²]은 얼마인가?

풀이

$$\tau = \mu \frac{u}{h} = 15.14 \times \frac{1}{98} \times \frac{7}{0.004}$$

$$= 270.36\,\mathrm{kg_f/m^2}$$

11. 간격 4 mm를 가진 평행하게 놓여진 2매의 평판 사이에 점성계수 15.14 poise의 피마자기름이 들어 있다. 한쪽 판을 고정시키고 다른 판을 5 m/s의 속도로 움직일 때 기름 속에 유기되는 전단응력은 몇 kg$_f$/m²인가?

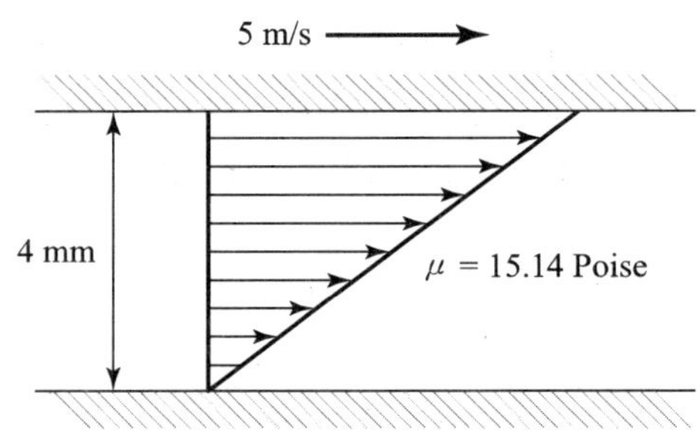

풀이

$$\tau = \mu \frac{u}{h} = 15.14 \times \frac{1}{98} \times \frac{5}{0.004}$$

$$= 193.11\,\mathrm{kg_f/m^2}$$

12. 어떤 기름의 동점성계수가 1.5 strokes이고 비중량이 0.00085 kg_f/m^3일 때의 점성계수는?

풀이

$$\nu = \frac{u}{\rho} \text{에서}$$

$$\mu = \nu\rho = \nu\frac{\gamma}{g} = 1.5\times10^{-4}\times\frac{0.00085}{9.8}$$

$$= 1.3\times10^{-8}\,kg_f\cdot s/m^2$$

13. 안지름 5 mm인 액주계로 압력을 측정하니 수주 400 mm이다. 관 속에 액체는 물이며 이 때 표면장력은 7.57×10^{-3} kg_f/m이고 접촉각을 10°라 하면 실제의 계기압력은 수주로 몇 mmAq인가?

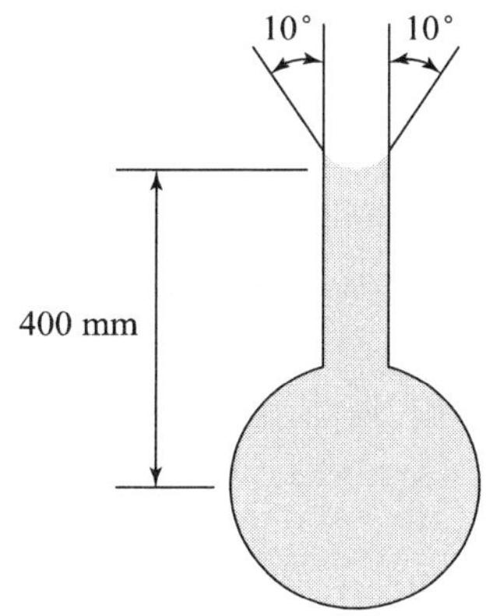

풀이

모세관 현상에 의한 액면 상승높이를 h라 하면

$$h = \frac{4\sigma\cos\beta}{\gamma d} = \frac{4\times7.57\times10^{-3}\times\cos10°}{1000\times5\times10^{-3}}$$

$$= 0.00594\,mAq = 5.94\,mmAq$$

결국, 실제수주 = 겉보기수주 $- h = 400 - 5.94$

$$= 394.06\,mmAq$$

14. 그림의 베어링 안에서 지름이 20 cm인 축이 1 m/s의 속도로 축방향으로 운동하고 있다. 베어링과 축 사이에는 $\mu = 0.52\ N\cdot s/m^2$인 기름이 있을 때 축이 1 m/s의 속도로 운동하려면 몇 뉴턴의 힘이 필요한가?

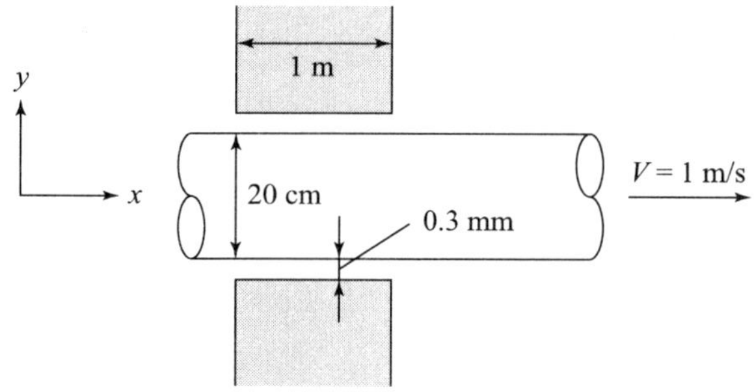

풀이

$$F = \tau A_m = \mu \frac{u}{h} A_m = \mu \frac{u}{h} \pi d_m$$

$$= 0.52 \times \frac{1}{0.3 \times 10^{-3}} \times \pi \times 0.2003 \times 1$$

$$= 1090\,(\mathrm{N})$$

15. 30℃의 대기 중에 지름이 5 mm인 수은구가 있다. 내부압력(kg_f/m^2)은 얼마인가? (단, 수은의 표면장력은 4.81×10^{-2} kg_f/m이다.)

풀이 $P = \dfrac{4\sigma}{d}$ 를 이용하여 계산하면 된다.

$$P = \frac{4\sigma}{d} = \frac{4 \times (4.81 \times 10^{-2}\,\mathrm{kg_f/m})}{5 \times 10^{-3}\,\mathrm{m}}$$

$$= 38.48\,\mathrm{kg_f/m^2}$$

16. 두 개의 고정된 평판이 2 mm 떨어져 있고 그 평판 사이에는 기름($\mu = 1.34 \times 10^{-2}$ $N \cdot s/m^2$)이 채워져 있다. 그 틈 속 가운데 두께가 1 mm이고 단면적이 0.6 m^2인 평판이 1.5 m/s의 속도로 끌어당겨지고 있다. 이때 이 평판을 끌어당기는데 필요한 힘(N)은 얼마인가?

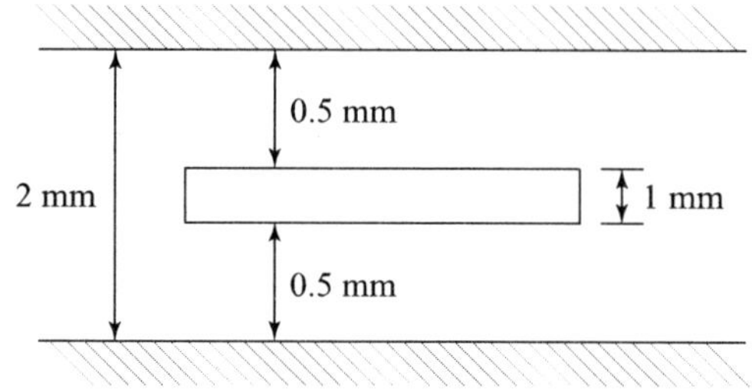

풀이 윗면에서의 전단응력 : τ_1

아랫면에서의 전단응력 : τ_2

$$\tau = \tau_1 + \tau_2 = \mu_1 \frac{u_1}{h_1} + \mu_2 \frac{u_2}{h_2} = 2\mu \frac{u}{h}$$

(윗면과 아랫면의 전단응력이 같으므로) 결국,

$$F = \tau A = 2\mu \frac{u}{h} A$$

$$= 2 \times 0.6\,\text{m}^2 \times (1.34 \times 10^{-2}\,\text{N} \cdot \text{s/m}^2) \times \frac{1.5\,\text{m/s}}{0.5 \times 10^{-3}\,\text{m}}$$

$$= 48.24\,\text{N}$$

17. 점성계수 $\mu = 0.098\,\text{N} \cdot \text{s/m}^2$인 유체가 평판 위를 $U = 700y - 2.5 \times 10^6 y^3\,\text{m/s}$의 속도 분포로 흐를 때 벽면에서의 전단응력은 몇 N/m^2인가? (단, y는 벽면으로부터 m 단위로 잰 수직거리이다.)

풀이

$$\tau = \mu \left(\frac{du}{dy} \right)_{y=0} = 0.098[700 - 3 \times 2.5 \times 10^6 \times y^2]_{y=0}$$

$$= 0.098 \times 700 = 68.6\,\text{N/m}^2$$

18. 점성계수 $\mu = 1.422 \times 10^{-6}\,\text{kg} \cdot \text{sec/m}^2$인 건조 공기의 동점성계수(stokes)는 얼마인가? (단, 건조 공기의 비중량은 $1.204\,\text{kg}_f/\text{m}^3$으로 한다.)

풀이

$$\nu = \frac{\mu}{p} = \frac{\mu}{\left(\frac{\gamma}{g}\right)} = \frac{\mu g}{\gamma} = \frac{1.422 \times 10^{-6} \times 9.8}{1.204}$$

$$\fallingdotseq 0.0000115\,\text{m}^2/\text{s} = 0.12\,\text{cm}^2/\text{s} = 0.12\,\text{stokes}$$

19. 20℃의 물의 체적을 5% 축소시키는데 요하는 압력(kg_f/cm^2)은? (단, 물의 체적 탄성계수는 $2.11 \times 10^4\,\text{kg}_f/\text{cm}^2$이다.)

풀이

$$K = \frac{\Delta p}{\frac{\Delta V}{V}} \text{ 에서}$$

$$\Delta p = K\left(-\frac{\Delta V}{V}\right) = 2.11 \times 10^4 \times 0.05 = 1.055 \times 10^3\,\text{kg}_f/\text{cm}^2$$

20. 물의 체적을 2% 감축시키려면 얼마의 압력(N/m²)을 가해야 하는가? (단, 물의 체적 탄성계수는 $2\times10^9\,\mathrm{N/m^2}$이다.)

풀이 $K=\dfrac{\Delta p}{\dfrac{\Delta V}{V}}$ 에서 $\Delta p = K\left(-\dfrac{\Delta V}{V}\right) = 2\times10^9\times0.02 = 4\times10^7\,\mathrm{N/m^2}$

21. 지름 8 cm의 비누 풍선 속의 내부 초과 압력이 $2\times10^{-5}\,\mathrm{kg_f/cm^2}$일 때 이 비누막의 표면장력은 몇 $\mathrm{kg_f/cm}$인가?

풀이 $\sigma = \dfrac{pd}{4} = \dfrac{2\times10^{-5}\times8}{4} = 4\times10^{-5}\,\mathrm{kg_f/cm}$

22. 그림과 같이 폭 0.06 m의 틈 가운데 매우 넓고 얇은 판이 있다. 이 얇은 판 위에는 점성계수가 μ인 유체가 있고 아랫면에는 점성계수가 2μ인 유체가 있다. 이 얇은 판이 0.3 m/s의 속도로 움직일 때 1 m²당 필요한 힘이 10 N이다. 이때 점성계수 μ는 몇 N・s/m²인가?

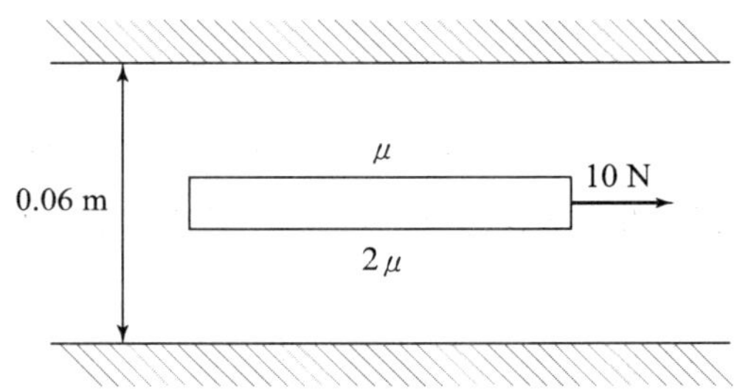

풀이 윗면에서의 전단응력 : τ_1

아랫면에서의 전단응력 : τ_2

$$\therefore\ \tau = \tau_1+\tau_2 = \mu_1\frac{u_1}{h_1}+\mu_2\frac{u_2}{h_2} = \mu\frac{0.3}{0.03}+2\mu\frac{0.3}{0.03} = 30\mu$$

$F=\tau A,\quad 10 = 30\mu\times1$

$\mu = \dfrac{1}{3}\,(\mathrm{N\cdot s/m^2})$

23. 고정된 수평면 위에 액체의 층이 있다. 이 액체 위를 세로 × 가로 = 0.2 m × 0.3 m인 평판이 속도 1.2 m/sec로 움직일 때 저항력 D가 24 g_f의 크기로 작용한다. 평판과 평면 사이의 속도는 변형률이 일정하며 액체의 점성계수가 7.63 centipoise일 때 액체 층의 두께(mm)는 얼마인가?

풀이

점성계수 $\mu = 7.63\,CP = 7.63 \times 10^{-2}\,\text{poise} = \dfrac{7.63}{98} \times 10^{-2}\,\text{kg}_f \cdot \text{s/m}^2$

결국 $\tau = \dfrac{F}{A} = \dfrac{24 \times 10^{-3}}{0.2 \times 0.3} = \mu \dfrac{u}{h} = \dfrac{7.63}{98} \times 10^{-2} \times \dfrac{1.2}{h}$

$\therefore\ h = 0.00237\,\text{m} = 2.37\,\text{mm}$

9. 유체의 정역학

유체의 정역학은 유체요소사이에 상태운동이 없는 유체문제를 다룬다. 일반적으로 유체가 작용하는 표면적과 유체가 가지고 있는 체력의 두 가지가 있으며 표면력은 유체요소의 표면의 수직력 또는 접선력으로 접촉면에 작용하는 힘이다. 정지유체는 분자상호간의 상대적 운동이 없으므로, 유체의 점성이 작용하지 않아서 전단응력이 작용하지 않는다. 그리고 유체면에 작용하는 압력에 의한 힘은 수직방향으로 작용되며, 면에 접한 방향으로 힘이 전달되지 않는다. 따라서 정역학적인 문제에서는 실험결과를 고려할 필요 없이 완전한 이론적 형식이 가능하다.

9.1 정지유체

정지유체란 유체의 입자 사이에 상대운동이 없는 유체를 말한다. 정지유체의 기본성질은 다음과 같다.

① 정지유체 내의 압력은 모든 면에 수직으로 작용한다.
② 정지유체 내의 임의의 한 점에 작용하는 압력은 모든 방향에서 그 크기가 같다.
③ 밀폐된 용기에서 유체에 가한 압력은 모든 방향에서 같은 크기로 전달된다(파스칼의 원리 : 유압기기의 원리).
④ 정지유체 내의 동일 수평상에 있는 임의의 두 점에서의 압력은 그 크기가 같다.

그림 9.1 (c)에서는 파스칼의 원리를 나타낸다.

즉, $P_1 = P_2$이므로 $\dfrac{W_1}{A_1} = \dfrac{W_2}{A_2}$임을 알 수 있다.

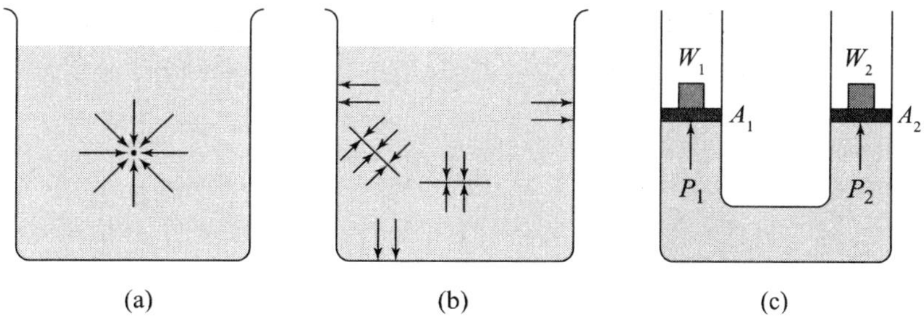

[그림 9.1] 정지유체

9.2 정지유체 속에서의 압력변화

정지하고 있는 유체 속에서 임의의 한 점에 대한 압력은 모든 방향에서 같으며 또한 연속되어 있고 정지하여 같은 수평면상에 있다. 일반적으로 정지유체 속에서는 위치의 고저에 따라 압력이 변하며 연직방향에서 아래쪽으로 좌표를 잡고 자유물체도에서 연직방향으로 평형방정식을 적용하면 다음과 같다.

$$-p\,dA+\left(p+\frac{\partial p}{\partial y}dy\right)dA-\gamma dA\cdot dy=0$$

$$\therefore\ dp=\gamma dy$$

결국, 아래로 갈수록 압력의 변화는 증가함을 알 수 있다.

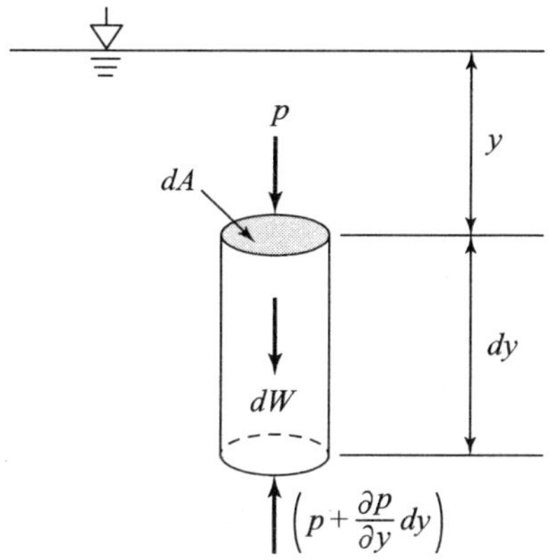

[그림 9.2] 정지유체 내의 압력변화(하방)

또한 연직방향에서 위쪽으로 좌표를 잡으면, 즉 자유물체도에서 연직방향으로 평형방정식을 적용하면

$$p\,dA + \left(p + \frac{\partial p}{\partial y}dy\right)dA - \gamma\,dA \cdot dy = 0$$

$$\therefore\ dp = -\gamma\,dy$$

결국, 위로 갈수록 압력의 변화는 감소함을 알 수 있다.

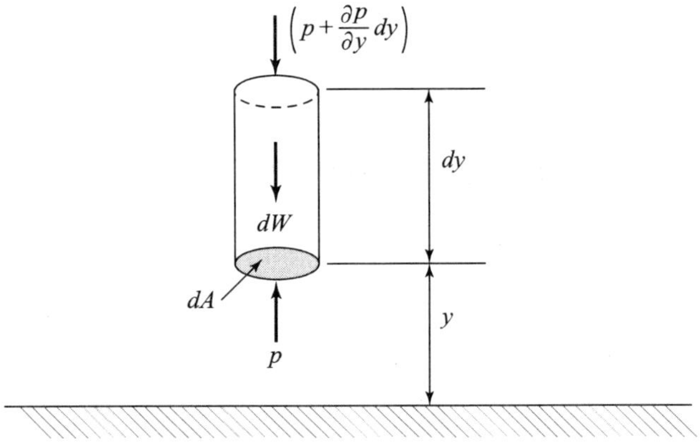

[그림 9.3] 정지유체 내의 압력변화(상방)

만약 액체 속에서 압력변화를 살펴보면, 즉 $dp = \gamma\,dy$를 양변에서 적분할 때 $\int dp = \int \gamma\,dy$, $P = \gamma y + c$가 되며, $y = 0$일 때 $P = P_0$(대기압), $c = P_0$에서 결국 $P = P_0 + \gamma h$가 된다.

여기서, P는 절대압력, P_0는 대기압, γh는 게이지압력을 의미한다.

9.3 액주계

용기 속에 밀폐된 물의 수압을 측정하기 위해 가느다란 관의 한쪽 끝을 용기 속과 연결하고 다른 끝을 개방하면, 물은 용기 내 압력과 대응하기까지 관내를 상승하다가 멈춘다. 이와 같이 관을 연결하고 그 수면의 높이로부터 수압이나 수압의 차를 알 수 있는데 이것을 액주계라 한다. 이 액주계의 액체가 측정하려고 하는 유체와 같은 경우는 피에조미터(Piezometer)라

하며, 다른 유체를 사용하는 경우를 마노미터(Manometer)라 한다.

(1) 그림 9.4 (a)에서 A점의 계기압력을 구해보면

$$P_A - \gamma h = 0$$

$$\therefore\ P_A = \gamma h$$

(2) 그림 9.4 (b)에서 A점의 계기압력을 구해보면,

$$P_B = P_C :\ \begin{cases} P_B = P_A + \gamma h \\ P_C = 0 \end{cases}$$

$$P_A + \gamma h = 0$$

$$\therefore\ P_A = -\gamma h = \gamma h \text{ (진공압)}$$

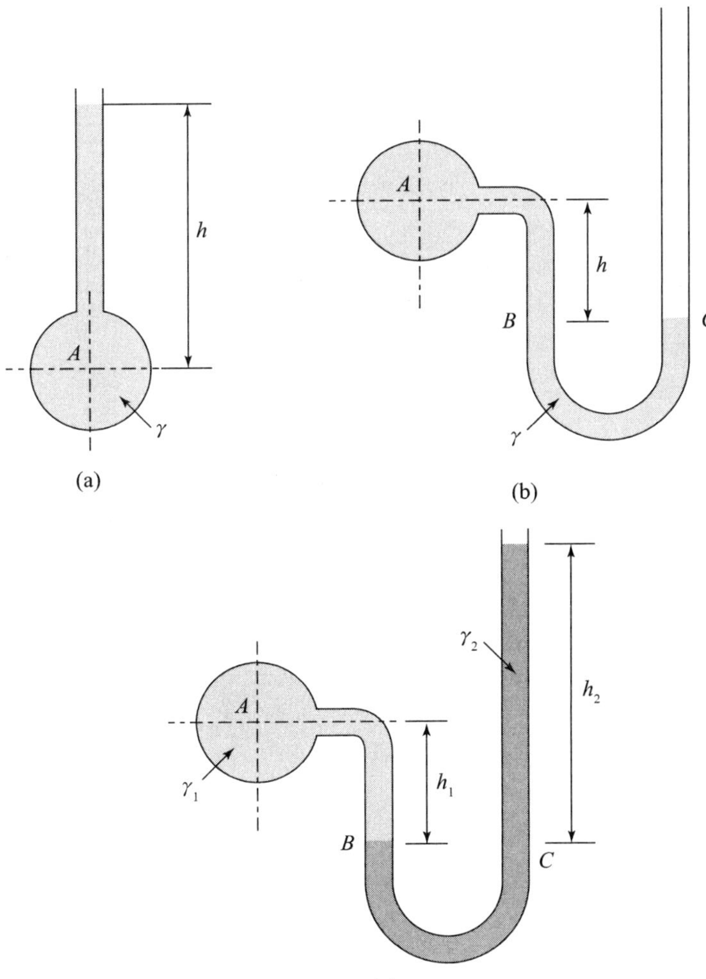

[그림 9.4] 액주계

(3) 그림 9.4 (c)에서 A점의 계기압력을 구해보면

$$P_B = P_C \; : \; \begin{cases} P_B = P_A + \gamma_1 h_1 \\ P_C = \gamma_2 h_2 \end{cases}$$

$$P_A + \gamma_1 h_1 = \gamma_2 h_2$$

$$\therefore \; P_A = \gamma_2 h_2 - \gamma_1 h_1$$

(4) 그림 9.5 (a) (역U자관 액주계)에서 압력을 구해보면

$$P_C = P_D \; : \; \begin{cases} P_A = \gamma_1 h_1 + \gamma_2 h_2 + P_C & \therefore \; P_C = P_A - \gamma_1 h_1 - \gamma_2 h_2 \\ P_B = \gamma_3 h_3 + P_D & \therefore \; P_D = P_B - \gamma_3 h_3 \end{cases}$$

결국, $P_A - \gamma_1 h_1 - \gamma_2 h_2 = P_B - \gamma_3 h_3$

$$\therefore \; P_A - P_B = \gamma_1 h_1 + \gamma_2 h_2 - \gamma_3 h_3$$

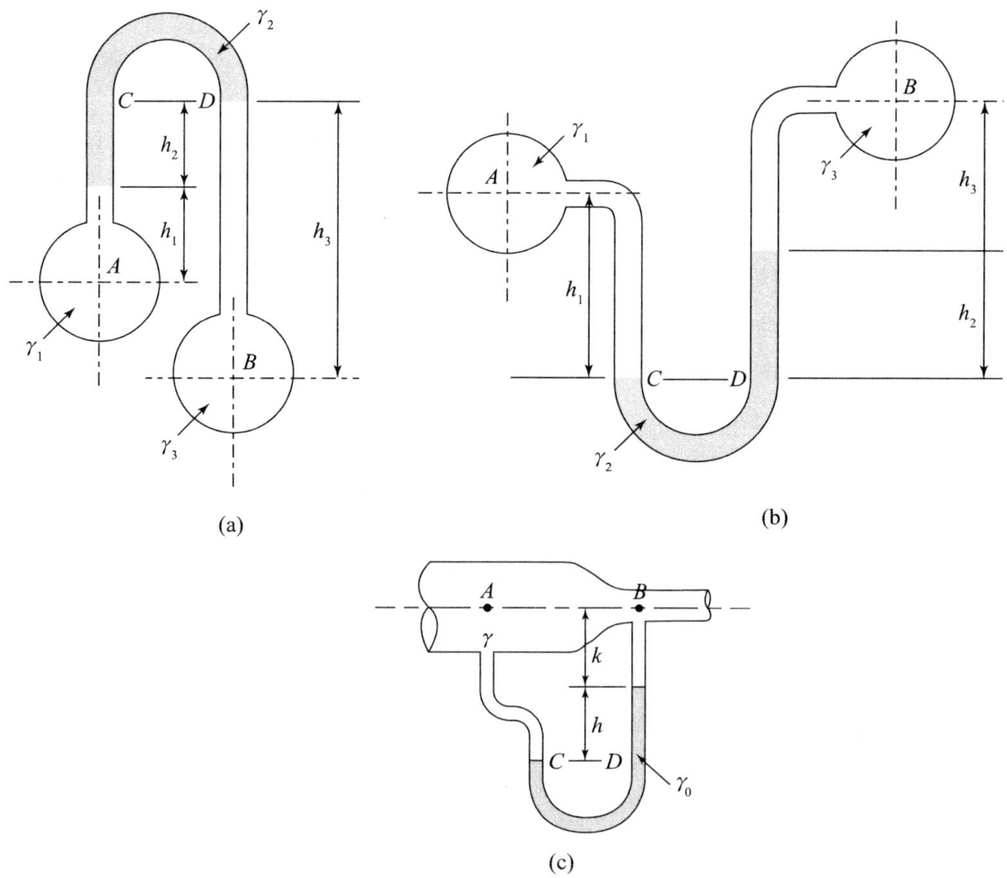

[그림 9.5] 시차 액주계

(5) 그림 9.5 (b) (U자관 액주계)에서 압력을 구해보면

$$P_C = P_D : \begin{cases} P_C = P_A + \gamma_1 h_1 \\ P_D = P_B + \gamma_2 h_2 + \gamma_3 h_3 \end{cases}$$

결국, $P_A + \gamma_1 h_1 = P_B + \gamma_2 h_2 + \gamma_3 h_3$

$\therefore\ P_A - P_B = \gamma_2 h_2 + \gamma_3 h_3 - \gamma_1 h_1$

(6) 그림 9.5 (c) 축소관 액주계에서 압력을 구해보면

$$P_C = P_D : \begin{cases} P_C = P_A + \gamma(h+k) \\ P_D = P_B + \gamma_0 h + \gamma k \end{cases}$$

결국, $P_A + \gamma(h+k) = P_B + \gamma_0 h + \gamma k$

$\therefore\ P_A - P_B = (\gamma_0 - \gamma)h$

9.4 유체 속에 잠긴 면에 작용하는 힘

물탱크나 저구지의 댐 또는 수문 등의 설계에 있어서 벽면 전체 또는 그 일부분에 작용하는 힘을 정확하게 정의하기 위해서는 힘의 3요소인 힘의 크기, 방향, 작용점을 정확히 산출해야 한다.

1) 수평면에 작용하는 유체의 전압력(F)

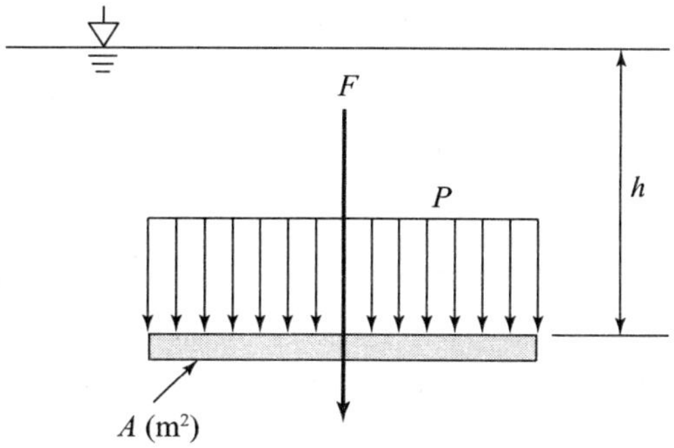

[그림 9.6] 수평면에 작용하는 유체의 압력

$$F = PA = \gamma h \cdot A$$

여기서, γ : 액체의 비중량(kg_f/m^3)
F : 전압력(kg_f)

이며, 작용점의 위치는 평면의 도심점에 작용한다.

[표 9.1] 수평면에 작용하는 힘

힘의 크기	$F = \gamma h \cdot A$
방향	면에 수직한 방향
작용점	평면의 도심점

2) 경사면에 작용하는 유체의 전압력(F)

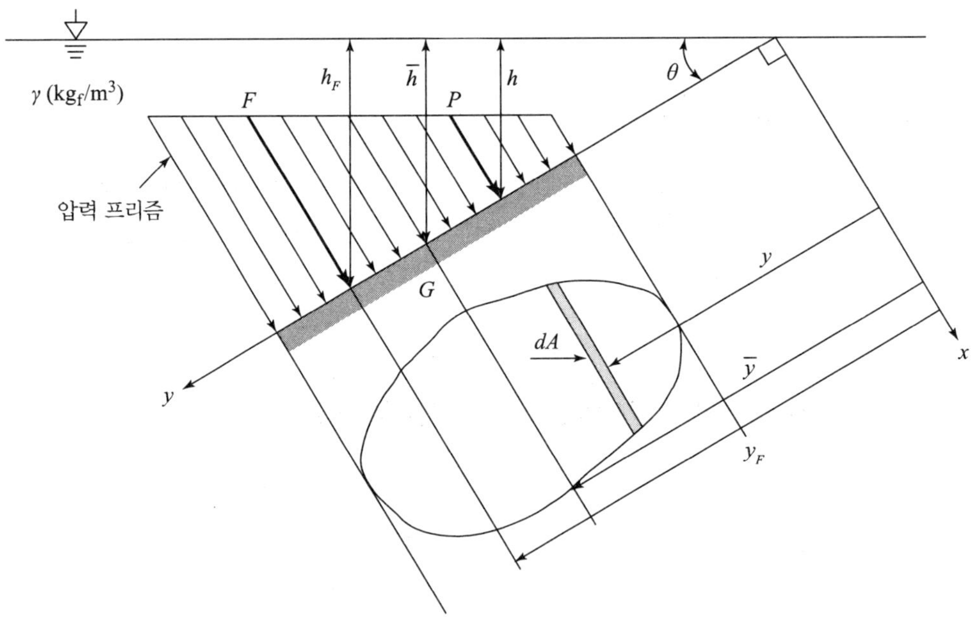

[그림 9.7] 경사면에 작용하는 유체의 전압력

dF : 미소단면적 dA에 작용하는 미소압력

$$dF = P \cdot dA = \gamma h \cdot dA = \gamma y \sin\theta \cdot dA$$

여기서, P : 임의의 수심 h에서 압력

$$P = \gamma h$$
$$h = y \sin\theta$$
$$\overline{h} = \overline{y} \sin\theta$$

전압력 F를 계산하기 위해 양변을 적분하면,

$$\int_A dF = \int_A \gamma y \sin\theta \cdot dA$$
$$F = \gamma \sin\theta \int_A y dA = \gamma \sin\theta A \overline{y} = \gamma \overline{h} A$$

단, $G_x = \int_A y dA = A \overline{y}$ (단면 1차 모멘트)

결국

$$F = \gamma \overline{h} A = \text{도심점 압력}(\gamma \overline{h}) \times \text{평판의 단면적}(A)$$

이다. 또한, 작용점위치 y_F를 계산하면

dM : 미소전압력(dF)에 의한 미소 모멘트

바리그논 정리에 의해 $\int_A dF \times y = F \times y_F$에서 y_F로 정리하면

$$y_F = \frac{\int_A dF \times y}{F} = \frac{\int_A \gamma y \sin\theta dA \cdot y}{F} = \frac{\gamma \sin\theta \int_A y^2 dA}{F}$$
$$= \frac{\gamma \sin\theta \cdot I_x}{F} = \frac{\gamma \sin\theta \cdot I_x}{\gamma \overline{h} A} = \frac{\sin\theta \cdot I_x}{A \overline{y} \sin\theta} = \frac{I_x}{A \overline{y}}$$

단, $I_x = \int_A y^2 dA$가 옮긴 축에 대한 단면 2차 모멘트일 때 옮긴 축에 대한 단면 2차 모멘트는 $I_G + A \overline{y^2}$이다. 여기서 I_G는 도심축의 단면 2차 모멘트이다. 결국

$$y_F = \overline{y} + \frac{I_G}{A \overline{y}}$$

여기서, 작용점의 위치(y_F)는 평면의 압력프리즘에 대한 도심점에 작용함

을 알 수 있으며 단면의 도심점(G)보다 $\dfrac{I_G}{A\,\overline{y}}$ 만큼 아래에 작용한다. 또한 $\theta = 90^\circ$일 경우 $h_f = y_f$, $\overline{h} = \overline{y}$로 계산할 수 있다.

[표 9.2] 경사면에 작용하는 힘

힘의 크기	$F = \gamma \overline{h} \cdot A$
방향	면에 수직한 방향
작용점	$y_F = \overline{y} + \dfrac{I_G}{A\overline{y}}$

[참고]

① 바리그논의 정리 : 분력에 대한 모멘트의 합은 합력에 의한 모멘트와 같다.

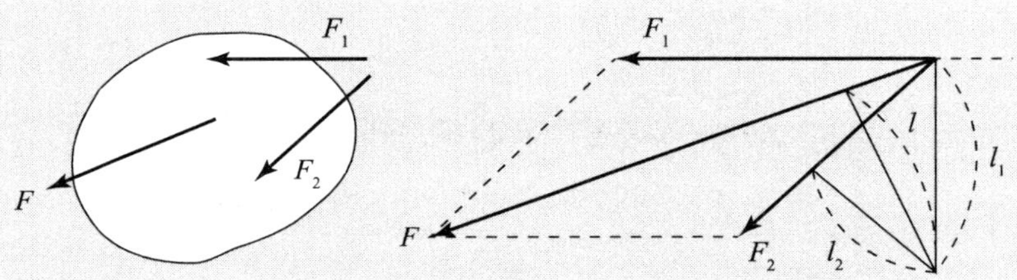

[그림 9.8] 바리그논의 정리

② 도심점의 단면 2차 모멘트(I_G)

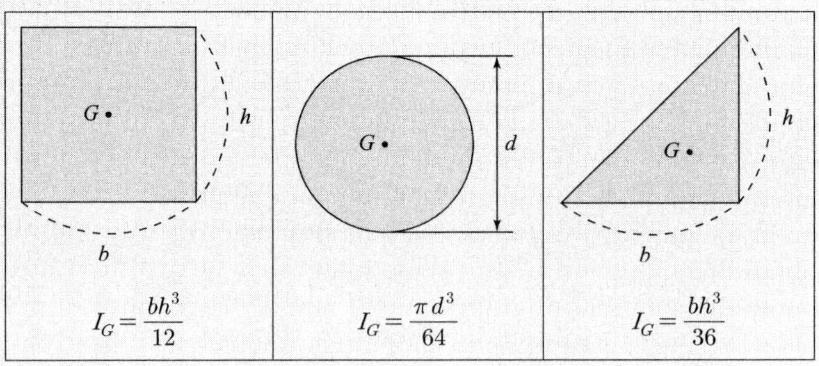

[그림 9.9] 도심점 단면 2차 모멘트

3) 곡면에 작용하는 유체의 전압력

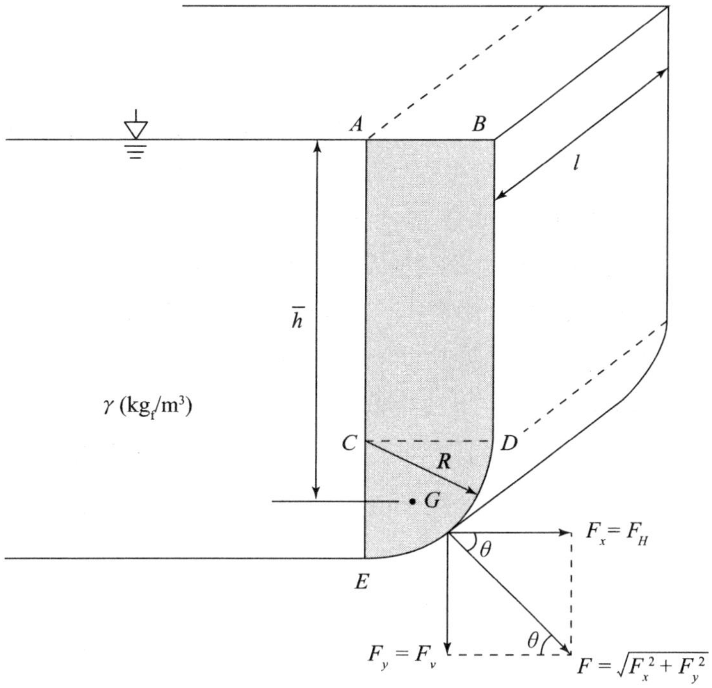

[그림 9.10] 곡면에 작용하는 힘

곡면인 경우는 수평분력과 연직분력을 분리해서 구한 후 합성하면 된다. 이때 수평분력은 곡면을 x방향으로 투영시킨 다음 투영면의 도심점 압력과 투영면적과의 곱을 말한다.

$$F_x = F_H = \gamma \bar{h} A$$

연직분력은 곡면의 연직 상방향에 실린 액체의 무게와 같다. 만약, 액체가 곡면의 연직 상방향에 실려 있지 않으면 가상의 무게와도 같다.

$$F_y = F_V = W_{\mathrm{ABCD}} + W_{\mathrm{CDE}} = \gamma(V_{\mathrm{ABCD}} + V_{\mathrm{CDE}})$$

결국, 곡면이 받는 전압력은 $F = \sqrt{F_x^2 + F_y^2}$ 이고, $\theta = \tan^{-1}\dfrac{F_y}{F_x}$ 이다.

9.5 부력 및 부양체의 안전성

1) 부력

부력은 유체에 잠긴 특정 대상(고체, 액체, 기체 덩어리)의 상하면에 작용하는 중력방향 압력차만큼 대상을 상향으로 밀어 올리려는 힘이다. 이 압력차로 인해 상향으로 밀어 올리려는 힘과 물체의 무게가 같아지는 높이에서 물체는 정지한다. 물기둥에서, 깊이가 깊을수록 얹힌 물의 양이 많아 무거워지므로 압력이 증가한다. 따라서 물기둥에서 아래의 부분은 윗부분보다 압력이 높다. 마찬가지로 물에 잠긴 물체에 가해지는 압력은 윗부분보다 밑부분이 더 크다. 아르키메데스의 부력의 원리에 따르면 물체가 물에 떠있는 경우 부력은 공기 중에서 물체 무게와 같고 잠긴 경우는 공기 중에서의 물체의 무게와 액체 속에서 물체의 무게의 차와 같다.

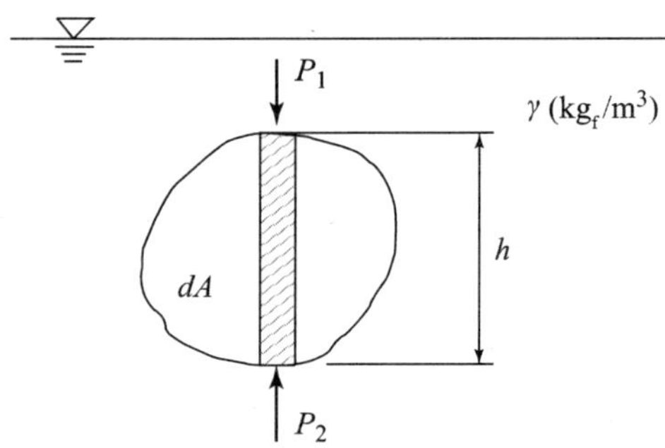

[그림 9.11] 부력

$$dF_B = P_2 \cdot dA - P_1 dA = (P_2 - P_1)dA = \gamma h \cdot dA = \gamma dV$$

$$\therefore \int_V dF_B = \int_V \gamma\, dV$$

$$\therefore F_B = \gamma V$$

여기서, dF_B : 미소부력

γ : 액체의 비중량(kg$_f$/m^3)

V : 잠긴 부분의 체적(m^3)

이다.

[참고] 아르키메데스의 부력의 원리

① 떠 있는 경우

부력(F_B) = 공기 중에서 물체 무게(W)

즉, $\gamma_{액체} V_{잠김} = \gamma_{물체} V_{물체}$

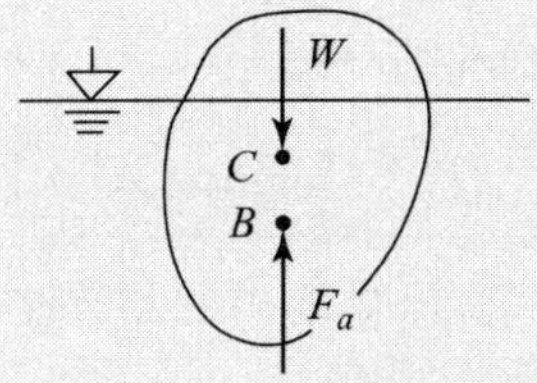

여기서, C : 무게 중심점
B : 부력 중심점

[그림 9.12] 떠 있는 경우

② 잠긴 경우

공기 중에서의 물체의 무게(W) = 부력(F_B) + 액체 속에서 물체 무게(W')

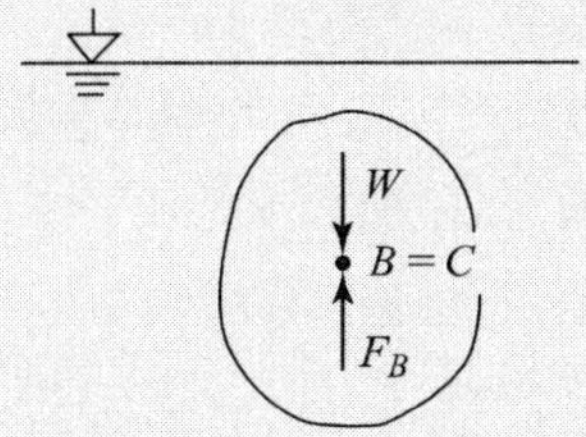

[그림 9.13] 잠긴 경우

2) 부양체의 안전성

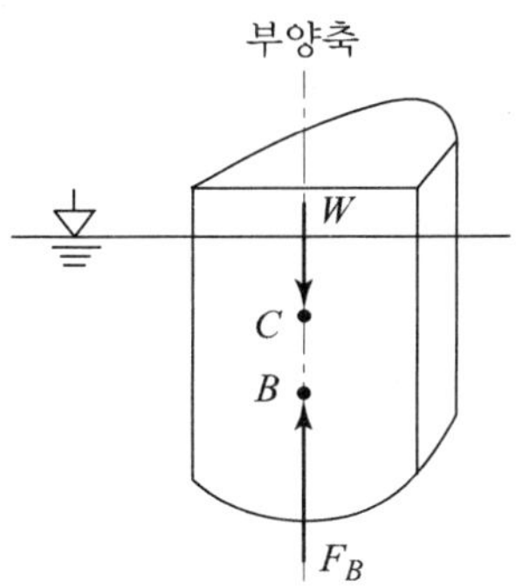

[그림 9.14] 부양체의 안전성

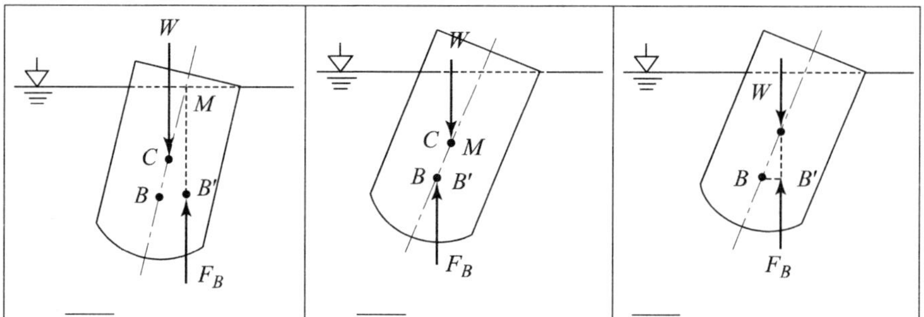

[그림 9.15] 경심높이에 따른 부양체의 안전성

여기서, B : 부력 중심점
C : 무게 중심점
W : 부양체의 무게
F_B : 부력
B' : 이동한 부력중심점
M : 경심
$\overline{MC}$: 경심 높이

이때 경심높이는

$$\overline{MC} = \frac{I}{V} - \overline{CB}$$

여기서, I : 부양체의 단면 2차 모멘트
V : 잠긴 체적

이다.

유체 속에 잠겨있는 하나의 부양체가 안정할 조건은 반드시 물체의 무게중심(C)이 경심(M) 아래에 위치해야 한다. 경심은 물체가 약간 기울어졌을 때 일반적으로 부력중심이 옆으로 이동하게 되고, 이 때 새로운 부력 중심에서 수직으로 연장한 선이 이 배의 중심축과 만나게 되는데 이 지점을 의미한다.

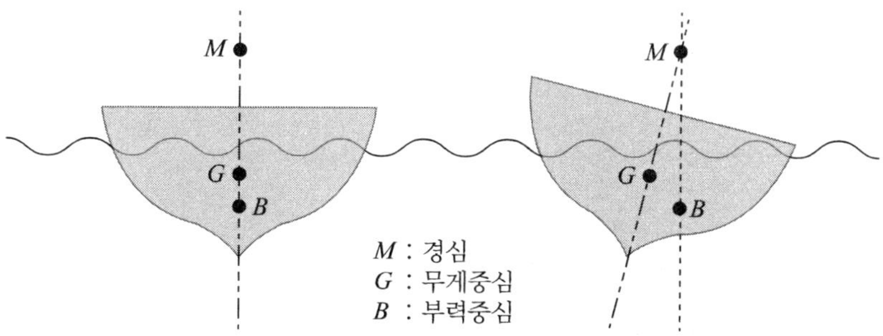

[그림 9.16] 경심의 정의

9.6 등가속도 운동을 받는 유체

용기 속에 있는 유체가 용기와 함께 등속도로 운동할 때 유체는 고체가 운동하듯이 움직인다. 이와 같이 유체가 고체와 같이 움직일 때 유체는 상대평형을 이룬다고 말한다. 결국, 가속도가 존재할 때 압력변화를 관찰하는 것이 목적이다.

1) 수평 등가속도(a_x) 운동을 받는 유체

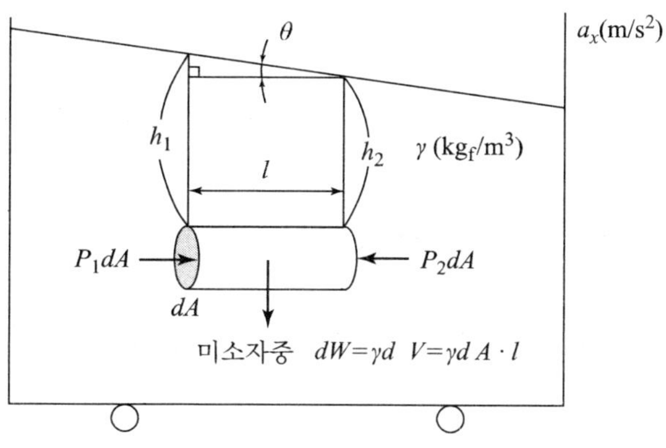

[그림 9.17] 수평 등가속도 운동

$\sum F_x = ma_x$를 이용하면

$$P_1dA - P_2dA = dm \cdot a_x = \frac{dW \cdot a_x}{g} = \frac{\gamma l dA \cdot a_x}{g}$$

$$(P_1 - P_2)dA = \frac{\gamma l dA \cdot a_x}{g}$$

여기서 $P_1 = \gamma h_1$이고, $P_2 = \gamma h_2$이므로

$$(\gamma h_1 - \gamma h_2)dA = \frac{\gamma l dA \cdot a_x}{g}$$

$$\frac{h_1 - h_2}{l} = \frac{a_x}{g}$$

결국 $\tan\theta = \dfrac{a_x}{g}$ 가 된다.

2) 연직방향 등가속도(a_y) 운동을 받는 유체

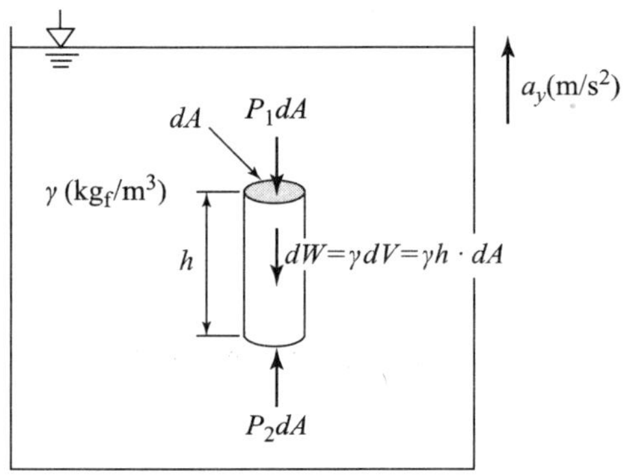

[그림 9.18] 연직방향 등가속도 운동

$\sum F_y = ma_y$를 이용하면

$$P_2 dA - P_1 dA - \gamma h \cdot dA = dm \cdot a_y = \frac{\gamma l dA}{g} a_y$$

$$(P_2 - P_1) = \gamma h + \frac{\gamma h \cdot a_y}{g}$$

$$\therefore\ P_2 - P_1 = \gamma h \left(1 + \frac{a_y}{g}\right)$$

이 되며, 만약 용기 내의 유체를 자유낙하 시키면, 즉 $a_y = -g = -9.8\ \text{m/s}^2$ 이 되고 이 때 $P_1 = P_2$이므로 유체 내부에서는 압력의 변화가 없게 된다.

3) 등속회전운동을 받는 유체

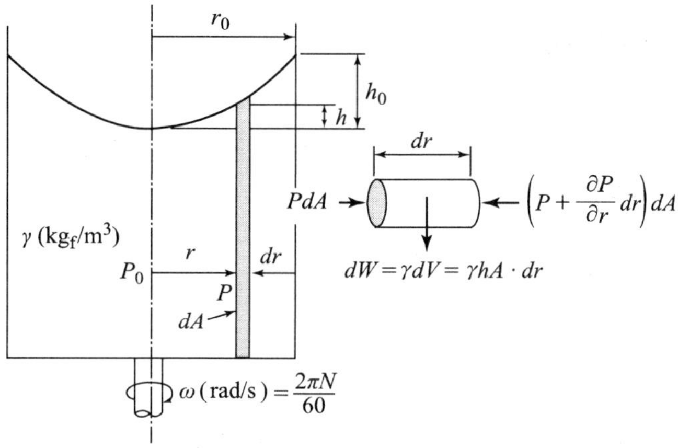

[그림 9.19] 등속회전운동

우선, 임의의 반경 r에서의 압력 P라고 하면

$$P = P_0 + \frac{\gamma r w^2}{2g}$$

또한 임의의 반경 r에서의 액면상승높이 h라 하면

$$h = \frac{r^2 w^2}{2g}, \text{ 즉 } w = \frac{1}{r}\sqrt{2gh}$$

만약 $r \Rightarrow r_0$이면 $h \Rightarrow h_0$이므로

$$h_0 = \frac{r_0^2 w^2}{2g}$$

이 된다.

연습문제

1. 어떤 액체에서 수면으로부터 20 m 깊이에서 압력을 측정하였더니 3 kg/cm^{2}였다. 이 액체의 비중량은?

풀이

$$\gamma = \frac{P}{h} = \frac{3\times 10^4}{20} = 1{,}500\,\mathrm{kg_f/m^3}$$

2. 그림에서 P_0는 표준대기압이 작용하고 있다. B점의 압력(kg$_f$/cm^2)은 얼마인가?

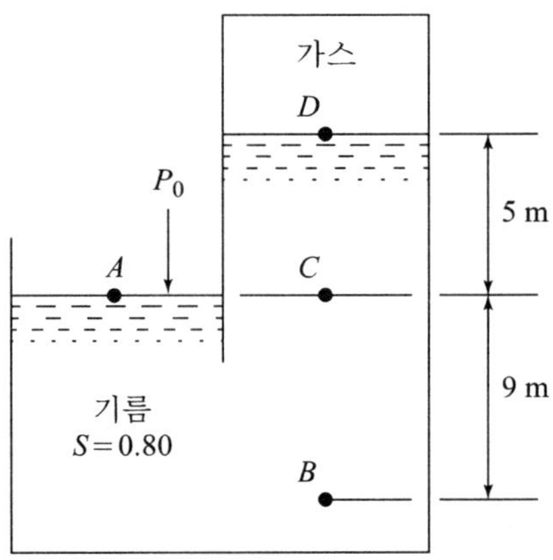

풀이

$$\begin{aligned} P_B &= P_0 + \gamma h = 1.033\times 10^4 + 1{,}000\times 0.8\times 9 \\ &= (1.033 - 0.72)\times 10^4 \\ &= 0.753\times 10^4\,\mathrm{kg_f/m^2}\cdot\mathrm{abs} \\ &= 1.753\,\mathrm{kg_f/cm^2}\cdot\mathrm{abs} \end{aligned}$$

3. 피스톤 A_2의 반지름이 A_1반지름의 2배일 때 힘 F_1과 F_2 사이의 관계는?

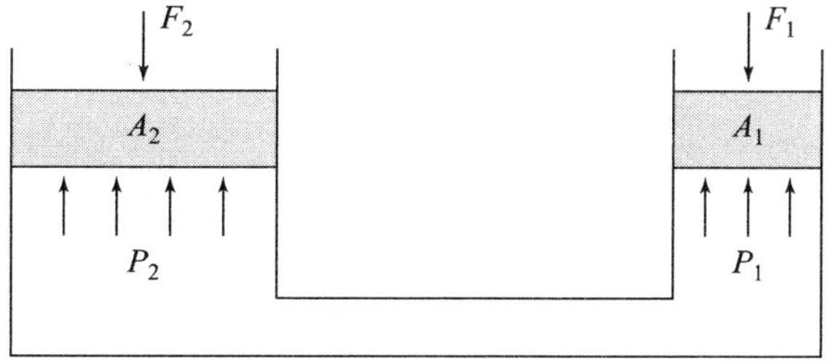

풀이 파스칼의 원리에 의하여 피스톤 A_1과 A_2의 반지름을 각각 r_1과 r_2라고 할 때 $P_2 = P_1$, 즉

$$\frac{F_1}{\pi {r_1}^2} = \frac{F_2}{\pi {r_2}^2}$$

따라서 $\dfrac{F_1}{F_2} = \dfrac{\pi {r_1}^2}{\pi {r_2}^2} = \left(\dfrac{r_1}{r_2}\right)^2 = \dfrac{1}{4}$

$F_2 = 4F_1$

4. 그림에서 관 속에는 비중이 0.7인 기름이 흐르고 있다. A점에서의 절대압력(kg_f/cm^2)을 계산하여라. 대기압은 1,012 milibar이다.

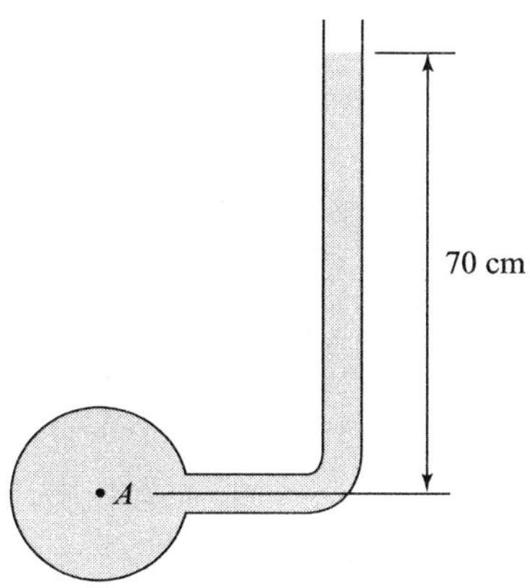

풀이 $P_A = P_0 + \gamma h = \dfrac{1.012 \times 1.0332}{1.0132} + \dfrac{0.7 \times 1{,}000 \times 0.70}{100^2}$

$= 1.061\ \mathrm{kg_f/cm^2 \cdot abs}$

5. 그림에서 A점의 압력(kg_f/cm^2)은?

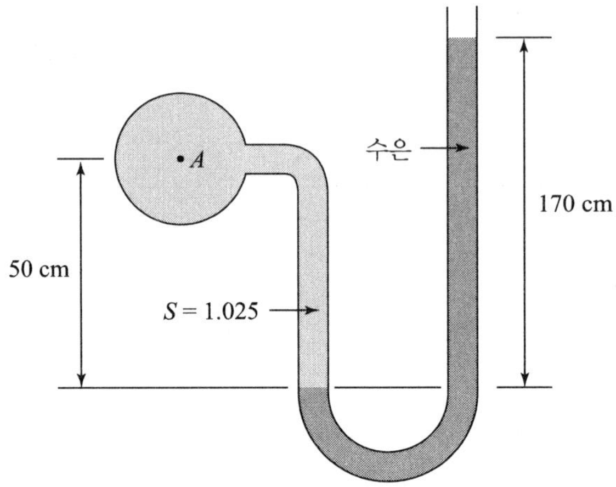

풀이

$$P_A = 13.6 \times 1{,}000 \times 1.7 - 0.5 \times 1.025 \times 1{,}000$$
$$= 23{,}120 - 512.5 = 22{,}607.5\,kg_f/m^2 = 2.2\,kg_f/cm^2$$

6. 그림에서 A, B점의 압력차는 얼마인가?

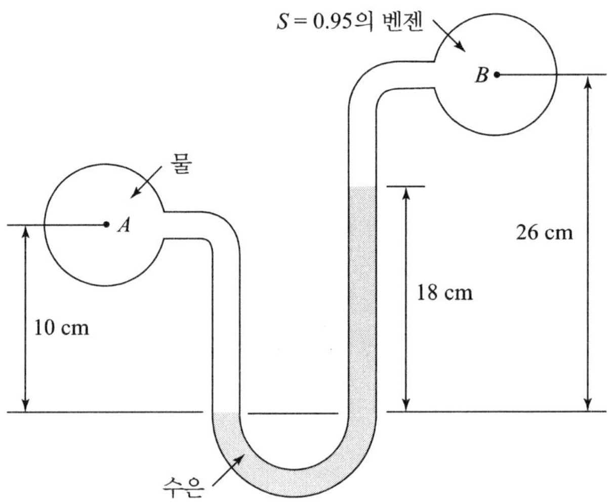

풀이

$$P_A - P_B = 0.95 \times 10^3 (0.26 - 0.18) + 13.6 \times 10^3 \times 0.18 - 0.1 \times 10^3$$
$$= 2{,}424\,kg_f/m^2 = 0.242\,kg_f/cm^2$$

7. 물이 흐르고 있는 관에 설치된 시차액주계에서 수은의 높이가 110 cm일 때 A, B 두 점의 압력차(kg_f/cm^2)는 얼마인가?

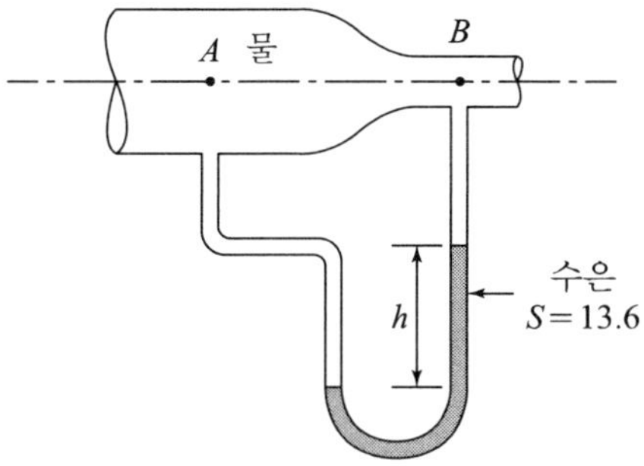

풀이

$$P_A - P_B = (13.6 \times 10^3 - 10^3) \times 1.1$$
$$= 13{,}860\,kg_f/m^2 = 1.386\,kg_f/cm^2$$

8. 그림에서 압력계 P의 읽음이 0.7 kg_f/cm^2일 때, 공기에 의한 P_1의 절대압력은 얼마인가? [단, 대기압은 1.03(0.9 bar)기압이다.]

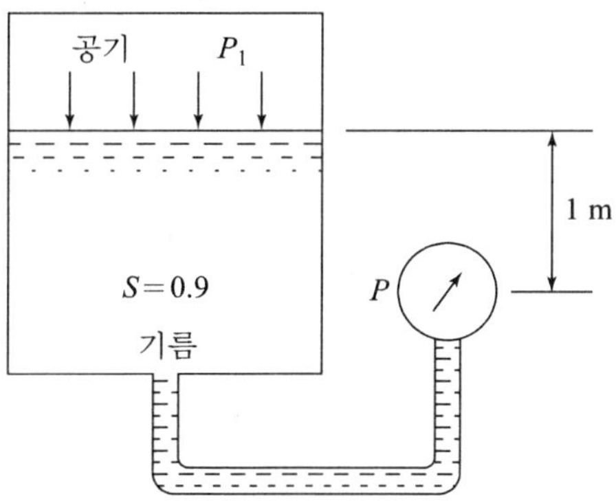

풀이

$P = P_1 + \gamma h$ 에서 $P_1 = P - \gamma h$

$P_1 = 0.7 \times 10^4 - 0.9 \times 10^3 \times 1 = 6{,}100\,kg_f/m^2$

따라서 $P_1 = 0.61 + 1.03 = 1.64\,kg_f/cm^2 \cdot abs$

9. 그림에서 A, B점 사이의 압력차(kg_f/cm^2)는 얼마인가?

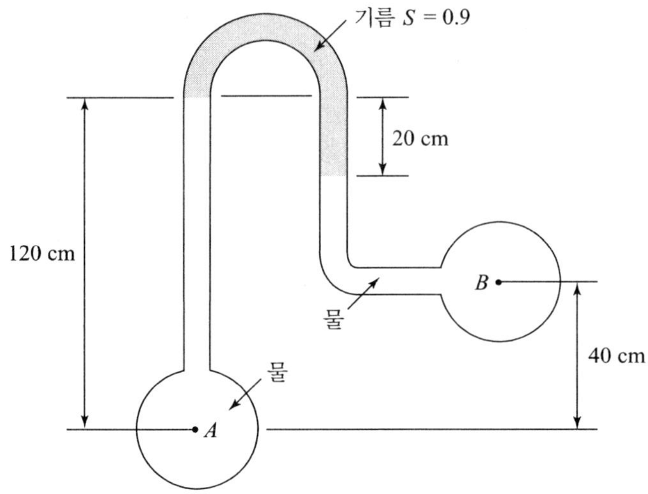

풀이

$$P_A - P_B = \frac{1}{1{,}000}[(120-60) - 0.9 \times 20] = 0.042\,\mathrm{kg_f/cm^2}$$

10. 그림에서 수직관 속에 비중이 0.9인 기름이 흐르고 있다. 여기에 그림에서와 같이 액주계를 설치하였을 때 압력계의 읽음은 몇 $\mathrm{kg_f/cm^2}$인가?

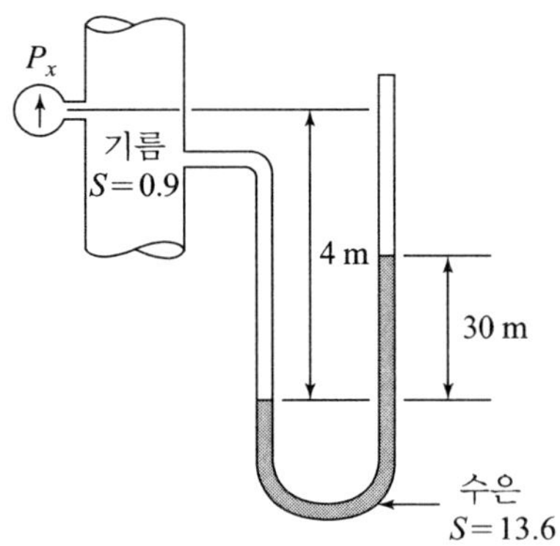

풀이

$$P_x + 0.9 \times 10^3 \times 4 = 13.6 \times 10^3 \times 0.3$$

$$\therefore P_x = 13.6 \times 10^3 \times 0.3 - 0.9 \times 10^3 \times 4 = 480\,\mathrm{kg_f/m^2} = 0.48\,\mathrm{kg_f/cm^2}$$

11. 그림과 같이 폭이 3 m이고, 높이가 6 m인 수문의 상단이 수면 아래 3 m에 놓여 있다. 이 수문에 작용되는 힘($\mathrm{kg_f}$)과 작용점은 얼마인가?

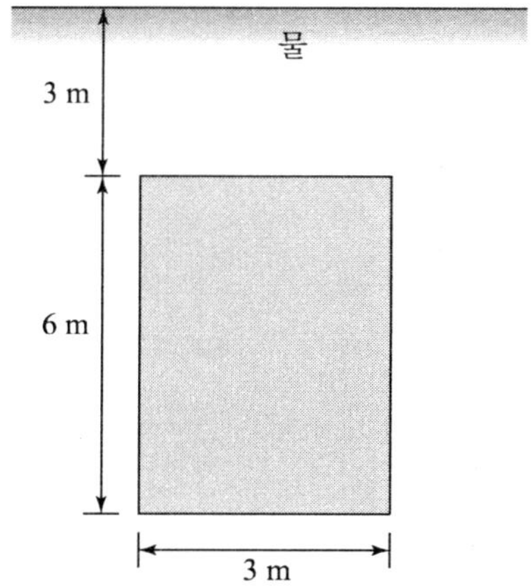

풀이

$$F=\gamma \overline{h}\, A = 1{,}000 \times 6 \times 6 \times 3 = 10.8 \times 10^4\,\mathrm{kg_f}$$

$$y_F = y + \frac{I_G}{\overline{y}\, A} = 6 + \frac{\dfrac{3\times 6^3}{12}}{6\times 18} = 6.5\,\mathrm{m}$$

12. 그림과 같은 원형수문의 상단이 수면 아래 7.5 m의 위치에 놓여 있다. 이 수문에 작용하는 힘($\mathrm{kg_f}$)과 힘의 작용점은 수면으로부터 몇 m 아래에 있는가?

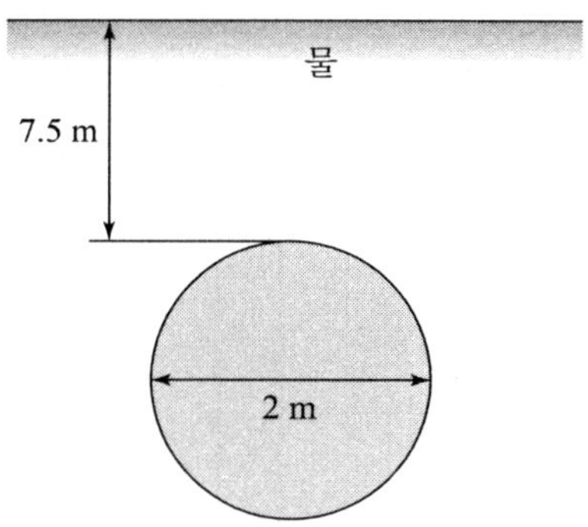

풀이

$$F=\gamma \overline{h}\, A = 1{,}000 \times (7.5+1) \times \frac{\pi}{4} \times 2^2 = 26{,}690\,\mathrm{kg_f}$$

$$y_F = \overline{y} + \frac{I_G}{\overline{y}\, A} = (7.5+1) + \frac{\dfrac{\pi \times 2^4}{64}}{8.5\times \dfrac{\pi}{4}\times 2^2} = 8.529\,\mathrm{m}$$

13. 그림에서와 같은 환상(環狀)수문이 설치되어 있다. 이 수문의 환상부분에 걸리는 전체 압력, 즉 힘은 몇 kg_f인가?

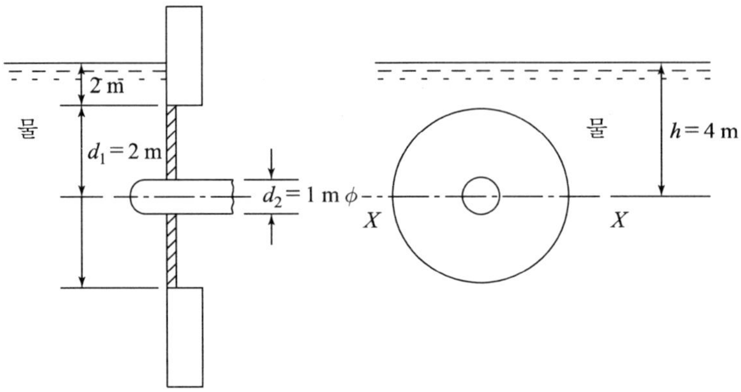

풀이

$$F = \gamma \bar{h} A = 10^3 \times 4 \times \frac{\pi}{4}({d_1}^2 - {d_2}^2)$$
$$= 10^3 \times 4 \times \frac{\pi}{4}(2^2 - 1^2)$$
$$= 9{,}420\,kg_f$$

14. 강물과 바닷물을 막기 위하여 그림에서와 같이 폭이 2 m인 직사각형 수문을 세웠다. 강물과 바닷물의 수심이 각각 10 m와 2 m일 때, 수문에 걸리는 전체 힘(kg_f)과 그의 작용점 x (m)는 얼마인가?

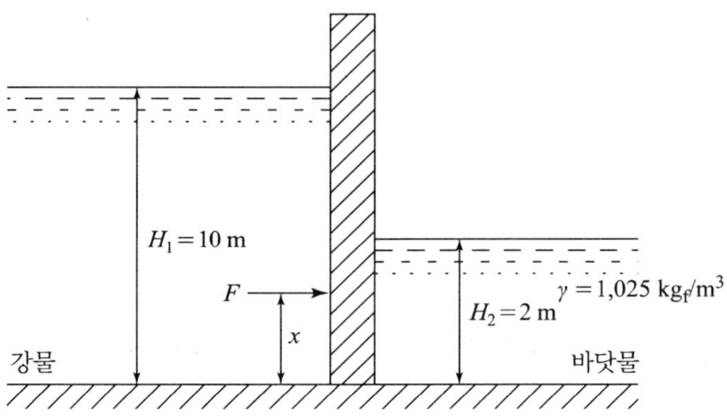

풀이

강물에 대하여

$$F_1 = \gamma \bar{h} A = 1{,}000\,kg_f/m^3 \times 5\,m \times (10\,m \times 2\,m) = 100{,}000\,kg_f$$

$$y_{F_1} = \bar{y} + \frac{I_G}{\bar{y}A} = 5\,\mathrm{m} + \frac{\dfrac{2\,\mathrm{m} \times (10\,\mathrm{m})^3}{12}}{5\,\mathrm{m} \times (10\,\mathrm{m} \times 2\,\mathrm{m})} = 6.67\,\mathrm{m}$$

바닷물에 대하여

$$F_2 = \gamma \bar{h} A = 1{,}025\,\mathrm{kg_f/m^3} \times 1\,\mathrm{m} \times (2\,\mathrm{m} \times 2\,\mathrm{m}) = 4{,}100\,\mathrm{kg_f}$$

$$y_{F_2} = \bar{y} + \frac{I_G}{\bar{y}A} = 1\,\mathrm{m} + \frac{\dfrac{2\,\mathrm{m} \times (2\,\mathrm{m})^3}{12}}{1\,\mathrm{m} \times (2\,\mathrm{m} \times 2\,\mathrm{m})} = 1.33\,\mathrm{m}$$

따라서

$$F = F_1 - F_2 = 100{,}000 - 4{,}100 = 95{,}900\,\mathrm{kg_f}$$

$$F \times x = 100{,}000\,\mathrm{kg_f} \times (10\,\mathrm{m} - 6.67\,\mathrm{m}) - 4{,}100\,\mathrm{kg_f} \times (2\,\mathrm{m} - 1.33\,\mathrm{m})$$
$$= 330{,}253\,\mathrm{kg_f m}$$

$$x = \frac{330{,}253\,\mathrm{kg_f m}}{95{,}900\,\mathrm{kg_f}} = 3.44\,\mathrm{m}$$

15. 그림에서와 같이 길이, 폭, 높이가 각각 6 m, 2 m, 2 m인 사각형 탱크에 물이 1 m의 깊이로 채워져 있다. 이 탱크가 길이 방향으로 수평가속도 3 m/s^{2}을 받고 있다. 탱크 양단에 걸리는 힘($\mathrm{kg_f}$)은 얼마인가?

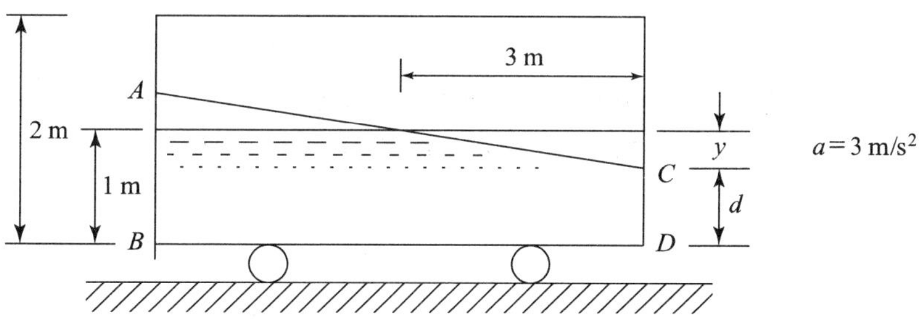

풀이

그림에서 $\tan\theta = \dfrac{a_x}{g} = \dfrac{3}{9.8} = 0.306$

$\therefore\ \theta = 17.01°$

$CD = 1 - y = 1 - 3\tan 17.01° = 0.082\,\mathrm{m}$

$\therefore AB = 1 + (1 - 0.082) = 1.918\,\mathrm{m}$

$$F_{AB} = \gamma h_c A = 10^3 \times \frac{1.918}{2} \times (1.918 \times 2) = 3{,}679\,\mathrm{kg_f}$$

$$F_{CD} = \gamma h_c A = 10^3 \times \frac{0.082}{2} \times (0.082 \times 2) = 6.724\,\mathrm{kg_f}$$

16. 그림과 같은 탱크에 물이 1.5 m만큼 담겨져 있다. 탱크가 4.9 m/s^2의 일정한 가속도를 받고 있을 때, 높이가 2.6 m인 경우에 물이 넘쳐 흐르게 되는 탱크의 길이는 얼마인가(m)?

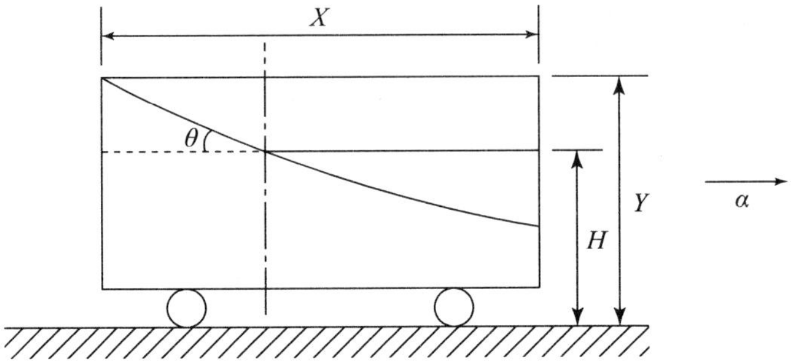

풀이

$$\tan\theta = \frac{a_x}{g} = \frac{4.9}{9.8} = 0.5$$

$$\tan\theta = \frac{Y-H}{\frac{X}{2}} = 0.5$$

$$\therefore X = \frac{2(Y-H)}{0.5} = \frac{2\times(2.6-1.5)}{0.5} = 4.4\,\text{m}$$

17. 지름이 20 cm인 원통에 물이 담겨져 있다. 중심축에 대하여 250 rpm의 속도로 원통을 회전시키고 있다. 수면의 최고점과 최저점의 높이(cm)는 얼마인가?

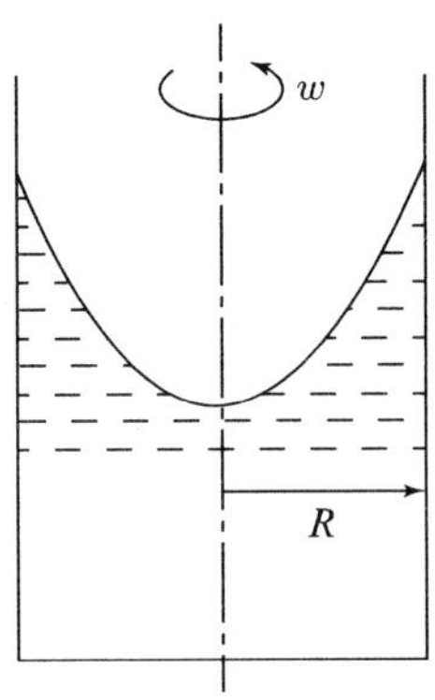

풀이

$$h = \frac{\omega^2 R^2}{2g} = \frac{(2\pi\times 250 \div 60)^2\times 0.1^2}{2\times 9.8} = 0.35\,\text{m} = 35\,\text{cm}$$

18. U자관 마노미터를 오리피스에 연결하였더니 55 cm의 높이 차가 발생하였다. 마노미터에 들어 있는 수은의 비중은 13.6이고 관 내부로는 물이 흐르는 경우 압력차는 몇 N/m^2인가?

풀이

$\Delta P = P_a - P_b = (\rho_A - \rho_B) R_m g$에서 주어진 조건에서

$\rho_A = \frac{13.6\,g}{cm^3} = \frac{13600\,kg}{m^3}$이고, $\rho_B = \frac{1\,g}{cm^3} = \frac{1000\,kg}{m^3}$이므로

압력차는 다음과 같이 계산할 수 있다.

$$\Delta P = \frac{(13600 - 1000)\,kg}{m^3} \times 0.55\,m \times \frac{9.8\,m}{s^2} = \frac{67914\,kg \cdot m}{s^2} \times \frac{1}{m^2}$$

$$\Delta P = \frac{67914\,kg \cdot m}{s^2} \times \frac{1}{m^2} \times \frac{1\,N}{\frac{1\,kg \cdot m}{s^2}} = \frac{67914\,N}{m^2}$$

19. 그림에서 보는 바와 같이 두 지점에서 높이차가 비중량 γ_1이 75000 N/m^3인 액체로는 4 cm이고, 비중량이 γ_2인 또 다른 액체 기둥으로는 25 cm라면 이 액체의 비중은 얼마인가?

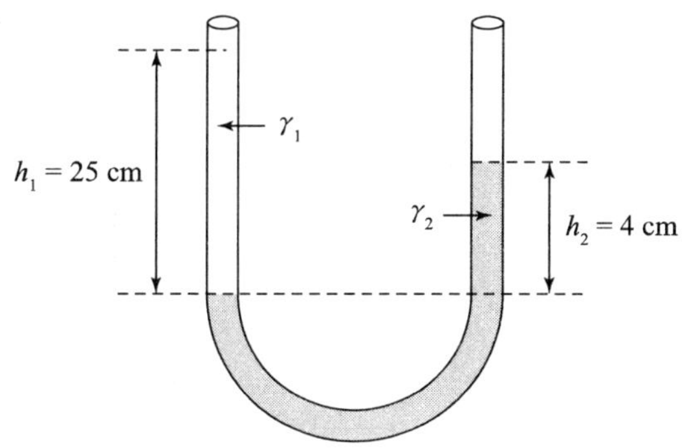

풀이

U자관 마노미터에 의한 압력차(ΔP)의 계산은 액주의 높이가 같으면 압력은 서로 같으므로 이 원리를 이용하면 $\gamma_1 h_1 = \gamma_2 h_2$가 된다. 이 값으로부터 액체의 비중량 γ_2은

$$\gamma_2 = \frac{\gamma_1 h_1}{h_2} = \frac{\frac{75000\,N}{m^3} \times 4\,cm}{25\,cm} = \frac{12000\,N}{m^3}$$

액체의 비중은 물의 비중량 9800 N/m^3으로부터

$$\text{액체의 비중} = \frac{\text{액체의 비중량}}{\text{물의 비중량}} = \frac{12000\,N/m^3}{9800\,N/m^3} = 1.22$$

20. U자관 마노미터를 오리피스에 연결하였더니 7 m의 높이의 차가 발생하였다. 마노미터에 들어 있는 수은의 비중은 13.6이고 밀도가 1000 kg/m^{3}인 물이 관 내부로 흐르는 경우 압력차는 몇 kN/m^{2}인가?

풀이 $\Delta P = P_a - P_b = (\rho_A - \rho_B)R_m g$에서

주어진 조건에서 물의 밀도가 1000 kg/m^{3}이므로 수은의 밀도는 13600 kg/m^{3}가 된다. 그러므로 압력차는 다음과 같이 계산할 수 있다.

$$\Delta P = \frac{(13600-1000)\,\text{kg}}{\text{m}^3} \times 7\,\text{m} \times \frac{9.8\,\text{m}}{\text{s}^2} = \frac{864360\,\text{kg}\cdot\text{m}}{\text{s}^2} \times \frac{1}{\text{m}^2}$$

$$\Delta P = \frac{864360\,\text{kg}\cdot\text{m}}{\text{s}^2} \times \frac{1}{\text{m}^2} \times \frac{1\,\text{N}}{\frac{1\,\text{kg}\cdot\text{m}}{\text{s}^2}} = \frac{864360\,\text{N}}{\text{m}^2}$$

$$\Delta P = \frac{864360\,\text{N}}{\text{m}^2} = \frac{864.36\times10^3\,\text{N}}{\text{m}^2} = \frac{864.36\,\text{kN}}{\text{m}^2}$$

21. 그림의 액주계에서 비중 $S_1 = S_3 = 0.90$, $S_2 = 13.6$, $h_1 = 50\,\text{cm}$, $h_3 = 15\,\text{cm}$일 때 A점의 압력과 B점의 압력이 같게 되는 h_2는 약 몇 cm인가?

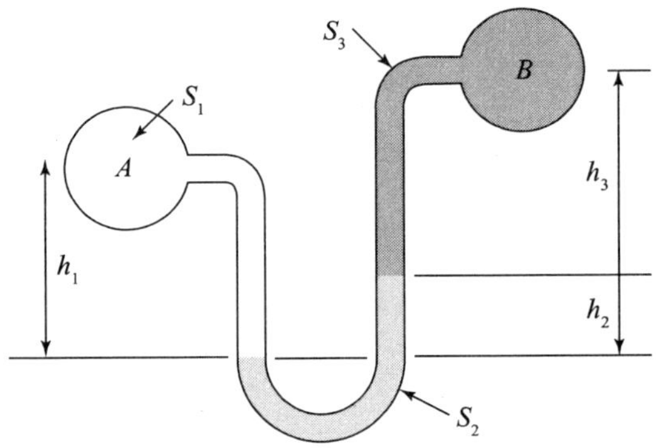

풀이 $P_A + r_1 h_1 - r_2 h_2 - r_3 h_3 = P_B (P_A = P_B)$

$\therefore\ r_1 h_1 - r_2 h_2 - r_3 h_3 = 0$

$900 \times 0.5 - 13600 h_2 - 900 \times 0.15 = 0$

$\therefore\ h_2 = 0.02\,\text{m} = 2\,\text{cm}$

22. 공기 중에서 1800 kg$_f$인 돌이 물에 잠겨 있다. 물에서의 무게가 900 kg$_f$이면 이 돌의 비중은 얼마인가?

풀이

공기 중에서 물체 무게 = 부력(F_B) + 액체 속에서 물체 무게

$1800 = 1000\,V + 900$

$\therefore\ V = 0.9\,\mathrm{m}^3$

결국 $W = \gamma V$에서 $1800 = 1000S \times 0.9$

$\therefore\ S = 2$

23. $8.48\ \mathrm{m/s^2}$의 일정한 가속도로 일직선으로 달리고 있다. 열차 속에 물그릇을 놓았을 때 이 물은 수평에 대하여 얼마의 각도로 기울어지겠는가?

풀이

$\tan\theta = \dfrac{a_x}{g} = \dfrac{8.48}{9.8}$ 이므로

$\therefore\ \theta = \tan^{-1}\dfrac{8.48}{9.8} \fallingdotseq 41.81$

24. 오른쪽 그림에서 압력계 A의 압력은 몇 $\mathrm{kg_f/cm^2}$인가?

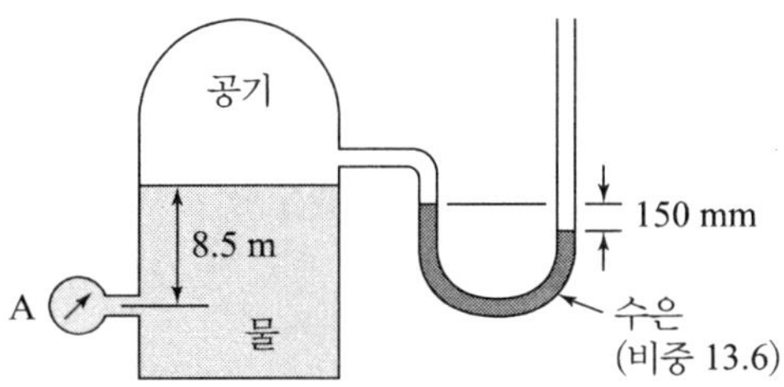

풀이

$P_A - 1000 \times 8.5 + 13600 \times 0.15 = 0$

$\therefore\ P_A = 10540\,\mathrm{kg_f/m^2} = 1.054\,\mathrm{kg_f/cm^2}$

25. 그림과 같이 길이 8 m, 폭 1 m인 평판이 수면과 수직을 이루고 있다. 평판의 윗변이 수면으로부터 40 cm만큼 잠겨 있을 때 이 평판에 작용하는 힘은 몇 N인가?

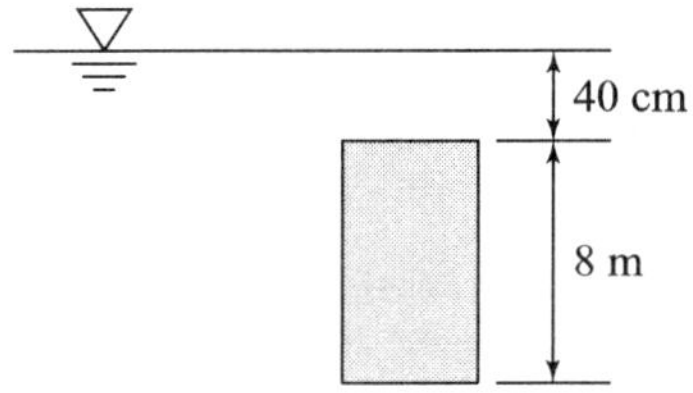

풀이 $F = \gamma \bar{h} A = 1000 \times 4.4 \times (8 \times 1) = 35200 \text{ kg}_f$
$= 3,449,600 \text{ N}$

26. 가로 3 m, 세로 6 m의 구형 평판에 그림과 같이 수면과 45° 경사지게 놓여 있다. 평판 윗면에 작용하는 전압력은?

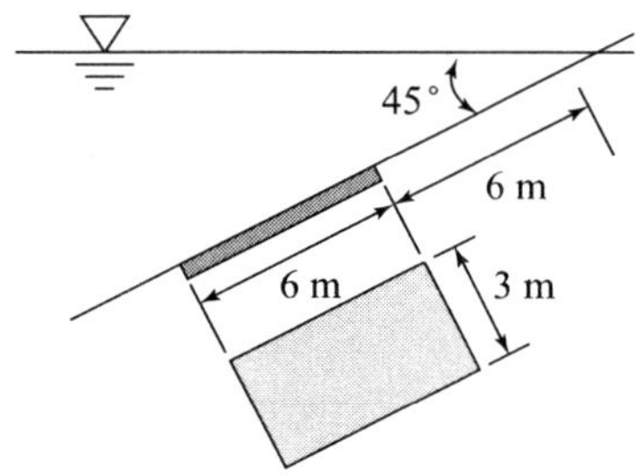

풀이 $F = \gamma \bar{h} A = \gamma \bar{y} \sin\theta \cdot A = 1000 \times 9 \times \sin 45° \times 3 \times 6$
$= 114551 \text{ kg}_f = 114.6 \text{ ton}$

27. 한 변이 1 m인 정육면체 나무(비중 0.40) 토막의 아래 면에 110 kg_f의 납(비중 11.0)을 달아매어 물속에 넣었다. 물 위로 떠오른 나무토막의 길이는 몇 cm인가? (단, 나무토막은 밑면에 수직으로 물속에 잠기는 것으로 가정한다.)

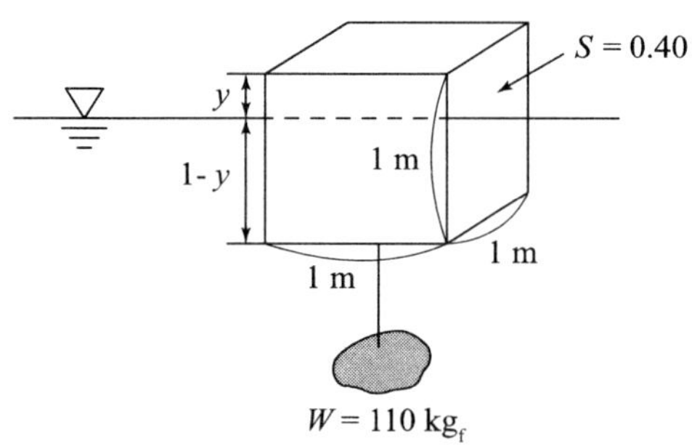

풀이 우선, 납의 체적을 V라 하면 $W = \gamma V$에서 $110 = 11000 \times V$
$\therefore \ V = 0.01 \text{ m}^3$
결국, 부력(F_B) = 공기 중에서 물체의 무게(W)이므로
$1000(1-y) \times 1 \times 1 + 1000 \times 0.01 = 400 \times 1 \times 1 \times 1 + 110$
$\therefore \ y = 0.5 \text{ m} = 50 \text{ cm}$

28. 탱크 속에 비중이 0.75인 기름이 들어 있고 기름 표면 상 공간의 공기 압력은 2 kg_f/cm^2이다. 기름 표면 3 m 하방의 압력은?

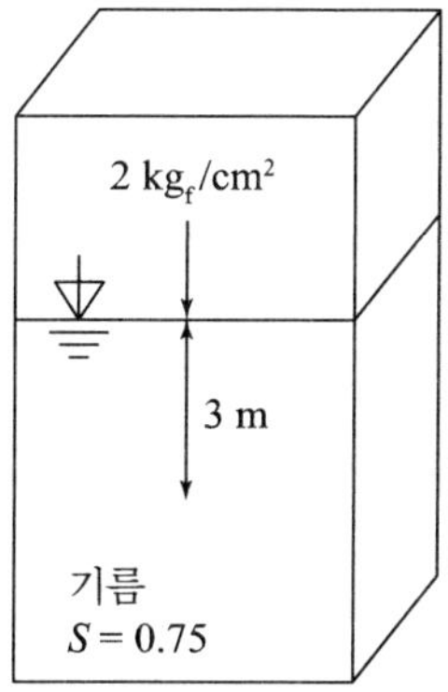

풀이

$$\therefore\ P = P_0 + \gamma h = 2\times 10^4 + 750\times 3 = 22250\,\mathrm{kg_f/m^2}$$
$$= 2.225\,\mathrm{kg_f/cm^2}$$

29. U자관에서 어떤 액체 20 cm의 높이와 수은 3.3 cm 높이가 평형을 이루고 있다. 이 액체의 비중은? (단, 수은의 비중은 13.6이다.)

풀이

$r_1h_1 = r_2h_2$에서 $1000S\times 20 = 13600\times 3.3$

$\therefore\ S = 2.244$

30. 그림과 같이 50 cm × 3 m의 수문 평판 AB를 45°로 기울어지게 놓았다. A점에서 힌지(hinge)로 연결되어 있다. 이 문을 열기 위한 힘(F, 수문에 수직)은 몇 kg_f인가?

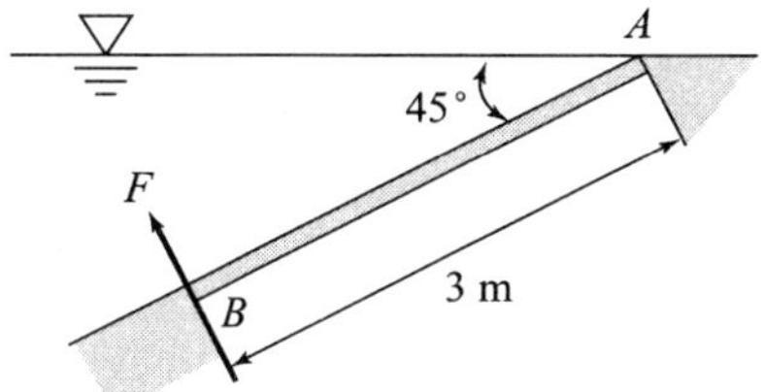

풀이 전압력 $R = \gamma \bar{h} A = 1000 \times 1.5 \times \sin 45° \times 0.5 \times 3 = 1591 \mathrm{kg_f}$

작용점의 위치 $y_F = \bar{y} + \dfrac{I_G}{A\bar{y}} = 1.5 + \dfrac{\dfrac{0.5 \times 3^3}{12}}{0.5 \times 3 \times 1.5} = 2\,\mathrm{m}$

$F \times 3 = R \times y_F$ 이므로

$\therefore\ F = \dfrac{R \times y_F}{3} = \dfrac{1591 \times 2}{3} = 1061\,\mathrm{kg_f}$

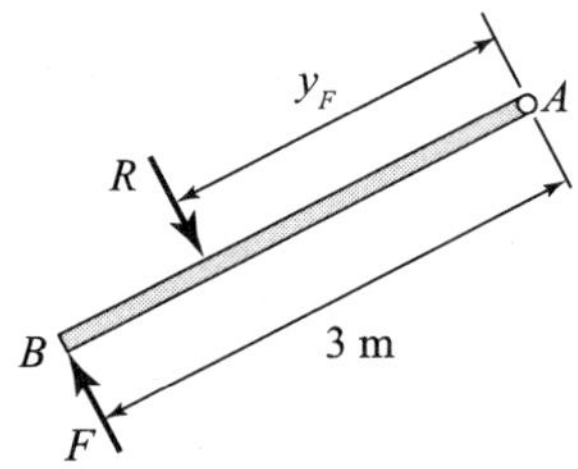

31. 그림과 같이 수문이 열리지 못하도록 하기 위하여 그의 하단에서 받쳐 주어야 할 힘 F는 몇 $\mathrm{kg_f}$인가? (단, 폭은 1 m)

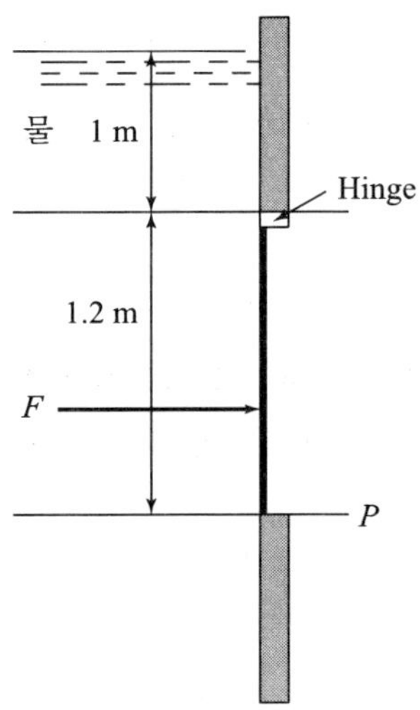

풀이 $F = \gamma \bar{h} A = 1000 \times 1.6 \times (1.2 \times 1) = 1{,}920\,\mathrm{kg_f}$

작용점의 위치 $y_F = \bar{y} + \dfrac{I_G}{A\bar{y}} = 1.6 + \dfrac{\dfrac{1 \times 1.2^3}{12}}{1.2 \times 1.6} = 1.675\,\mathrm{m}$

힘 F의 작용점은 힌지의 하단 0.675 m에 있다.

따라서 힘에 대하여 모멘트 평형을 고려하면,

$1,920 \times 0.675 = F \times 1.2$

$\therefore\ F = 1,080\,\mathrm{kg_f}$

32. 그림과 같이 물이 담겨 있는 버킷을 1.4 m/s²의 가속도로 위로 끌어올릴 때 A점의 압력(계기)은 몇 $\mathrm{kg_f/cm^2}$인가?

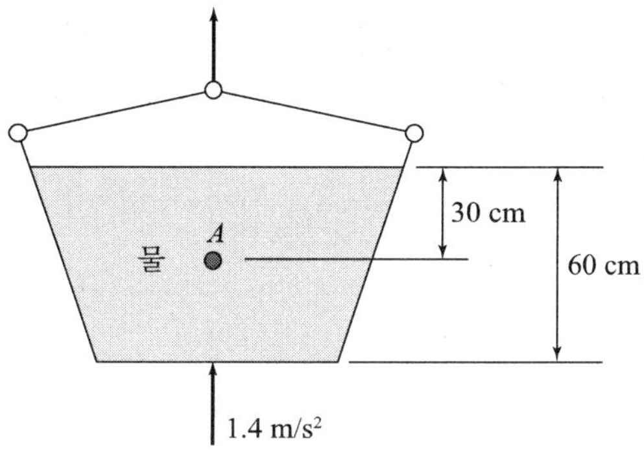

풀이

$$P_2 - P_1 = P_A = \gamma h\left(1 + \frac{a_y}{g}\right)$$

$$= 1000 \times 0.3\left(1 + \frac{1.4}{9.8}\right) = 342.8\,\mathrm{kg_f/m^2}$$

33. 오른쪽 그림에서 피스톤에 80 $\mathrm{kg_f}$의 힘을 가할 때 이것과 평형을 이룰 수 있는 추의 무게는 얼마인가?

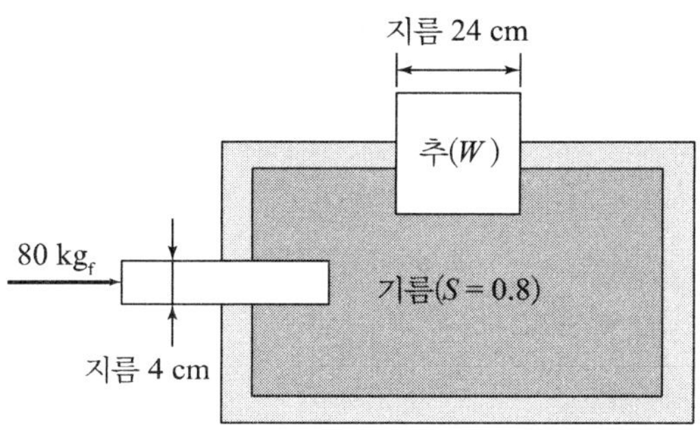

풀이 파스칼의 원리에 의해 $P_1 = P_2$이므로

$$\frac{W_1}{A_1} = \frac{W_2}{A_2},\ 즉\ \frac{W_1}{\frac{\pi}{4}d_1^2} = \frac{W_2}{\frac{\pi}{4}d_2^2}\ :\ \frac{W_1}{d_1^2} = \frac{W_2}{d_2^2}$$

결국, $W_2 = W_1 \dfrac{d_2^2}{d_1^2} = 80 \times \dfrac{24^2}{4^2} = 2880\,\mathrm{kg_f}$

34. 그림과 같이 바깥지름이 20 mm인 유리관에 납을 넣고 그것을 물에 넣었더니 80 mm 내려갔다. 다음에 그 유리관을 어떤 기름에 넣었더니 120 mm 내려갔다. 이때 기름의 비중은?

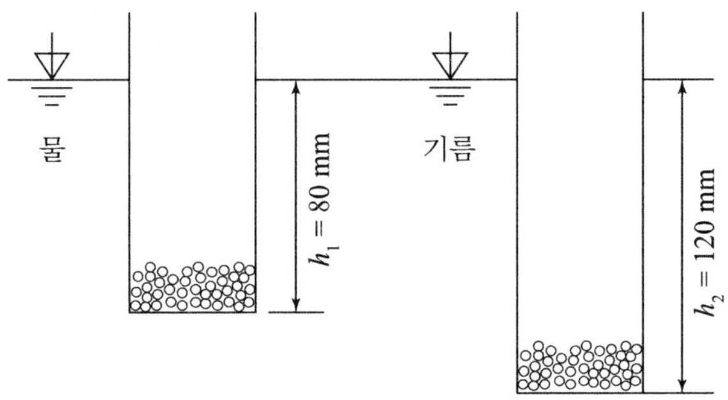

풀이 물인 경우 : $W_1 = 1000Ah_1 = 1000 \times 80A$

기름인 경우 : $W_2 = 1000SAh_2 = 1000 \times 120SA$

결국, $W_1 = W_2$이므로

$$\therefore\ S = \frac{80}{120} = 0.67$$

10. 유체의 동역학

흐르는 유체와 여기에 작용하는 힘이 있다고 가정해 보자. 운동하는 유체를 설명하는 방법은 유체를 유체입자라고 부를 수 있는 미소체적으로 나누어 이 입자들의 운동을 조사하는 것이다. 즉, 유체들의 좌표 x, y, z를 주고 이 좌표를 시간의 함수로 규정해야 하며 또 입자의 초기위치 x_0, y_0, z_0의 함수로도 규정해야 한다. 이러한 과정의 입자역학 개념은 라그랑제가 처음으로 발전시켰으나 오일러가 발전시킨 더 편리한 방법이 있어 현재 역학에서는 오일러 방정식을 더 많이 사용한다. 이 방법은 시간의 각 순간마다 공간의 각점에 있는 유체의 밀도와 속도를 규정하는 것이다. 유체의 이동은 너무나 복잡하므로 운동하는 유체를 다룰 때는 수학적으로 취급하기 쉬운 이상적인 유체운동으로 가정한다. 이상적인 유체흐름에 대한 유체의 유동상태와 용어에 대해 알아보기로 하자.

10.1 유동의 상태 및 용어

1) 정상류와 비정상류

정상류는 유체의 한 가지 종류로 유동장 내의 어느 임의의 한 점에 있어서 유체의 속도, 압력, 밀도, 온도 등의 유동조건이 시간에 관계없이 항상 일정한 흐름을 말한다. 여기에서 유체는 변형되기 쉽고, 형태가 정해져 있지 않으며, 자유롭게 흐르는 성질을 지닌 것을 의미한다. 정상류의 변하지 않는 성질에 따르면 유체의 유선이 변하지 않는다. 비정상류란 정상류의 반대로 유동조건이 시간에 따라서 변화하는 흐름을 말한다. 예를 들어, 책상에 있는 물이 쓰러진다고 가정했을 때 1번처럼 콸콸 쏟아지다가 시간이 흘러 수위가 줄어들면서 2번, 3번, 4번순으로 물줄기가 약해지고 유속이 느려지는 것이 비정상류이다.

어느 한 점에서의 압력, 속도, 밀도, 온도를 각각 P, V, ρ, T라고 하고 시간을 t라고 할 때 정상류와 비정상류 조건은 다음과 같다.

$$\frac{\partial P}{\partial t}=0,\ \frac{\partial V}{\partial t}=0,\ \frac{\partial \rho}{\partial t}=0,\ \frac{\partial T}{\partial t}=0\ (\text{정상류})$$

$$\frac{\partial P}{\partial t}\neq 0,\ \frac{\partial V}{\partial t}\neq 0,\ \frac{\partial \rho}{\partial t}\neq 0,\ \frac{\partial T}{\partial t}\neq 0\ (\text{비정상류})$$

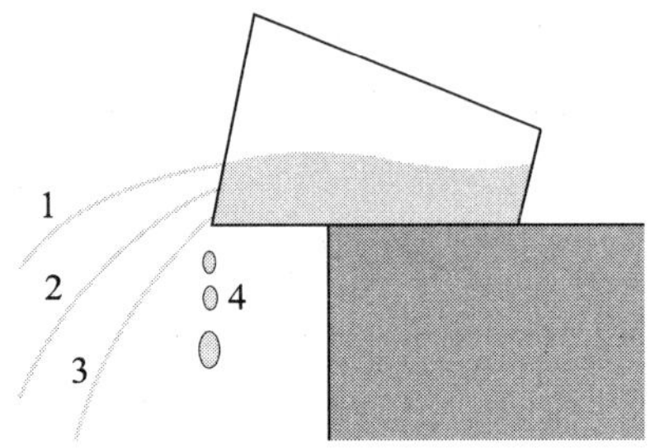

[그림 10.1] 비정상류 유체

2) 유체의 (비)압축성

압축성 유체란 압력에 따라 부피(밀도)가 변하는 유체를 말하고, 반대로 비압축성 유체란 압축을 가하였을 때 부피가 변하지 않는 유체를 말한다. 유체가 어떤 물리현상을 겪을 때 밀도의 변화가 없다면 이 유체는 비압축성 유체라 할 수 있다. 일반적으로 기체는 압축성 유체이고, 액체는 비압축성 유체로 나눠진다. 한 가지 예로서, 공기가 다 들어간 타이어에 힘껏 기체를 불어넣으면 공기가 압축되면서 들어가게 되지만 물이 꽉 찬 페트병에 물을 넣으면 들어가지 않는 것을 볼 수 있다. 간단히 말해서 압력에 의해 부피변화가 생긴다면 압축성 유체, 압력에 의해 부피변화가 생기지 않는다면 비압축성 유체라 말할 수 있다.

3) 유선(Stream line)

임의의 유동장 내에서 유체 입자가 곡선을 따라 움직인다고 할 때, 그 곡선이 갖는 접선과 유체 입자가 갖는 속도 벡터의 방향이 일치하도록 운동해석을 할 때 그 곡선을 유선이라 한다. x, y, z 방향에 대한 속도 분포를 각각 u, v, w라 할 때 유선의 미분방정식은 다음과 같다.

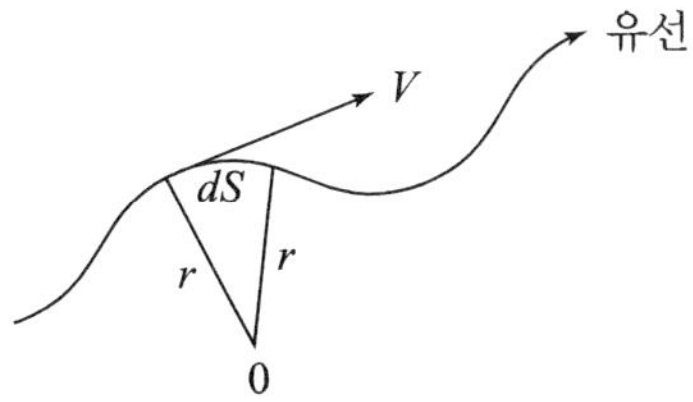

[그림 10.2] 유선의 방정식

여기서, V : 속도 벡터

$V = ui + vj + wk$

단, u : x방향의 속도 성분

단, v : y방향의 속도 성분

단, w : z방향의 속도 성분

dS : 유선 방향의 미소단위벡터

$dS = dxi + dyj + dzk$

결국, $V \times dS = 0$ … 유선의 방정식

또한, $V \times dS = \begin{vmatrix} i & j & k \\ u & v & w \\ dx & dy & dz \end{vmatrix}$

$$= i(vdz - wdy) - j(udz - wdx) + k(udy - vdx) = 0$$

$$\left.\begin{aligned} \therefore\ vdz - wdy = 0 \\ udz - wdx = 0 \\ udy - vdx = 0 \end{aligned}\right] \text{에서} \left[\begin{aligned} \frac{dz}{w} = \frac{dy}{v} \\ \frac{dx}{u} = \frac{dz}{w} \\ \frac{dy}{v} = \frac{dx}{u} \end{aligned}\right.$$

결국, $\dfrac{dx}{u} = \dfrac{dy}{v} = \dfrac{dz}{w}$ … 유선의 방정식

만약, 2차원 유동이면 $\dfrac{dx}{u} = \dfrac{dy}{v}$ 이다.

4) 유관(Stream tube)

유선으로 둘러싸인 유체의 관(유선관)으로 어떤 폐곡선을 통과하는 여러 개의 유선으로 이루어지는 가상적인 관을 일컫는다.

5) 유적선(Path line)

주어진 시간 동안에 유체 입자가 유선을 따라 진행한 거리(경로, 자취)를 말한다.

6) 유맥선(Streak line)

공간 내의 한 점을 지나는 모든 유체 입자들의 순간 궤적을 말한다. 유선, 유적선, 유맥선은 일반적으로 일치하지 않으나 정상류에서는 서로 일치한다.

10.2 연속방정식

연속방정식은 유체의 운동을 이야기하는 가장 기본적인 방정식을 구성하며 유체 안쪽에 어떠한 공간을 만들었을 때, 그 곳으로의 유체의 흐름에서 단위시간당 유입되는 양과 유출되는 양이 같아야 한다는 조건을 만족시키는 방정식이다. 즉, 흐르는 유체에 질량보존의 법칙을 적용하여 얻은 방정식으로, 유관을 통하여 정상상태로 흐르고 있는 임의의 두 단면을 잡아 밀도, 비중량, 단면적, 속도를 각각 ρ_1, γ_1, A_1, V_1과 ρ_2, γ_2, A_2, V_2라고 할 때 각 단면을 통과하는 단위시간당의 유량은 같아야 한다는 것이다.

고체에 대한 질량보존법칙을 유체에 적용한다고 하면, 고체일 때 질량이라면 유체일 때는 유량, 즉 체적유량, 질량유량, 중량유량으로 이야기할 수 있다.

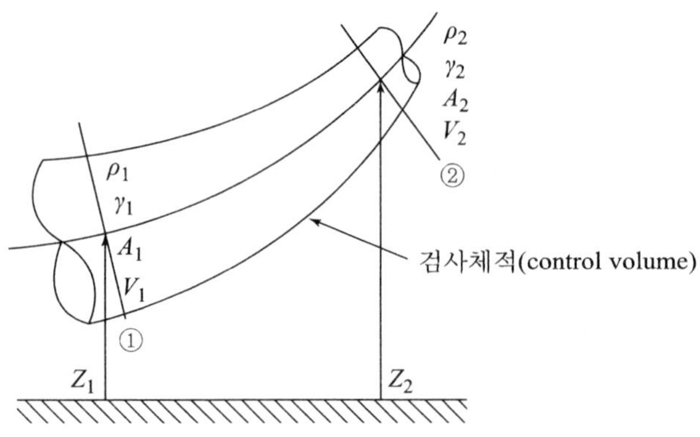

[그림 10.3] 1차원 연속방정식

(1) 질량유량($\dot{M}$) : 단위시간당 통과하는 유체의 질량

$$\dot{M} = \rho A V = \rho \dot{Q} \ (\mathrm{kg/sec})$$

여기서, ①~② 단면에 적용하면
$\rho_1 A_1 V_1 = \rho_2 A_2 V_2$ 가 된다.

(2) 중량유량($\dot{G}$) : 단위시간당 통과하는 유체의 중량

$$\dot{G} = \gamma A V = \gamma \dot{Q} \ (\mathrm{kg_f/sec})$$

여기서, ①~② 단면에 적용하면
$\gamma_1 A_1 V_1 = \gamma_2 A_2 V_2$ 가 된다.

(3) 체적유량($\dot{Q}$) : 단위시간당 통과하는 유체의 체적

$\rho_1 A_1 V_1 = \rho_2 A_2 V_2$, $\gamma_1 A_1 V_1 = \gamma_2 A_2 V_2$ 에서 만약 비압축성 유동이면
$\rho_1 = \rho_2$, $\gamma_1 = \gamma_2$이므로
결국 $\dot{Q} = A V (\mathrm{m^3/sec})$가 된다.

여기서, ①~② 단면에 적용하면
$A_1 V_1 = A_2 V_2$가 된다.
또한 1차원 연속방정식의 미분형은
$\dot{M} = \rho A V = C$에서 양변을 미분하면

$$d(\rho A V) = 0$$
$$\rho A dV + \rho V dA + A V d\rho = 0$$

양변을 $\rho A V$로 나누면 $\dfrac{dV}{V} + \dfrac{dA}{A} + \dfrac{d\rho}{\rho} = 0$

결국 $d(\rho A V) = 0$

$$\frac{d\rho}{\rho} + \frac{dV}{V} + \frac{dA}{A} = 0$$

이 되어 이를 1차원 연속방정식의 미분형이라 한다.

10.3 오일러의 운동방정식

오일러 방정식은 유체가 유선을 따라 움직일 때 뉴턴의 운동 제2법칙을 적용하여 얻는 미분방정식이다.

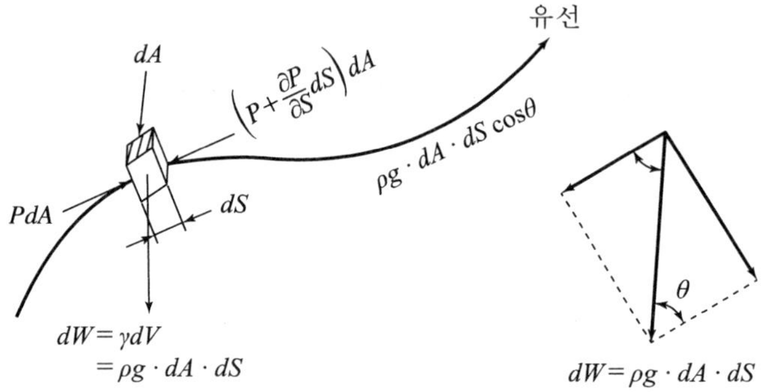

[그림 10.4] 오일러의 운동방정식

자유 물체도에서 $\sum F_x = dma_s$를 적용하면

단, $dm = \dfrac{dW}{g} = \rho dA \cdot dS$이며, $a_s = \dfrac{dV}{dt}$ (유선방향의 가속도)일 때

$$PdA - \left(P + \frac{\partial P}{\partial S}dS\right)dA - \rho g dA \cdot dS\cos\theta = \rho dA \cdot dS\left(\frac{dV}{dt}\right)$$

$$-\frac{\partial P}{\partial S}dS \cdot dA - \rho g \cdot dA \cdot dS\cos\theta = \rho dA \cdot dS\left(\frac{dV}{dt}\right)$$

양변을 $\rho dA \cdot dS$로 나누면

$$-\frac{\partial P}{\rho \partial S} - g\cos\theta = \frac{dV}{dt} = \frac{\partial V}{\partial S}V + \frac{\partial V}{\partial t}$$

단, $\dfrac{dV}{dt} = \dfrac{\partial V}{\partial S}V + \dfrac{\partial V}{\partial t}$

$$-\frac{\partial P}{\rho \partial S} - g\cos\theta = \frac{\partial V}{\partial S}V + \frac{\partial V}{\partial t}$$

여기서, $\cos\theta = \dfrac{dZ}{dS}$

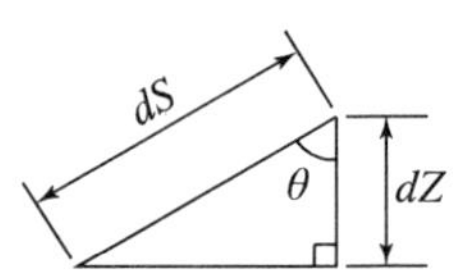

$$\therefore\ -\frac{\partial P}{\rho \partial S} - g \cdot \frac{dZ}{dS} = \frac{\partial V}{\partial S}V + \frac{\partial V}{\partial t}$$

만약, 정상유동이면

$$\frac{\partial V}{\partial S}V + \frac{\partial P}{\rho \partial S} + g\frac{dZ}{dS} = 0$$

여기서, 양변에 dS를 곱하면

$$\frac{dP}{\rho} + VdV + gdZ = 0 \text{ 또는 } \frac{dP}{\gamma} + \frac{VdV}{g} + dZ = 0$$

이 된다. 이를 오일러의 운동방정식이라 한다.

[참고]

오일러 운동방정식의 가정
① 유체 입자는 유선을 따라 움직인다.
② 유체는 마찰력이 없다. 즉, 비점성 유체이다
③ 정상류이다.

10.4 베르누이방정식

유체 동역학에서 베르누이방정식은 이상 유체에 대하여, 유체에 가해지는 일이 없는 경우에 대해 유체의 속도와 압력, 위치에너지 사이의 관계를 나타낸 식이다. 베르누이방정식은, 흐르는 유체에 대하여 유선(streamline) 상에서 모든 형태의 에너지의 합은 언제나 일정하다는 점을 설명하고 있다. 이러한 베르누이방정식은 오일러의 운동방정식을 유선 전체에 관해서 적분한 값으로 나타낸다.

오일러의 운동방정식을 적분하면

$$\int \frac{dP}{\gamma} + \int \frac{VdV}{g} + \int dZ = C$$

$$\frac{P}{\gamma} + \frac{V^2}{2g} + Z = C$$

이 되며, 비압축성($\gamma = C$)인 경우

$$\frac{P}{\gamma} + \frac{V^2}{2g} + Z = C = H$$

여기서, $\frac{P}{\gamma}$: 압력수두(m)

$\frac{V^2}{2g}$: 속도수두(m)

Z : 위치수두(m)

H : 전수두(압력수두 + 위치수두 + 속도수두)

가 되고, 이를 베르누이방정식이라 하며 모든 단면에서 압력수두, 속도수두, 위치수두의 합은 항상 일정함을 나타낸다.

이때, 에너지선(Energy Line) E.L (전수두선)은

$$\text{E.L} = \frac{P}{\gamma} + \frac{V^2}{2g} + Z$$

이고, 수력 구배선 H.G.L은

$$\text{H.G.L} = \frac{P}{\gamma} + Z$$

이므로 결국 수력 구배선은 에너지선(E.L)보다 항상 속도수두($\frac{V^2}{2g}$)만큼 아래 있음을 알 수 있다.

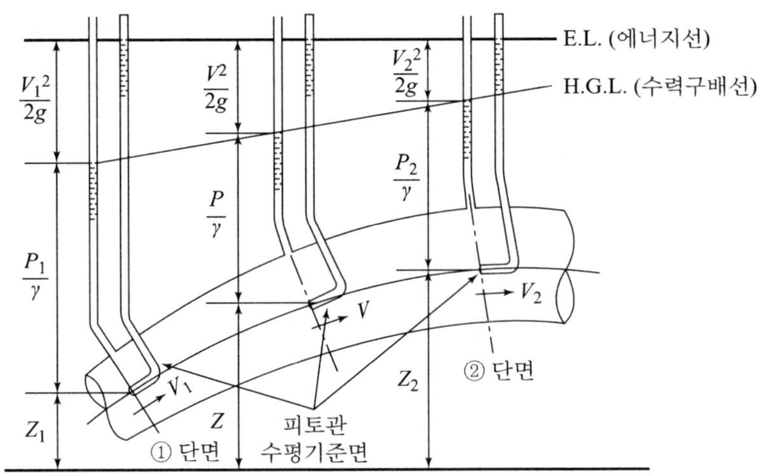

[그림 10.5] 베르누이방정식 도식 변화

또한, 베르누이방정식을 ①단면과 ②에 적용하면

$$\frac{P_1}{\gamma} + \frac{V_1^2}{2g} + Z_1 = \frac{P_2}{\gamma} + \frac{V_2^2}{2g} + Z_2$$

가 되며, 만약 마찰이 고려되는 경우, 실제 유체에 적용하면 손실수두(H_t)를 마지막에 더해주어야 하는데 이 식을 수정 베르누이방정식이라 한다.

$$\frac{P_1}{\gamma} + \frac{V_1^2}{2g} + Z_1 = \frac{P_2}{\gamma} + \frac{V_2^2}{2g} + Z_2 + H_t$$

[참고]

베르누이방정식이 적용되는 조건
① 방정식이 적용되는 임의의 두 점은 같은 유선상에 있다.
② 정상상태의 흐름이다.
③ 마찰이 없는 이상유체의 흐름이다.
④ 비압축성 유체의 흐름이다.

10.5 베르누이방정식의 응용

1) 토리첼리(Torricelli)의 정리

커다란 물탱크의 측벽에 낸 작은 구멍으로부터 물이 유출할 때의 속도 V와 수면에서 구멍의 위치 h의 관계를 구한 것이다. 즉, 질점이 중력의 작용으로 높이 h인 곳에서 자유낙하 할 때 얻는 속도와 같다. 단, 이 법칙이 성립되는 것은 액체의 점성이 작고, 그 영향이 무시될 경우에 한한다.

$$\frac{P_1}{\gamma} + \frac{V_1^2}{2g} + Z_1 = \frac{P_2}{\gamma} + \frac{V_2^2}{2g} + Z_2$$

에서 P_1과 P_2는 모두 대기압 상태이므로 같은 값을 가지고, ρ는 비압축성 유체로 정의되므로 P_1/ρ와 P_2/ρ는 동일한 값을 가지며

$$\frac{V_1^2}{2g} + Z_1 = \frac{V_2^2}{2g} + Z_2$$

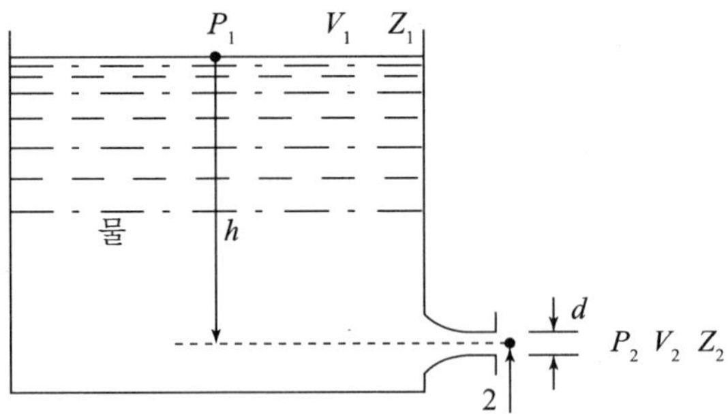

[그림 10.6] 토리첼리의 정리

에서 V_1은 주어진 공식의 조건에서 수위의 하강 속도를 무시하므로 0으로 간주한다.

$$Z_1 = \frac{V_2^2}{2g} + Z_2$$

$Z_1 - Z_2$는 수조 수위까지의 높이이므로 $Z_1 - Z_2 = h$이고,

$$Z_1 - Z_2 = h = \frac{V_2^2}{2g}$$

가 되고, 이를 V_2로 정리하면

$$V_2 = \sqrt{2gh}$$

이 된다. 또한 실제 출구속도를 구한다면, 속도계수 $C_v = \frac{V_a}{V}$ 일 때

$$V_a = C_v \sqrt{2gh}$$

가 되며, 유량은

$$Q = AV = \frac{\pi d^2}{4} \cdot V$$

실제유량은

$$Q_1 = \frac{\pi d^2}{4} \cdot V_a$$

가 된다.

2) 오리피스(Orifice)관

그림 10.7과 같이 수직벽의 양쪽에 수위가 다른 물이 있다. 벽면에 붙인 오리피스를 통하여 수위가 높은 쪽에서 낮은 쪽으로 물이 유출되고 있다.

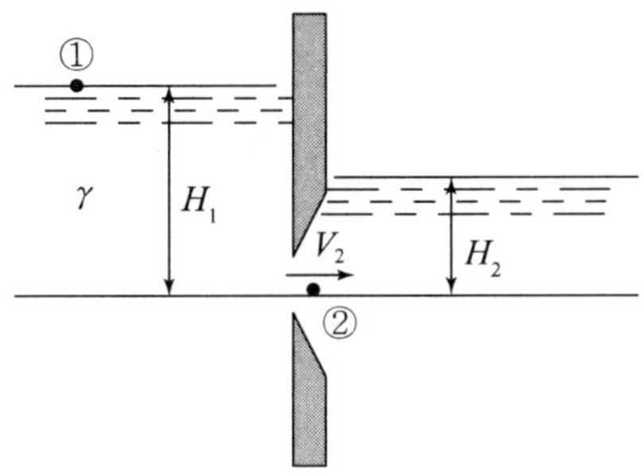

[그림 10.7] 오리피스관

이때 속도 V_2는 ①점과 ②점에 대해서 베르누이방정식을 적용하면

$$\frac{P_1}{\gamma} + \frac{V_1^2}{2g} + Z_1 = \frac{P_2}{\gamma} + \frac{V_2^2}{2g} + Z_2$$

에서 $P_1 = 0$, $P_2 = \gamma Z_2$, $V_1 = 0$, $Z_2 = 0$이므로

$$0 + 0 + H_1 = \frac{\gamma H_2}{\gamma} + \frac{v_2^2}{2g} + 0$$

$$\therefore \ V_2 = \sqrt{2g(H_1 - H_2)}$$

양쪽 수위의 차($H_1 - H_2$)가 클수록 유속은 빠르고, 차이가 없으면 흐르지 않는다.

3) 벤투리관(Venturi tube)

압력에너지의 일부를 속도에너지로 변화시켜 유체의 유량을 측정하기 위해 사용되는 관을 말한다. 유체의 흐름을 측정하기 위해 관의 내부에 작은 병목 부분이 있는 관으로서 그 부분을 경계로 양쪽의 압력차를 이용하여 베르누이의 정리를 통해 양쪽의 유량을 계산할 수 있도록 만든 관이다. 이탈리아 조반니 바트스타 벤투리에 의해 만들어진 이 벤투리관은 그의 이름에 따라 벤투리관으로 명명되었다.

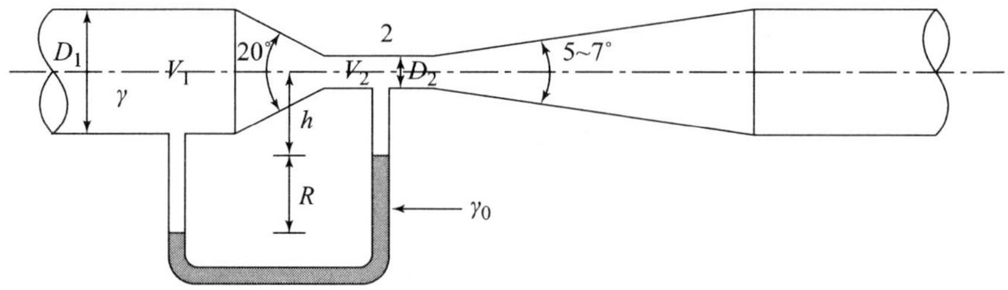

[그림 10.8] 벤투리관

$$\frac{P_1}{\gamma}+\frac{V_1^2}{2g}+Z_1=\frac{P_2}{\gamma}+\frac{V_2^2}{2g}+Z_2$$

에서 수두에 높이차가 없으므로

$$Z_1-Z_2=h=0$$

$$\frac{P_1}{\gamma}+\frac{V_1^2}{2g}=\frac{P_2}{\gamma}+\frac{V_2^2}{2g}$$

이 된다.

여기서, $Q=A_1V_1=A_2V_2$ 이고, 이때 속도 V_2 는

$$V_2=\frac{1}{\sqrt{1-\left(\frac{A_2}{A_1}\right)^2}}\sqrt{2g\left(\frac{P_1-P_2}{\gamma}\right)}$$

이 되며, 직경 D로 풀 경우

$$V_2=\frac{1}{\sqrt{1-\left(\frac{D_2}{D_1}\right)^4}}\sqrt{2g\left(\frac{P_1-P_2}{\gamma}\right)}$$

또는

$$V_2=\frac{1}{\sqrt{1-\left(\frac{D_2}{D_1}\right)^4}}\sqrt{2gR\left(\frac{\gamma_0}{\gamma}-1\right)}\ (\mathrm{m/s})$$

이 된다.

결국 유량 $Q = A_2 V_2 = \dfrac{A_2}{\sqrt{1-\left(\dfrac{A_2}{A_1}\right)^2}} \sqrt{2g\left(\dfrac{P_1 - P_2}{\gamma}\right)}$

로 구할 수 있다.

4) 피토관(Pitot tube)

동압을 측정하는 속도 계측 기기이다.

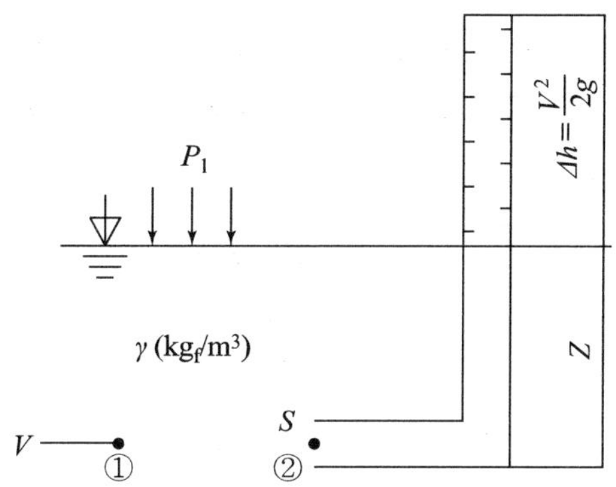

[그림 10.9] 피토관

총압을 $P_s = P_1 + \dfrac{\gamma V^2}{2g}$

여기서, P_1 : 정압(kg$_f$/cm^2)

$\dfrac{\gamma V_1^2}{2g}$: 동압(kg$_f$/cm^2)

P_s : 총압(=정체점 압력)

이다. 속도는 $V = \sqrt{2g\Delta h}$ 이다.

5) 동력(Power)

$P = \gamma QH$ (kg$_f$ · m/s)$= \dfrac{\gamma QH}{75}$ (PS) $= \dfrac{\gamma QH}{102}$ (kW)

단, $H = \dfrac{P}{\gamma} + \dfrac{V^2}{2g} + Z$ 전두수(m)이다.

연습문제

1. 흐르는 물의 속도가 3 m/s일 때 속도수두(m)는 얼마인가?

풀이 속도수두 $= \dfrac{V^2}{2g} = \dfrac{3^2}{2\times 9.8} = 0.46\,\mathrm{m}$

2. 그림에서 원통형 탱크의 지름이 30 cm이고, 수면하 46 cm인 지점에 연결된 지름이 2 cm인 원관을 3 m/s의 속도로 물이 유출되고 있다. 탱크의 수면은 얼마의 속도(m/s)로 강하하겠는가?

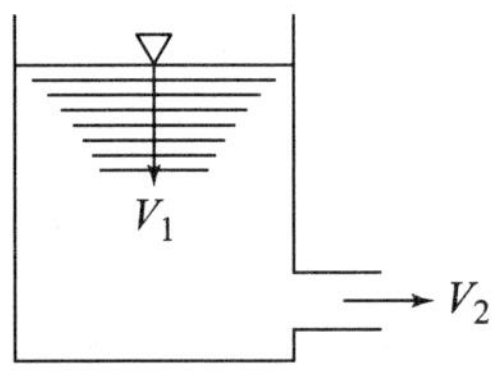

풀이 $Q = A_1 V_1 = A_2 V_2$에서 $\dfrac{\pi\times 0.3^2}{4}\times V_1 = \dfrac{\pi\times 0.02^2}{4}\times 3$

$\therefore\ V_1 = 1.33\times 10^{-2}\,\mathrm{m/s}$

3. 그림에서 손실을 무시한다고 가정했을 때, 유량(m^3/s)은 얼마인가? (단, 기름의 비중은 0.75이다.)

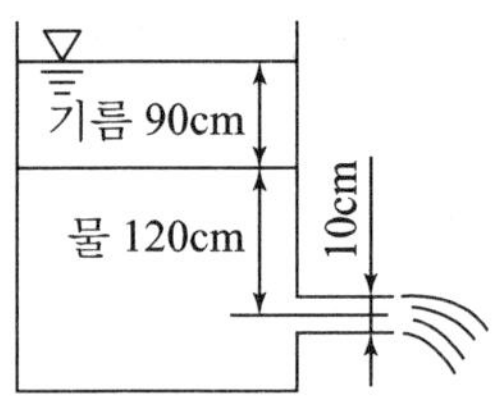

풀이 $h = 0.75\times 0.9 + 1\times 1.2 = 1.875\,\mathrm{m}$

$\therefore\ V = \sqrt{2gh} = \sqrt{2\times 9.8\times 1.875} = 6.062\,\mathrm{m/s}$

결국, 유량 $Q = AV = \dfrac{\pi\times 0.1^2}{4}\times 6.062 = 0.0476\,\mathrm{m^3/s}$

4. 직각으로 된 유리관을 흐르는 물에 그림과 같이 놓았을 때 올라온 수면의 높이 AB가 10 cm이다. 흐르는 물의 속도는 몇 m/s인가?

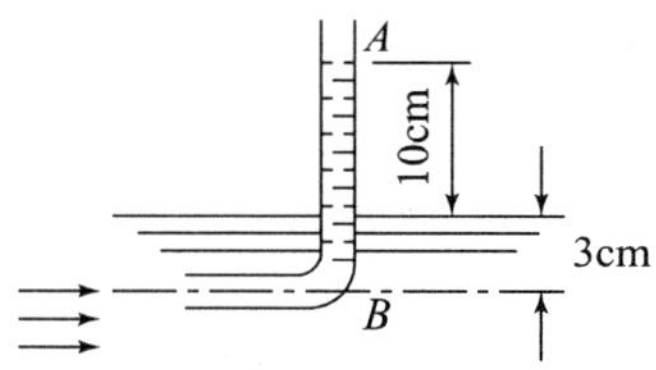

풀이 $V = \sqrt{2g\Delta h} = \sqrt{2 \times 9.8 \times 0.1} = 1.4\,\mathrm{m/s}$

5. 그림과 같이 물이 위에서 아래로 2 m/s의 속도로 흐르고 있다. A점과 B점에서의 압력이 같을 때 다음 원관의 지름 d(cm)는? (여러 가지 손실은 없다고 가정한다.)

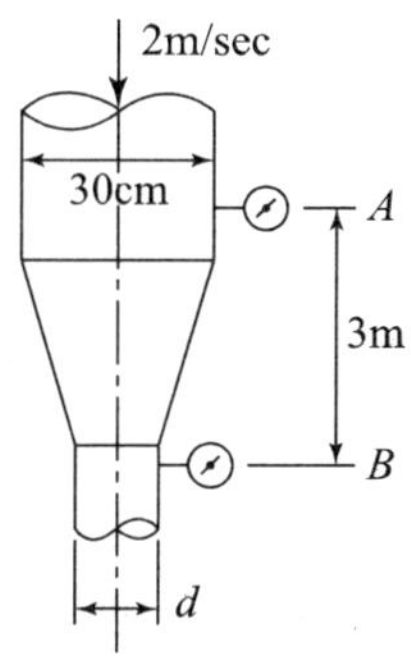

풀이

$$\frac{P_1}{\gamma} + \frac{V_1^2}{2g} + Z_1 = \frac{P_2}{\gamma} + \frac{V_2^2}{2g} + Z_2$$

$$V_2 = \sqrt{2g\left(\frac{V_1^2}{2g} + h\right)} = \sqrt{2 \times 9.8\left(\frac{2^2}{2 \times 9.8} + 3\right)} = 7.92\,\mathrm{m/s}$$

결국 유량 $Q = A_1 V_1 = A_2 V_2$에서

$$\frac{\pi \times 0.3^2}{4} \times 2 = \frac{\pi d^2}{4} \times 7.92$$

$d = 0.15\,\mathrm{m} = 15\,\mathrm{cm}$

6. 다음 그림에서 h_2는 약 몇 cm인가?

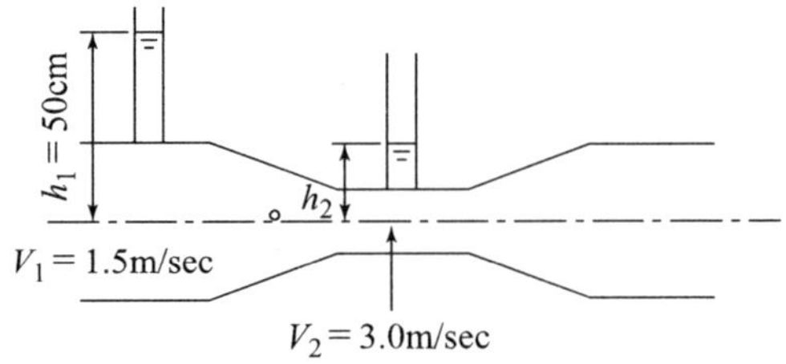

풀이

$$\frac{P_1}{\gamma}+\frac{V_1^2}{2g}+Z_1=\frac{P_2}{\gamma}+\frac{V_2^2}{2g}+Z_2 \text{에서 } Z_1=Z_2\text{이므로}$$

$$\frac{P_1}{\gamma}+\frac{V_1^2}{2g}=\frac{P_2}{\gamma}+\frac{V_2^2}{2g}$$

또한 $\frac{\gamma h_1}{\gamma}+\frac{V_1^2}{2g}=\frac{\gamma h_2}{\gamma}+\frac{V_2^2}{2g}$ 이므로

$$h_1+\frac{V_1^2}{2g}=h_2+\frac{V_2^2}{2g}$$

$$0.5+\frac{1.5^2}{2\times 9.8}=h_2+\frac{3^2}{2\times 9.8}$$

$$\therefore\ h_2=0.1556\,\text{m}=15.56\,\text{cm}$$

7. 300 kg_f/s의 물이 그림과 같은 확대축소관(벤투리미터)을 통하여 흐르고 있다. 1, 2단면의 지름은 각각 15 cm, 10 cm이다. 지금 1, 2점에서의 압력차가 0.2 kg_f/cm^2일 때, 이 벤투리미터를 흐르는 유량(m^3/s)은 얼마인가? 이 벤투리미터에는 비중이 0.9인 기름이 흐르고 있다.

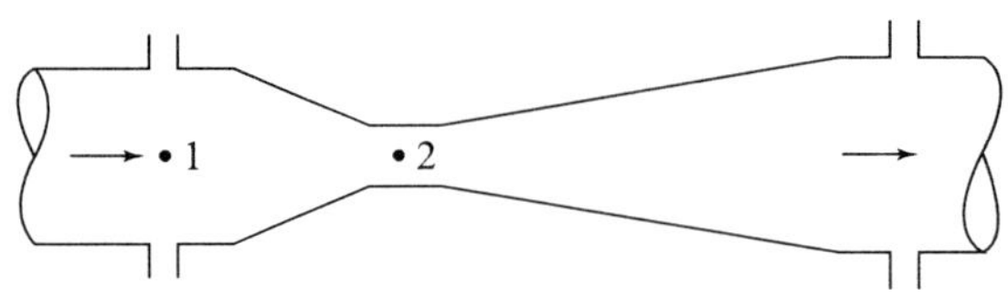

풀이

연속방정식으로부터 $A_1V_1=A_2V_2$

즉, $\frac{\pi(0.15)^2}{4}V_1=\frac{\pi(0.1)^2}{4}V_2$

1, 2점에 베르누이방정식을 적용시키면

$$\frac{V_1^{\ 2}}{2g}+\frac{P_1}{\gamma}=\frac{V_2^{\ 2}}{2g}+\frac{P_2}{\gamma}\ (Z_1=Z_2\text{이다.})$$

$$\therefore\frac{P_1-P_2}{\gamma}=\frac{V_2^{\ 2}}{2g}-\frac{V_1^{\ 2}}{2g}\text{에서}$$

$$\frac{0.2\times10^4}{1{,}000\times0.9}=\frac{Q^2}{\pi^2}\frac{1}{2g}(400^2-177.78^2)$$

$$\therefore\ Q=0.0579\,\mathrm{m^3/s}$$

8. 그림과 같은 사이펀에 물이 흐르고 있다. 1, 3점 사이에서의 손실수두 H_L(m)의 값을 계산하여라. 이 사이펀에서의 유량은 0.08 m³/s이다($H_L=K\dfrac{V_3^{\ 2}}{2g}$).

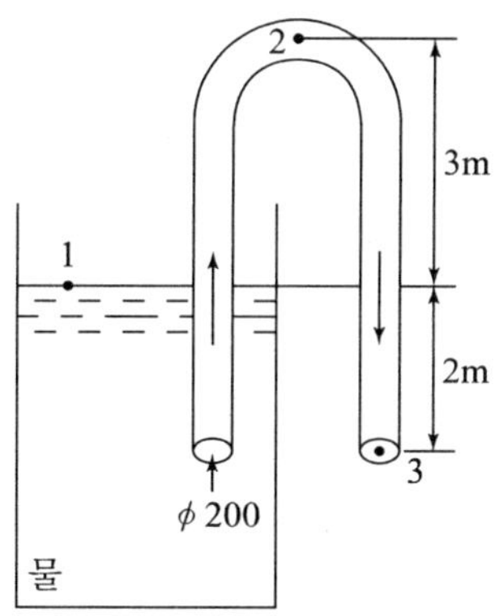

풀이

1, 3점에 대하여 베르누이방정식을 적용시키면

$$\frac{V_1^2}{2g}+\frac{P_1}{\gamma}+Z_1=\frac{V_3^{\ 2}}{2g}+\frac{P_3}{\gamma}+Z_3+H_L$$

$$0+0+2=\frac{V_3^{\ 2}}{2g}+0+0+K\frac{V_3^{\ 2}}{2g}$$

그런데 $V_3=\dfrac{Q}{A}=\dfrac{0.08}{\pi\times0.1^2}=2.55\,\mathrm{m/s}$

따라서 $2=\dfrac{2.55^2}{2\times9.8}+K\dfrac{2.55^2}{2\times9.8}$

$$\therefore\ K=5.029$$

$$\therefore\ H_L=K\frac{V_3^{\ 2}}{2g}=1.668\,\mathrm{m}$$

9. 그림과 같이 축소된 통로에 물이 흐르고 있다. 두 압력계의 읽음이 같게 되는 지름(cm)은 얼마인가?

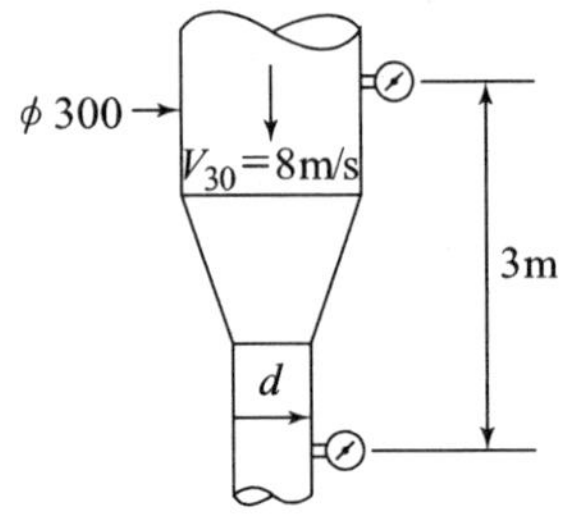

풀이 두 점에 대하여 베르누이방정식을 적용시키면

$$\frac{8^2}{2g}+\frac{P_1}{\gamma}+3=\frac{{V_2}^2}{2g}+\frac{P^2}{\gamma}+0$$

문제에서 $\frac{P_1}{\gamma}=\frac{P_2}{\gamma}$의 조건이므로

$${V_2}^2=64+3\times2\times9.8=122.8,\quad V_2=11.08\ (\mathrm{m/s})$$

연속방정식으로부터

$$Q=A_1V_1=A_2V_2=\frac{\pi}{4}\times0.3^2\times8=\frac{\pi}{4}d^2\times11.08$$

$$\therefore\ d^2=\frac{8\times0.09}{11.08}=0.065$$

$$\therefore\ d=25.5\,\mathrm{cm}$$

10. 그림에서 물이 1에서 2의 방향으로 흐르고 있다. 지금 단면 1에서의 압력과 유속을 3 $\mathrm{kg_f/cm^2}$, 3 m/s라고 할 때, 단면 2에서의 압력($\mathrm{kg_f/cm^2}$)과 유속(m/s)은 얼마인가? (단, 단면의 유동마찰손실은 무시한다.)

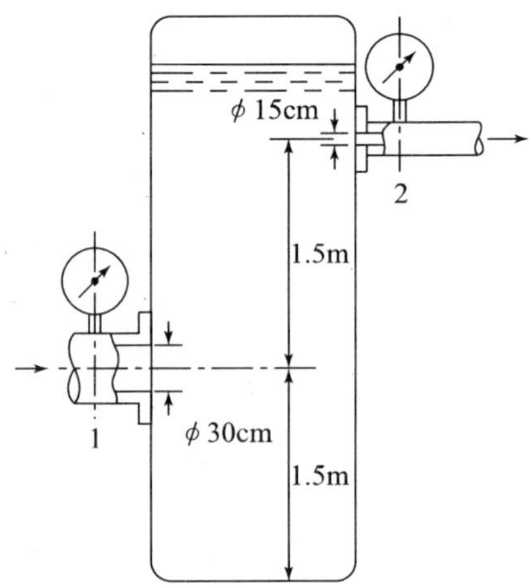

풀이 연속방정식으로부터

$$V_2 = V_1 \frac{A_1}{A_2} = V_1 \left(\frac{d_1}{d_2}\right)^2 = 3 \times \left(\frac{0.3}{0.15}\right)^2 = 12\,\mathrm{m/s}$$

1, 2점에 대하여 베르누이방정식을 세우면

$$\frac{V_1^{\ 2}}{2g} + \frac{P_1}{\gamma} + Z_1 = \frac{V_2^{\ 2}}{2g} + \frac{P_2}{\gamma} + Z_2$$

$$\frac{(3)^2}{2 \times 9.8} + \frac{3 \times 10^4}{1{,}000} + 0 = \frac{(12)^2}{2 \times 9.8} + \frac{P_2}{1{,}000} + 1.5$$

$$\therefore\ P_2 = 3 \times 10^4 + \frac{1{,}000}{2 \times 9.8}(3^2 - 12^2) - 1{,}000 \times 1.5$$

$$= 21{,}612\,\mathrm{kg_f/m^2} = 2.1612\,\mathrm{kg_f/cm^2}$$

11. 그림에서와 같이 양쪽의 수위가 다른 저수지를 벽으로 차단하고 있다. 지금 이 벽의 오리피스를 통하여 ①에서 ②로 물이 흐르고 있을 때, 유속도 V_2 (m/s)는 얼마인가?

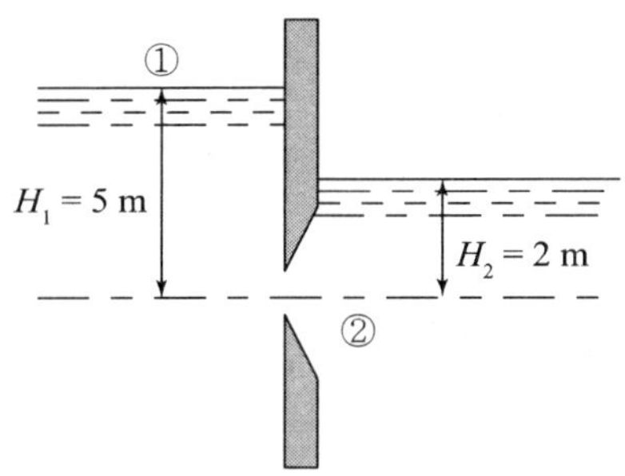

풀이 $V_2 = \sqrt{2g(H_1 - H_2)} = \sqrt{2 \times 9.8 \times (5-2)} = 7.67\,(\mathrm{m/s})$

12. 벤투리관을 이용하여 유량을 측정하고 있다. 여기에 설치된 입구와 목 사이의 압력차는 90 cm의 수주로 나타났다. 벤투리관의 입구지름이 10 cm, 목의 지름이 5 cm일 때 유량($\mathrm{m^3/s}$)은 얼마인가? (단, 유량계수 C=0.98이다.)

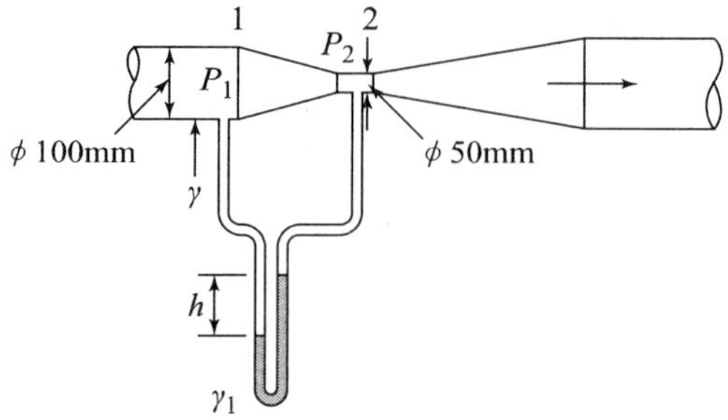

풀이 입구와 목에 대하여 베르누이방정식과 연속방정식을 각각 적용하면,

$$\frac{V_1^{\ 2}}{2g}+\frac{P_1}{\gamma}+Z_1=\frac{V_2^{\ 2}}{2g}+\frac{P_2}{\gamma}+Z_2, \quad V_1A_1=V_2A_2$$

여기서, $Z_1=Z_2$이므로

$$\frac{P_1-P_2}{\gamma}=0.90=\frac{(V_2^{\ 2}-V_1^{\ 2})}{2g}=\frac{V_2^{\ 2}}{2g}\left\{1-\left(\frac{A_2}{A_1}\right)^2\right\}$$

$$\therefore\ 0.90=\frac{V_2^{\ 2}}{2\times 9.8}\left\{1-\left(\frac{d_2}{d_1}\right)^4\right\}$$

$$V_2=\sqrt{\frac{0.90\times 2\times 9.8}{1-\left(\frac{5}{10}\right)^4}}=4.34\ \mathrm{m/s}$$

$$\therefore\ Q=CA_2V_2=0.98\times\frac{\pi\times 0.05^2}{4}\times 4.34=8.35\times 10^{-3}\mathrm{m^3/s}$$

13. 그림의 1, 2 단면의 안지름이 각각 20 cm, 70 cm인 벤투리미터를 보여주고 있다. 목에서의 압력이 그림에서와 같이 1,000 $\mathrm{kg_f/m^2}$(9,800 Pa)의 진공압력을 나타내고 있을 때 출구에서의 유속(m/s)은 얼마인가? (단, 물이 흐르고 있으며, 마찰손실이 없는 것으로 가정하여라.)

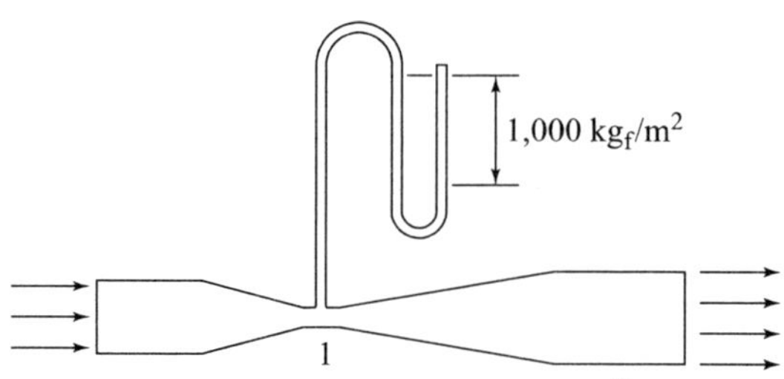

풀이 1, 2단면에 대한 베르누이방정식에서

$$\frac{V_1^{\ 2}}{2g}+\frac{P_1}{\gamma}+Z_1=\frac{V_2^{\ 2}}{2g}+\frac{P_2}{\gamma}+Z_2$$

여기서 $Z_1=Z_2$, $\frac{P_2-P_1}{\gamma}=\frac{1,000}{1,000}=1$

$$\therefore V_1=\frac{1}{\sqrt{1-\left(\frac{A_2}{A_1}\right)^2}}\sqrt{2g\times\left(\frac{P_2-P_1}{\gamma}\right)}$$

$$=\frac{1}{\sqrt{1-\left(\frac{2}{7}\right)^4}}\sqrt{2\times 9.8\times 1}=4.442\,\mathrm{m/s}$$

$$\therefore\ V_2=V_1\times\left(\frac{d_1}{d_2}\right)^2=0.360\,\mathrm{m/s}$$

14. 그림과 같은 사이펀에서 유량이 $6.0\,\mathrm{m^3/min}$일 때, 이 사이펀에서 손실수두(m)는 얼마인가?

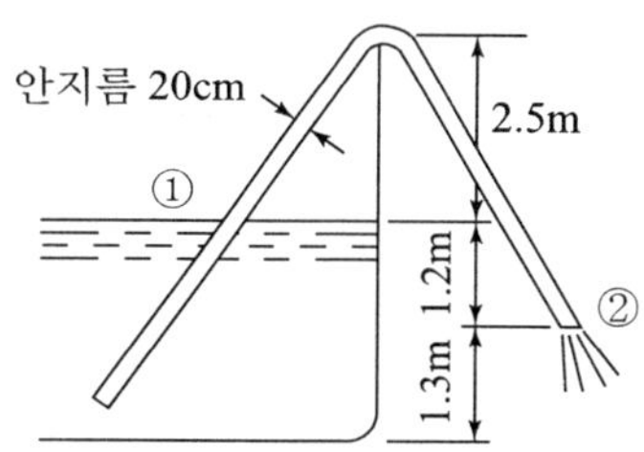

풀이 1, 2점에 대하여 베르누이방정식을 대입하면

$$\frac{V_1^{\ 2}}{2g}+\frac{P_1}{\gamma}+Z_1=\frac{V_2^{\ 2}}{2g}+\frac{P_2}{\gamma}+Z_2+H_L$$

여기서 $V_1=0$, $Z_1=0$, $Z_2=-1.2$, $P_1=P_2=0$을 대입하면

$$V_2=\frac{6.0}{\pi\times 0.1^2}\times 60=3.18\,\mathrm{m}\text{ 이므로}$$

$$0+0+0=\frac{(3.18)^2}{2\times 9.8}+0-1.2+H_L$$

$$\therefore\ H_L=0.684\,\mathrm{m}$$

15. 관내를 흐르는 물의 유속을 측정하기 위하여 피토관으로 측정하니 $\Delta H = 0.03$ mHg 이었다. 수은의 비중량이 13600 kgf/m³이라면 물의 속도는 얼마인가?

풀이

$$V = \sqrt{2g\Delta H} = \sqrt{2g\left(\frac{\Delta P}{\gamma}\right)}$$

$$= \sqrt{2g\left(\frac{\gamma_{Hg} - \gamma_{H_2O}}{\gamma_{H_2O}}\right)h} = \sqrt{2gh\left(\frac{\gamma_{Hg}}{\gamma_{H_2O}} - 1\right)} = \sqrt{2gh\left(\frac{S_{Hg}}{S_{H_2O}} - 1\right)}$$

$$= \sqrt{2 \times 9.8 \times 0.03 \times \left(\frac{13.6}{1} - 1\right)} = 2.72\,\text{m/sec}$$

16. 수평면과 30° 경사를 갖는 지름 250 mm인 원관으로부터 상방향으로 유출하는 물 제트의 유출 속도가 9.8 m/s라고 한다면 출구로부터의 물제트의 최고 수직 상승 높이는 몇 m인가? (단, 공기의 저항은 무시한다.)

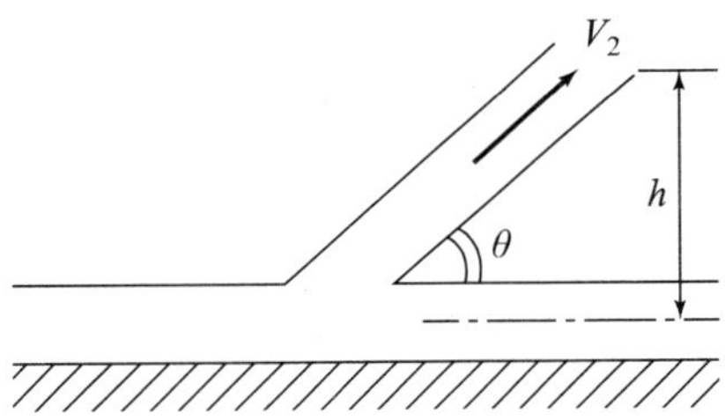

풀이

$V = \sqrt{2gh}$ 에서

$h = \dfrac{{V_2}^2}{2g}$ 꼴에서

결국 $h = \dfrac{(V_2 \sin\theta)^2}{2g} = \dfrac{(9.8 \times \sin 30°)^2}{2 \times 9.8} = 1.225\,\text{m}$

17. 다음과 같은 사이펀(siphon)에서 흐를 수 있는 유량은 몇 m³/h인가?

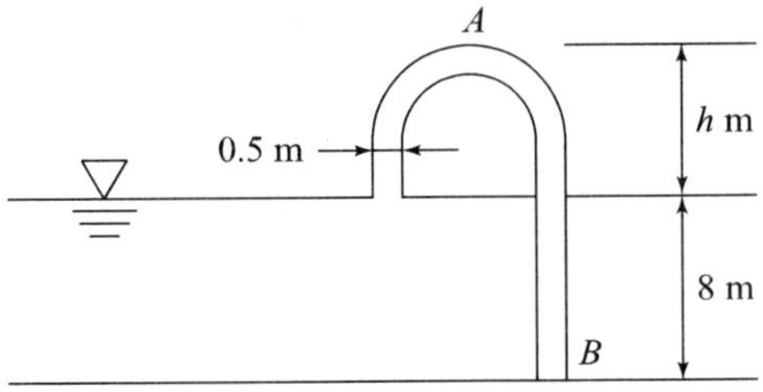

풀이 $Q = AV = A\sqrt{2gh} = \dfrac{\pi \times 0.5^2}{4} \times \sqrt{2 \times 9.8 \times 8}$

$= 2.46\,\text{m}^3/\text{sec} = 8856\,\text{m}^3/\text{h}$

18. 직경 10 cm와 20 cm 관으로 구성된 관로에 물이 흐르고 있다. 10 cm 관에서의 평균 속도가 3 m/sec일 때 20 cm 관에서의 평균 속도(m/s)는 얼마 정도인가?

풀이 연속방정식 $Q = A_1 V_2 = A_2 V_2$ 에서

$\dfrac{\pi \times 0.1^2}{4} \times 3 = \dfrac{\pi \times 0.2^2}{4} \times V_2$

결국 $V_2 = 0.75\,\text{m/sec}$

19. 공기가 아음속으로 풍동 내를 흐르고 있다. 밀도가 ρ_1인 점에서 속도는 50 m/s이다. 단면적이 앞의 점보다 1/3 되는 점에서 밀도가 $(1/2)\rho_1$일 때 유속은?

풀이 질량유량 $\dot{M} = \rho A V = C$에서

$\rho_1 A_1 V_1 = \rho_2 A_2 V_2$

$\rho_1 A_1 \times 50 = \dfrac{1}{2}\rho_1 \times \dfrac{1}{3} A_1 V_2$

결국, $V_2 = 300\,\text{m/sec}$

20. 그림과 같은 사이펀(siphon)에서 흐를 수 있는 유량은 약 몇 L/min인가? (단, 관의 안지름은 5 cm이다. 관로 손실은 없다.)

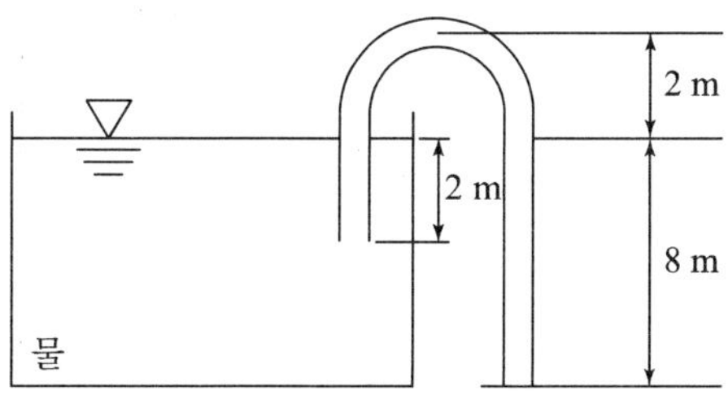

풀이 $Q = AV = A\sqrt{2gh} = \dfrac{\pi \times 0.05^2}{4} \times \sqrt{2 \times 9.8 \times 8}$

$= 0.025\,\text{m}^3/\text{sec} = 1500\,\text{L/min}$

21. 공기가 평균 속도 3 m/s, 압력 276 kN/m^2 abs 및 온도 10℃에서 75 mm, 관로를 통하여 등온적으로 흐르고 있다. 만약 압력이 마찰에 의해서 손실될 때 압력이 103.5 kN/m^2 abs인 곳에서의 평균 속도는 얼마인가?

풀이

등온 : $T = C$

$\gamma_1 A_1 V_1 = \gamma_2 A_2 V_2$ 에서 $(A_1 = A_2)$

$$\frac{P_1}{h} V_1 = \frac{P_2}{h} V_2$$

$\therefore\ P_1 V_1 = P_2 V_2$

결국 $276 \times 3 = 103.5 \times V_2$

$\therefore\ V_2 = 8\,\text{m/sec}$

22. 안지름 30 cm의 수평관 속을 물이 평균 유속 3 m/sec로 흐르고 있다. 어느 단면에서 계측한 정압이 수주 120 mm이었다. 이 단면을 통과하는 물의 동력은 몇 kg$_f$ · m/sec 인가?

풀이

$$H = \frac{P}{\gamma} + \frac{V^2}{2g} + Z = \frac{120}{1000} + \frac{3^2}{2 \times 9.8} + 0 = 0.579\,\text{m}$$

$$\therefore\ 동력\ P = \gamma QH = 1000 \times \frac{\pi}{4} \times 0.3^2 \times 3 \times 0.579$$

$$= 122.78\,\text{kg}_\text{f} \cdot \text{m/sec}$$

23. 그림과 같이 유체가 흐를 때 출구 ③을 통하여 흘러 들어오는 유량은 얼마인가?

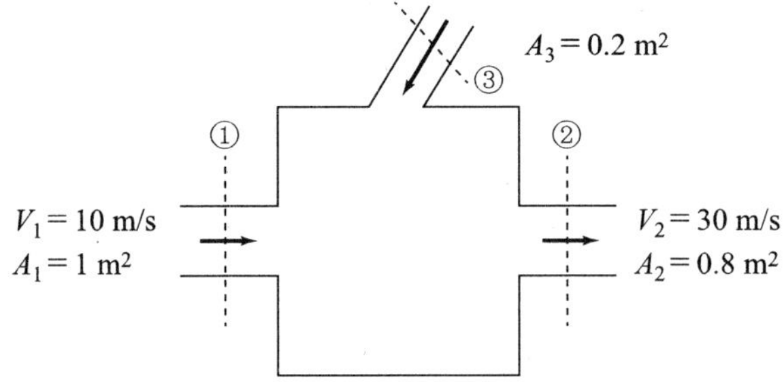

풀이

연속방정식에서 $Q = AV$를 적용하면 $Q_1 + Q_3 = Q_2$

$\therefore Q_3 = Q_2 - Q_1 = A_2 V_2 - A_1 V_1 = (0.8 \times 30) - (1 \times 10) = 14\,\text{m}^3/\text{sec}$

24. 원유가 그림과 같은 관로를 흐르고 A에서의 속도가 2.4 m/s이면, 개관(開管)에 있어서의 원유의 높이(m)는?

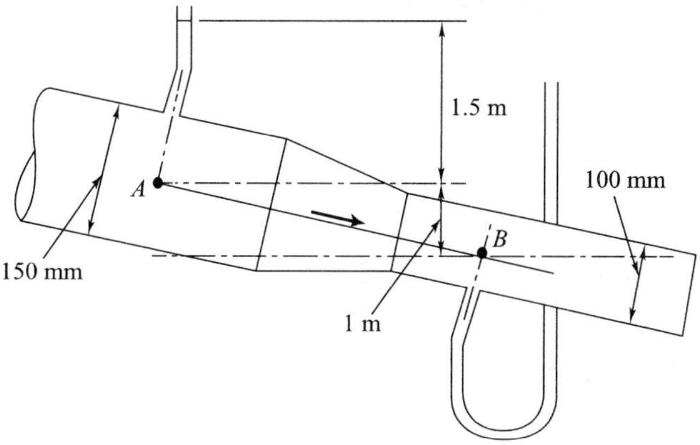

풀이

연속방정식 $Q = AV$ 에서 $V_A A_A = V_B A_B$

$\therefore\ V_B = 2.4 \times 0.15^2 / 0.1^2 = 5.4\,\text{m/s}$

원유의 높이는 압력수두 $\dfrac{P_B}{\gamma}$ 이므로

$$\frac{P_A}{\gamma} + \frac{{V_A}^2}{2g} + Z_A = \frac{P_B}{\gamma} + \frac{{V_B}^2}{2g} + Z_B$$

$$1.5 + \frac{2.4^2}{2 \times 9.8} + 1 = \frac{P_B}{\gamma} + \frac{5.4^2}{2 \times 9.8} + 0$$

$$\therefore\ \frac{P_B}{\gamma} = 1.3\,\text{m}$$

11. 유체의 운동량

운동량은 물체의 질량과 속력, 운동방향을 나타내므로 운동상태에 대해 알려준다. 여러 개의 물체로 이루어진 계의 운동량은 각각의 물체의 운동량의 벡터합으로 나타난다.

운동의 제2법칙에 따르면 힘 F는 질량 m과 가속도 a의 곱으로 나타난다. 이때 가속도는 속도 v를 시간으로 미분하여 얻을 수 있으므로 $a = dv/dt$이다. 그러므로 $F = ma = m(dv/dt) = d(mv)/dt = dp/dt$이고, 힘은 운동량의 시간변화율과 같다는 것을 알 수 있다. 따라서 힘이 작용하지 않으면 운동량은 보존된다.

11.1 운동량과 역적

1) 운동량

$$mV = 질량 \times 속도 = \text{kg} \cdot \text{m/s} = [\text{MLT}^{-1}]$$

2) 역적

날아온 볼이 벽에 맞아서 역방향으로 되튀어 날아갈 때 볼의 운동량은 큰 변화를 받는다. 이 변화는 볼이 벽에서 받은 타격의 크기에 좌우된다. 이처럼 운동량의 변화를 일으키는 타격의 크기는 [물체에 작용한 힘의 크기] × [그 힘이 작용하는 시간]으로 표시되고 이것을 역적 또는 충격량(impulse)이라고도 하며, 역적은 운동량의 변화량과 같다.

$$F\Delta t = m\Delta V = m(V_2 - V_1)\,(\text{kg} \cdot \text{m/s})$$

3) 유체의 운동량 방정식

유체의 운동량 방정식은

① 유동단면에서 유속은 일정하다.
② 정상유동이다.

라는 가정에 있어서 운동하고 있는 모든 유체에 적용 가능하다.

$$\sum F = \rho Q(V_2 - V_1) \qquad \sum F_x = \rho Q(V_{x2} - V_{x1}) = ma_x$$

$$\sum F_y = \rho Q(V_{y2} - V_{y1}) = ma_y$$

11.2 운동량 방정식 응용

1) 굽은 관

유체가 굽은 관에 정상상태의 물이 흐르고 있을 때, 굽은 관에 작용되는 힘을 계산해보면,

$$F_x = P_1 A_1 \cos\theta_1 - P_2 A_2 \cos\theta_2 + \rho Q(V_1 \cos\theta_1 - V_2 \cos\theta_2)$$

$$-F_y = P_1 A_1 \sin\theta_1 - P_2 A_2 \sin\theta_2 + \rho Q(V_1 \sin\theta_1 - V_2 \sin\theta_2)$$

결국, 합성력 $F = \sqrt{F_x^2 + F_y^2}$ (kg_f)이 된다.

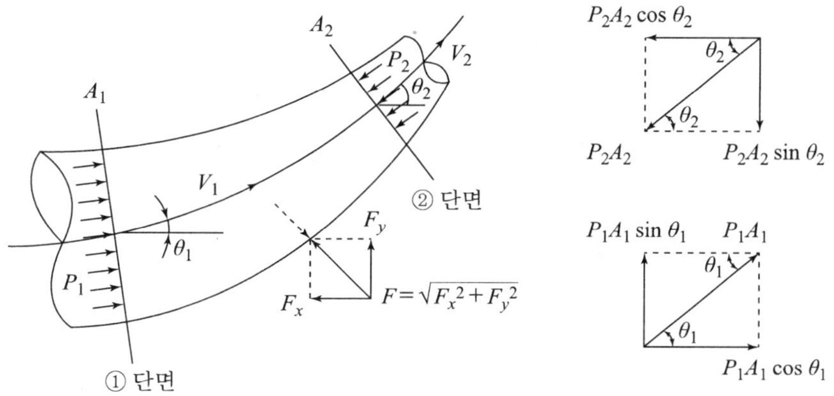

[그림 11.1] 운동량 방정식

곧은 관의 경우 $\theta_1 = \theta_2 = 0$이므로

$\cos\theta_1 = \cos\theta_2 = 1$, $\sin\theta_1 = \sin\theta_2 = 0$이기에

$F = P_1A_1 - P_2A_2 + \rho Q(V_1 - V_2)$가 된다.

(1) 날개(Vane)

① 고정날개

$$F_x = \rho QV(1-\cos\theta) = \rho A V^2(1-\cos\theta)$$

단, 유량 $Q = AV$ (분류의 단면적 × 절대속도)

$$F_y = \rho QV(\sin\theta) = \rho A V^2(\sin\theta)$$

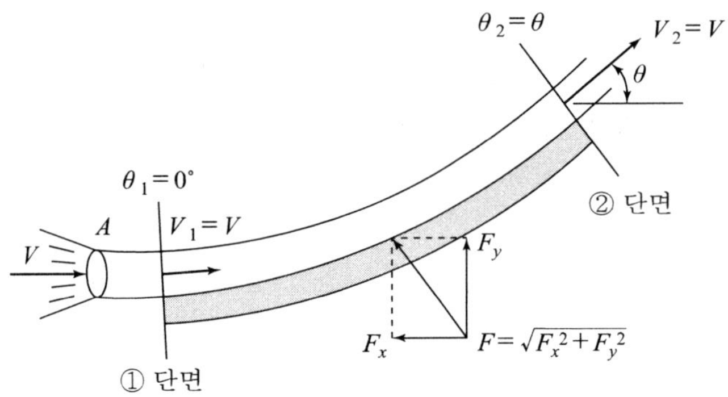

[그림 11.2] 고정날개

② 이동날개

$$F_x = \rho Q(V-u)(1-\cos\theta) = \rho A(V-u)^2(1-\cos\theta)$$

단, 유량 $Q = A(V-u)$ (분류의 단면적 × 상대속도)

여기서, θ : 날개각

V : 물 분류속도

또한 이동날개에서 깃(Vane) 출구의 절대속도 성분은

$$V_{x2} = (V-u)\cos\theta + u$$

$$V_{y2} = (V-u)\sin\theta$$

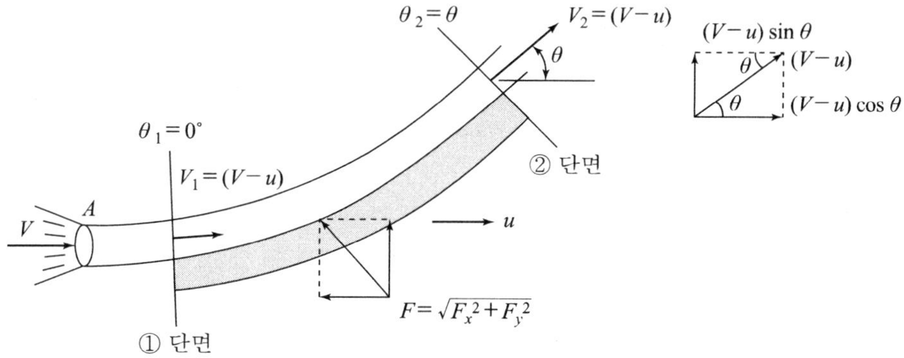

[그림 11.3] 이동날개

(2) 평판

① 고정평판

$F=\rho QV=\rho AV^2$

단, $Q=AV$ (분류의 단면적 × 절대속도)

② 이동평판

$F=\rho Q(V-u)=\rho A(V-u)^2$

단, $Q=A(V-u)$ (분류의 단면적 × 상대속도)

또한, 동력 $P=F_x\cdot u\ (\mathrm{kg_f\cdot m/s})$

$$=\frac{F_x\cdot u}{75}\ (\mathrm{PS})$$

$$=\frac{F_x\cdot u}{102}\ (\mathrm{kW})$$

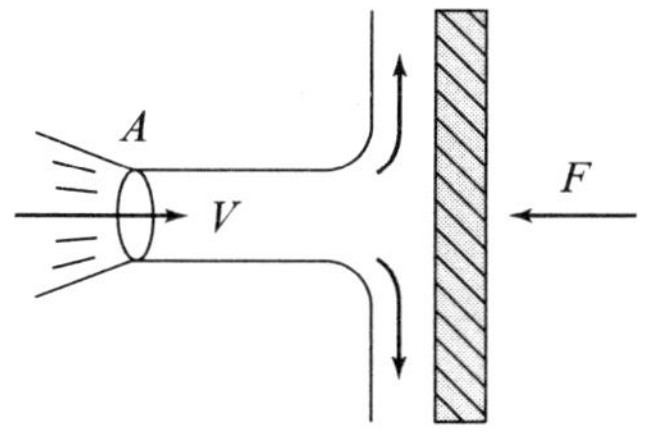

[그림 11.4] 고정평판

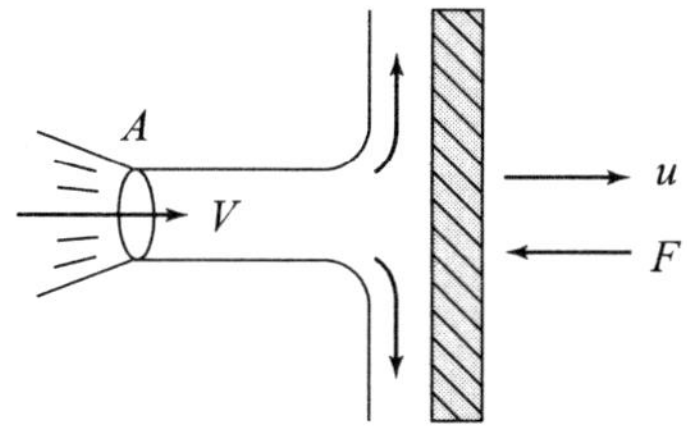

[그림 11.5] 이동평판

2) 프로펠러

프로펠러는 유체에다 기계적인 일을 공급하는 기구로 유체에 유입된 유체를 가속시켜서 추진력을 얻어내는 기관이다.

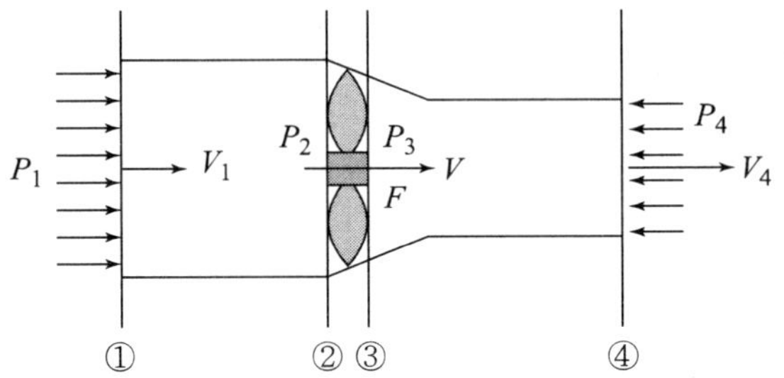

여기서, V_1 : 유입속도(전진속도)
V_4 : 유출속도(가속된 속도)
V : 프로펠러를 통과하는 평균 속도
F : 프로펠러의 추진력

[그림 11.6] 프로펠러

① 프로펠러의 추진력

$$F = (P_3 - P_2)A = \rho Q(V_4 - V_1)$$

② 프로펠러를 통과하는 평균 속도

$$V = \frac{V_4 + V_1}{2}$$

③ 프로펠러의 효율

$$\eta = \frac{\text{출력}(P_o)}{\text{입력}(P_i)} = \frac{V_1}{V}$$

여기서, 입력 : $P_i = \rho Q(V_4 - V_1)V$

출력 : $P_o = \rho Q(V_4 - V_1)V_1$

[참고]

비행기의 프로펠러 실제효율은 최적 조건하에서 이론효율과 거의 일치하여 85% 정도의 효율을 갖는다. 또한 선박의 프로펠러는 프로펠러의 지름의 제한 때문에 최대 60%의 효율에 머문다. 결국 비행기(항공기)의 프로펠러 효율이 선박의 효율보다 크다는 것을 알 수 있다.

3) 분류 추진(Jet propulsion)

분류 추진은 물체 후미에 노즐을 설치하여 분사 압력의 힘으로 추진되는 장치를 말한다.

(1) 탱크에 붙어 있는 노즐에 의한 추진

노즐의 유속 : $V = \sqrt{2gh}$

추력(=추진력) : $F = \rho QV = \rho AV^2 = 2\gamma Ah$

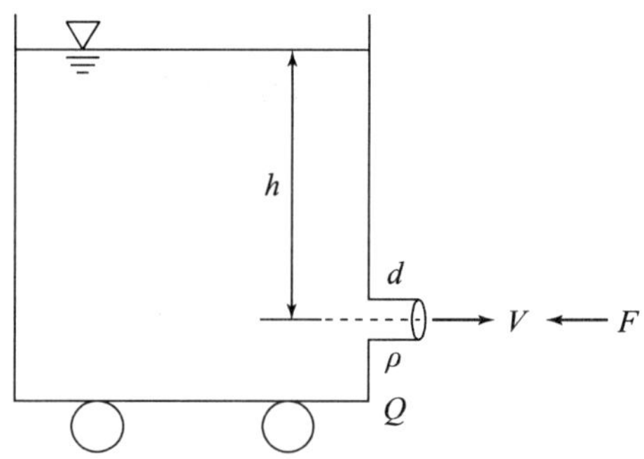

[그림 11.7] 탱크에 붙어 있는 노즐에 의한 추진

(2) 제트 추진

추력(=추진력) : $F = \rho_2 Q_2 V_2 - \rho_1 Q_1 V_1 = \dot{m}_2 V_2 - \dot{m}_1 V_1$

(N = kg · m/s^2)

여기서, $\dot{m}_1 = \rho_1 Q_1$: 유입 공기의 질량유량(kg/s)

$\dot{m}_2 = \rho_2 Q_2$: 연소 가스의 질량유량(kg/s)

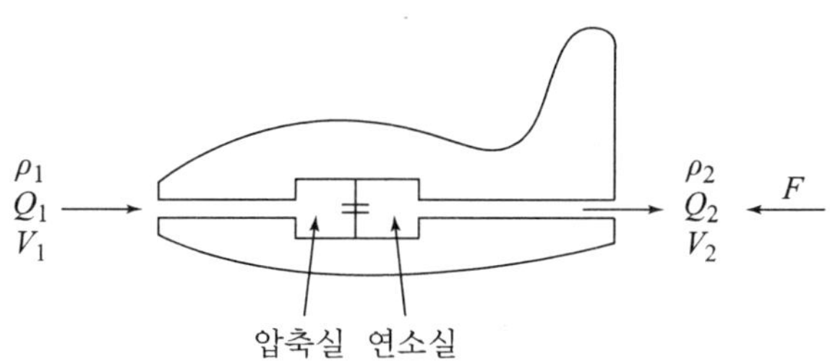

[그림 11.8] 제트 추진

(3) 로켓 추진

추력(=추진력) : $F = \rho QV = \dot{m}V$ (N)

단, $\dot{m}$: 연소 가스의 질량유량(kg/s)

V : 로켓의 속도(m/s)

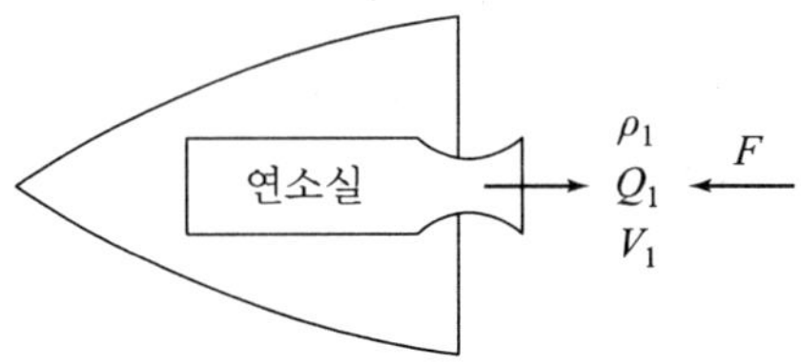

[그림 11.9] 로켓 추진

연습문제

1. 안지름이 50 mm인 수평으로 놓인 곧은 관 속에 물이 흐르고 있다. 단면 1, 2에 장치된 액주계의 읽음이 수은 2,000 mmHg일 때 관벽에 의한 마찰력(kg_f)은 얼마인가?

풀이

마찰력을 F_f라고 할 때

$P_1A - P_2A - F_f = Q\rho(V_2 - V_1)$에서 $V_2 = V_1$이므로

$F_f = A(P_1 - P_2)$

마노미터로부터 $P_1 + 1\times10^3 = P_2 + 1\times13.6\times2\times10^3$

$\therefore\ P_1 - P_2 = 10^3(27.2 - 1) = 26.2\times10^3\,kg_f/m^2$

따라서, $F_f = \dfrac{\pi}{4}\times0.05^2\times26.2\times10^3 = 51.417\,kg_f$

$\therefore\ 51.417\,kg_f$

2. 안지름이 10 m인 원관이 60°각도로 구부려졌다. 여기에 물이 3 m/s의 균일한 속도로 흐르고 있을 때 관 속의 게이지압력은 0.15 kg_f/cm^2이다. 손실을 무시할 때 만곡부가 받는 힘은 얼마인가?

풀이

운동량의 방정식에 대입하여

① x-방향

$P_1A_1 - P_2A_2\cos60° = F_x + Q\rho(V_2\cos60° - V_1)$

여기서 $P_1 = P_2 = 0.15\times10^4\,kg_f/m^2$, $V_1 = V_2 = 3\,m/s$, $A_1 = A_2$

$0.15\times10^4\times A - 0.15\times10^4\times A\times0.5 - F_x$

$= A\times3\times102(3\times0.5 - 3)$

$F_x = 9.490\,kg_f$

② y-방향

$F_y - W - P_2A_2\sin60° = Q\rho(V_2\sin60° - 0)$

여기서 $W = 0$, $P_2 = 0.15\times10^4\,kg_f/m^2$, $V_2 = 3\,m/s$

$F_y - 0.15\times10^4\times A\times0.866 = A\times3\times102(3\times0.866 - 0)$

$F_y = 16.437\,kg_f$

$F = \sqrt{(9.490)^2 + (16.437)^2} = 18.979\,kg_f$

$\therefore\ 18.979\,kg_f$

3. 그림과 같은 90° 만곡수평관에 0.5 m^3/s의 물이 흐르고 있다. 내부 압력이 2.7 kg_f/cm^2이며, 손실이 없을 때 관에 작용되는 힘 $F(kg_f)$는 얼마인가? (단, 관의 안지름은 30 cm이다.)

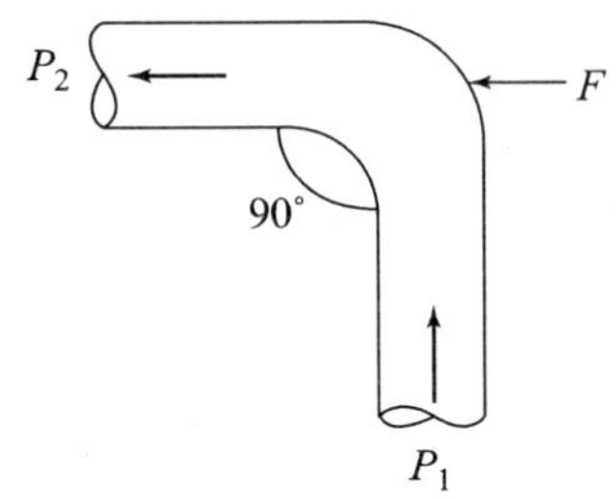

풀이

$$V = \frac{0.5}{\frac{\pi}{4} \times 0.3^2} = 7.077\,\mathrm{m/s}$$

x-방향에 대하여 $P_1 A - P_2 A \cos 90° - F_x = Q\rho(V\cos 90° - V)$

$$\therefore\ 2.7 \times 10^4 \times \frac{\pi}{4} \times (0.3)^2 - F_x = 0.5 \times 102(-7.077)$$

$$\therefore\ F_x = 2{,}269.674\,\mathrm{kg_f}$$

대칭이므로 $F_x = F_y$

$$\therefore\ F = \sqrt{(2{,}269.674)^2 + (2{,}269.674)^2} = 3{,}209.80\,\mathrm{kg_f}$$

4. 그림과 같은 수축관에 비중이 0.86인 기름이 0.425 m^3/s의 비율로 상방향으로 흐르고 있다. 46 cm 단면에서의 압력이 1.4 kg_f/cm^2일 때 30cm 단면에 걸리는 힘(kg_f)은 얼마인가? (단, 손실은 무시하라.)

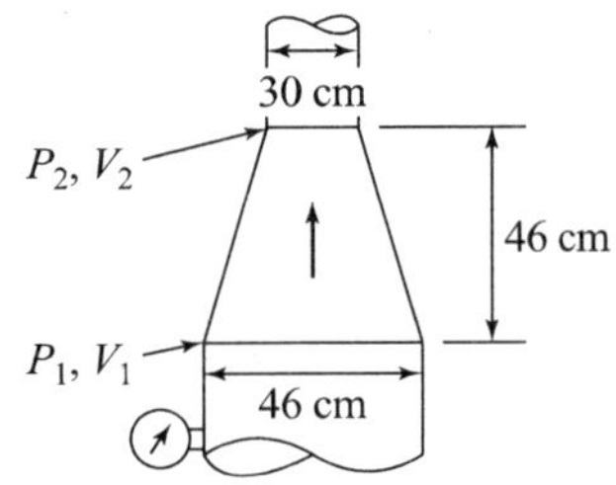

풀이

$$V_2 = \frac{0.425}{\frac{\pi}{4}(0.3)^2} = 6.016\,\mathrm{m/s}$$

$$V_1 = \frac{0.425}{\frac{\pi}{4}(0.46)^2} = 2.56\,\mathrm{m/s}$$

원추형체의 체적은

$$\text{체적} = \frac{1}{3}\left[\frac{\pi}{4}0.3^2 + \frac{\pi}{4}0.46^2 + \frac{\pi}{4}\sqrt{0.3^2 + 0.46^2}\right] \times 0.46 = 0.1024\,\mathrm{m}^3$$

베르누이방정식에 대입하면

$$\frac{1.4 \times 10^4}{0.86 \times 10^3} + \frac{V_1^2}{2g} = \frac{P_2}{0.86 \times 10^3} + \frac{V_2^2}{2g} + 0.46$$

$$P_2 = 0.86 \times 10^3 \left[\frac{2.56^2 - 6.016^2}{2 \times 9.8} + \frac{1.4 \times 10^4}{0.86 \times 10^3} - 0.46\right] = 12{,}304\,\mathrm{kg_f/m^2}$$

운동량 방정식에서

$$P_1 A_1 - P_2 A_2 - W - F_y = Q\rho(V_2 - V_1)$$

$$1.4 \times 10^4 \times \frac{\pi}{4} \times 0.46^2 - 12{,}304 \times \frac{\pi}{4} \times 0.3^2 - 0.1024 \times 10^3 \times 0.86 - F_y$$

$$= 0.425 \times 102 \times 0.86(6.016 - 2.56)$$

$$\therefore\ F_y = 1{,}239.3\,\mathrm{kg_f}$$

5. 그림과 같은 구부러진 판에 유량 10 L/s, 유속 15 m/s의 물 제트가 충돌하고 있다. 회전축에 걸리는 모멘트(kg$_f$ · m)를 계산하여라. (단, 축에서 곡판의 입구까지는 40 cm, 출구까지는 60 cm이며, 유체마찰은 무시된다.)

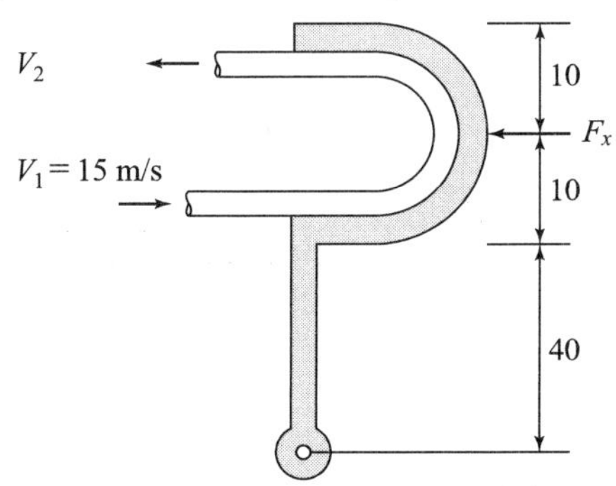

풀이 운동량의 이론에서 $P_1 = P_2 = 0,\ V_1 = V_2$

$$F_x = Q\rho(V_1 - V_2\cos 180°) = 0.01 \times 102(15 + 15) = 30.6\,\mathrm{kg_f}$$

따라서 $M = F_x \times r = 30.6 \times 0.5 = 15.3\,\mathrm{kg_f \cdot m}$

$\therefore\ 15.3\,\mathrm{kg_f \cdot m}$

6. 그림과 같은 고정날개에 물(비중 1)이 40 kg/s의 율로 분사될 때 분류에 의해 날개에 작용하는 x방향의 힘(kg_f)은? (단, 분류의 속도는 10 m/s이고 손실은 무시한다.)

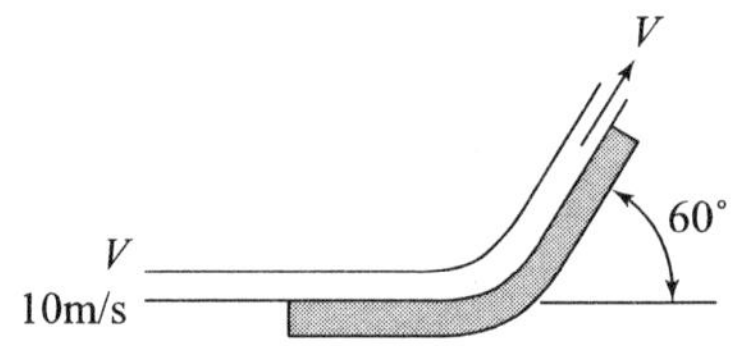

풀이

$$F = P_1A_1\cos\theta_1 - P_2A_2\cos\theta_2 + \rho Q(V_1\cos\theta_1 - V_2\cos\theta_2)$$
$$= \dot{m}(V - V\cos 60°) = \dot{m}V(1-\cos 60°) = 40\times 10(1-\cos 60°)$$
$$= 200\,\text{kg}\cdot\text{m/s}^2(=\text{N}) = 20.4\,\text{kg}_\text{f}$$

7. 연료와 산소를 합해서 매분 500 g을 소비해서 1200 m/sec의 제트를 분출시키고 있다. 로켓의 지상에서의 추력(N)은 얼마인가?

풀이

추력 $F = \rho QV = \dfrac{0.5}{60}\times 1200 = 10\,\text{N}$

8. 다음 그림과 같은 스프링클러에서 물이 10 L/sec로 흐르고 있다. 이 때 스프링클러의 시동 회전력은 약 몇 $kg_f\cdot m$인가? (단, 노즐의 내경은 50 mm이다. 물의 비중량은 1000 $kg_f\cdot m^3$)

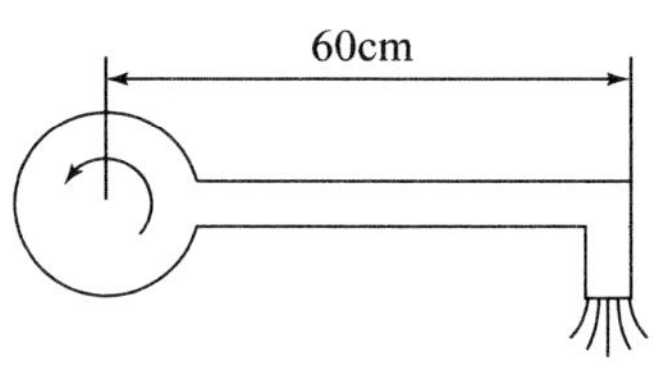

풀이

유량 $Q = AV$에서

$$V = \frac{Q}{A} = \frac{10\times 10^{-3}}{\frac{\pi}{4}\times 0.05^2} = 5.093\,\text{m/sec}$$

결국 회전력 $T = F\cdot r = \rho QVr = 102\times 10\times 10^{-3}\times 5.093\times 0.6$
$$= 3.117\,\text{kg}_\text{f}\cdot\text{m}$$

9. 그림과 같은 단면적 $1\ m^2$의 원통이 수두 1 m에서의 유량 Q를 2배로 하기 위해서는 수면상에 몇 kg_f 정도의 피스톤을 놓아야 하는가?

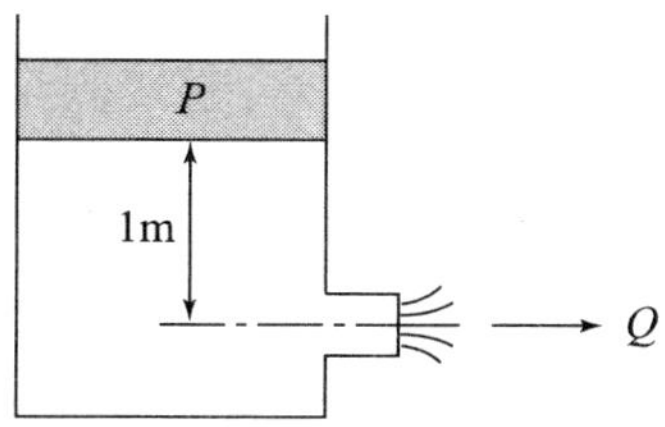

풀이 $P = \rho Q V$ 에서 유량을 2배로 하므로

$$P = 2\rho Q V = 2\rho A V^2 = 2\rho A(\sqrt{2gh})^2 = 4\gamma A h = 4 \times 1000 \times 1 \times 1$$
$$= 4000\,\mathrm{kg_f}$$

10. 내경 150 mm의 90° 엘보에 물이 $10\ kg_f/cm^2$으로 가압된 상태에서 물이 흐르지 않고 있다. 이 엘보를 지지하는 데 필요한 힘의 크기(kg_f)는? (단, 물과 엘보의 무게는 무시하며, x, y 방향의 힘들을 모두 고려한다.)

풀이 물이 흐르지 않고 있기에 $V_1 = V_2 = 0$

$$F_x = P_1 A_1 = 10 \times 10^4 \times \frac{\pi \times 0.15^2}{4} = 1767.15\,\mathrm{kg_f}$$

$$F_y = P_2 A_2 = 10 \times 10^4 \times \frac{\pi \times 0.15^2}{4} = 1767.15\,\mathrm{kg_f}$$

결국, $F = \sqrt{F_x^2 + F_y^2} = \sqrt{1767.15^2 + 1767.15^2} = 2499.13\,\mathrm{kg_f}$

11. 그림과 같이 물분류가 고정된 평판에 θ의 각도로 부딪치고 있다. 분류의 속도를 V, 유량을 Q, 밀도를 ρ라고 할 때 판에 수직으로 미치는 힘 F는?

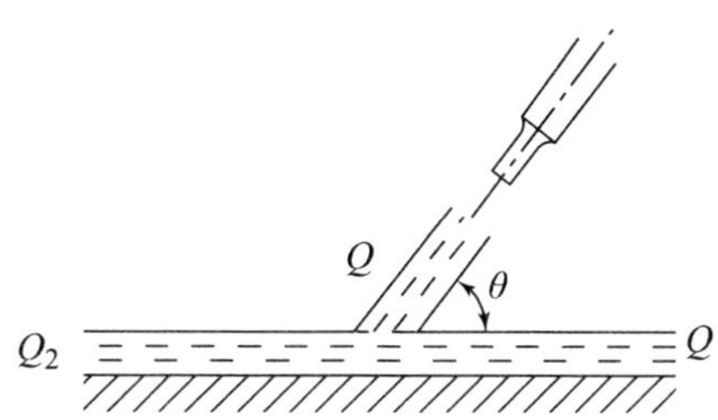

① $F = \dfrac{Q}{\rho} V\cos\theta$　② $F = \dfrac{\rho Q}{2} V\sin\theta$

③ $F = \rho QV$　④ $F = \rho QV\sin\theta$

풀이 $-F = \rho Q(0 - V\sin\theta)$이므로 결국, $F = \rho QV\sin\theta$

12. 그림에서 비중이 0.8인 기름이 10 m/s의 속도로 흐르고 있다. 고정된 판에 작용하는 분류 방향의 힘(kg_f)은 얼마 정도인가?

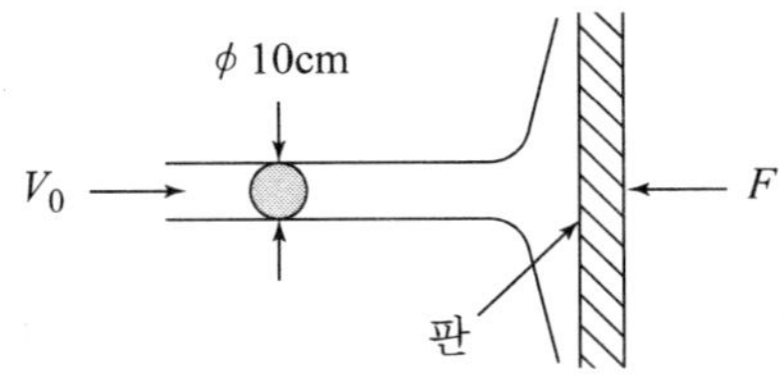

풀이 $F = \rho QV_0 = \rho A V_0^2 = \dfrac{800}{9.8} \times \dfrac{\pi \times 0.1^2}{4} \times 10^2 = 64.11\,kg_f$

13. 물 분류의 단면적이 $1.9625 \times 10^{-3}\,m^2$이고 고정 평판에 면적당 작용하는 힘이 4 kg_f/m^2이라면 물 분류의 속도(m/s)는 얼마이겠는가? (단, 평판의 단면적은 6 m^2이다.)

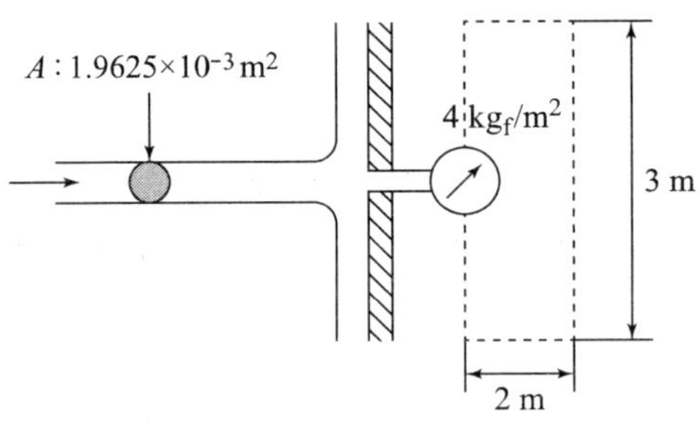

풀이 $F = PA = 4 \times 6 = \rho QV = \rho A V^2$

$= 102 \times 1.9625 \times 10^{-3} \times V^2$에서

$\therefore\ V = \sqrt{\dfrac{4 \times 6}{102 \times 1.9625 \times 10^{-3}}} = 10.95\,m/s$

14. 그림과 같이 목관의 안지름이 60.5 mm이고 $V=20$ m/s로 물이 <u>흐르고</u> 있다. F_x는 몇 kg_f인가? (단, 물의 밀도는 102.1 $kg_f \cdot s^2/m^4$이다.)

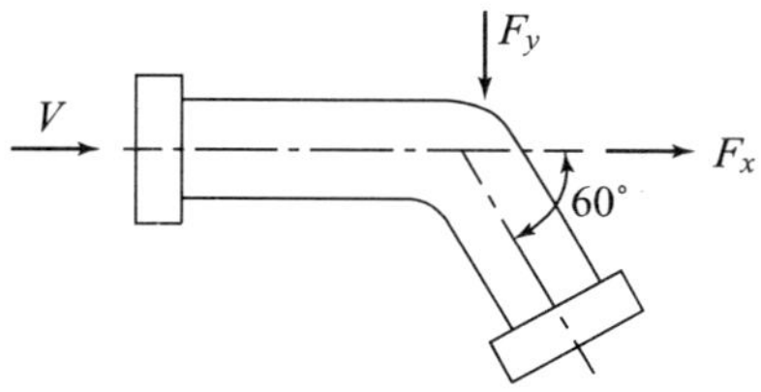

풀이

$$F_x = \rho QV(1-\cos\theta) = \rho AV^2(1-\cos\theta)$$
$$= 102.1 \times \left(\frac{\pi \times 0.0605^2}{4}\right) \times (1-\cos 60°) \times 20^2 = 58.7\,kg_f$$

15. 그림과 같은 곡관에 유체가 <u>흐르고</u> 있을 때, 이 곡관을 지지하려면 얼마의 힘(kg_f)이 필요한가? (단, 관의 안지름은 60.5 mm, $\theta=60°$, $U=10$ m/s이며, 관의 압력은 1 kg_f/cm^2(0.98 bar)으로 일정하고, 물이 <u>흐르고</u> 있다.)

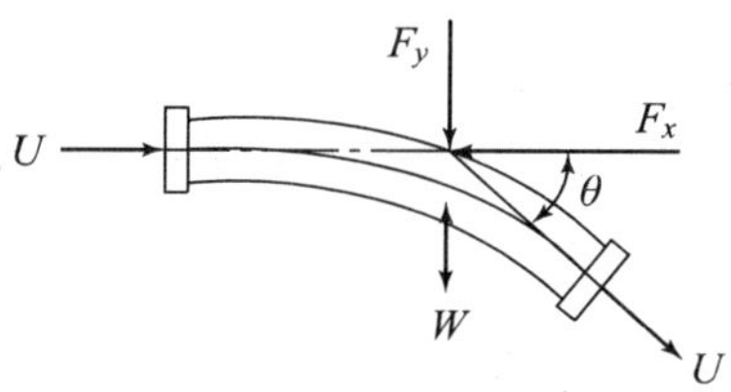

풀이

x-방향

$$P_1A_1 - P_2A_2\cos\theta - F_x = Q\rho(V_2\cos\theta - V_1)$$

여기에서 $\theta=0$, $\cos\theta=1$

$P_1 = P_2 = 1\times10^4\,kg_f/m^2$, $\cos 60° = 0.5$,

$$A_1 = A_2 = \frac{\pi\times0.0605^2}{4} = 0.00287\,m^2 \text{이므로}$$

$$10^4\times A - 10^4\times0.5\times A - F_x = A\times10\times\frac{10^3}{9.8}(10\times0.5-10)$$

$$F_x = 29\,kg_f$$

y-방향

$$F_y - W - P_2A_2\sin\theta = Q\rho(V_2\sin\theta - 0)$$

여기에서 $W=0$, $\sin 60° = 0.866$, $P_1 = P_2 = 1\times10^4\,kg_f/m^2$, $Q=AV$

$A_1 = A_2$이므로

$$F_y - 0 - 10^4 \times A \times 0.866 = A \times 10 \times \frac{10^3}{9.8}(10 \times 0.866 - 0)$$

$$F_y = 50.2\,\mathrm{kg_f}$$

$$\therefore\ F = \sqrt{50.2^2 + 29^2} = 58\,\mathrm{kg_f}$$

$$\theta = \tan^{-1}\frac{50.2}{29} = 60°$$

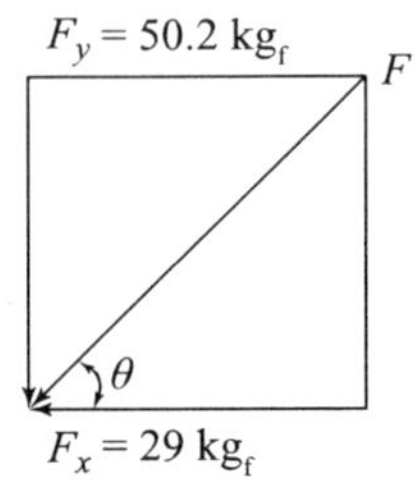

16. 매시 800 km의 속도로 비행하는 제트기가 300 m/sec 속도로 배기를 노즐에서 분출할 때의 추진력($\mathrm{kg_f}$)은 얼마인가? (단, 이 때 흡기량은 25 $\mathrm{kg_f}$/sec이고, 배기에는 연소 가스가 2.5% 증가하는 것으로 본다.)

풀이

$$\text{추진력 } F = \rho_2 Q_2 V_2 - \rho_1 Q_1 V_1$$

$$= \left(25 + 25 \times \frac{2.5}{100}\right) \times 300 - 25 \times \frac{800000}{3600}$$

$$= 2132\,\mathrm{N} = 217.5\,\mathrm{kg_f}$$

17. 지름 2.54 cm인 수류가 수류와 직각으로 둔 평판에 충돌하여 68.5 $\mathrm{kg_f}$의 힘을 평판에 가했다. 유량은 몇 $\mathrm{m^3}$/sec인가?

풀이

추진력 $F = \rho Q V = \rho A V^2$에서

$$V = \sqrt{\frac{F}{\rho A}} = \sqrt{\frac{68.5}{102 \times \frac{\pi \times 0.0254^2}{4}}} = 36.4\,\mathrm{m/sec}$$

결국, 유량 $Q = AV = \frac{\pi \times 0.0254^2}{4} \times 36.4 = 0.018\,\mathrm{m^3/sec}$

18. 시속 900 km/hr의 속도로 비행하는 제트(jet) 비행기가 400 m/sec의 속도로 배기를 분출할 때 이 비행기가 내는 추진력($\mathrm{kg_f}$)은? (단, 흡기량은 50 $\mathrm{kg_f}$/sec로서, 배기에는 연소 가스가 1% 증가하는 것으로 한다.)

풀이

$$\text{추력 } F = \rho_2 Q_2 V_2 - \rho_1 Q_1 V_1 = \dot{m}_2 V_2 - \dot{m}_1 V_1$$

$$= [50 + (50 \times 0.01)] \times 400 - 50 \times 250 = 7700\,\mathrm{N} = 785.71\,\mathrm{kg_f}$$

19. 공중을 매시 300 km로 나는 항공기에 있어서 지름 2.4 m의 프로펠러 1기(基)에서 방출되는 공기의 유량은 445 m^3/sec이다. 프로펠러의 추진력(ton)은? (단, 공기의 비중량은 1.22 kg_f/m^3이다.)

풀이

유량 $Q = AV$에서

$$V = \frac{Q}{A} = \frac{445}{\frac{\pi}{4}\times 2.4^2} = 98.37\,\mathrm{m/sec}$$

$V = \dfrac{V_1 + V_4}{2}$ 에서

$$V_4 = 2V - V_1 = 2\times 98.37 - \frac{300000}{3600} = 113.4\,\mathrm{m/sec}$$

결국, 추력 $F = \rho Q(V_4 - V_1) = \dfrac{\gamma}{g} Q(V_4 - V_1)$

$$= \frac{1.22}{9.8}\times 445 \times \left(113.4 - \frac{300000}{3600}\right) = 1665.6\,\mathrm{kg_f}$$

$$= 1.67\,\mathrm{ton}$$

20. 다음 그림에서 탱크차가 받는 추력은 몇 kg_f인가? (단, 노즐의 단면적은 0.01 m^2이다.)

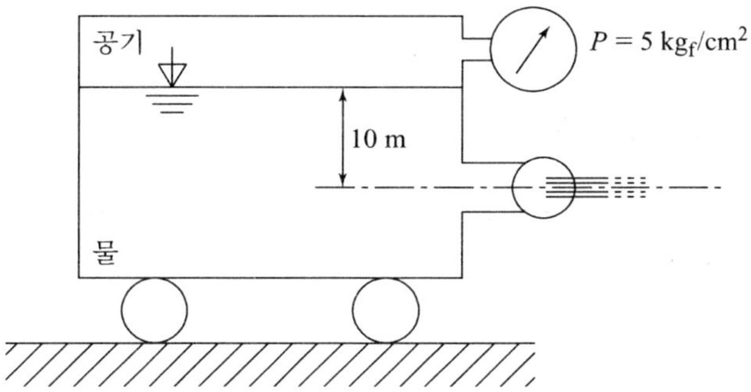

풀이

입구와 출구에 베르누이방정식을 적용하여 V_2를 구한다.

(∵ 자유수면이 아니므로)

$$\frac{P_1}{\gamma} + \frac{{V_1}^2}{2g} + Z_1 = \frac{P_2}{\gamma} + \frac{{V_2}^2}{2g} + Z_2$$

$$\frac{5\times 10^4}{1000} + 0 + 10 = 0 + \frac{{V_2}^2}{2\times 9.8} + 0$$

$$\therefore V_2 = 34\,\mathrm{m/s}$$

결국, 추력 $F = \rho Q V_2 = \rho A {V_2}^2 = \dfrac{1000}{9.8}\times 0.01 \times 34^2 = 1179.6\,\mathrm{kg_f}$

12. 실제유체의 흐름

실제 유체의 흐름은 유체 내의 점성으로 인하여 유체 입자간 또는 고체경계면과의 마찰에 의한 전단응력을 발생하므로 유동저항이 존재한다. 지금까지 유체의 마찰이 없고 밀도의 변화가 없는 이상유체의 흐름을 취급하였다. 유체의 흐름은 레이놀즈수에 의하여 층류와 난류로 구분되며, 레이노즐수와 경계층 흐름의 개념을 도입하여 층류경계층의 운동량 방정식을 유도한다.

유체역학에서 레이놀즈수는 "관성에 의한 힘"과 "점성에 의한 힘"의 비로서, 주어진 유동 조건에서 이 두 종류의 힘의 상대적인 중요도를 정량적으로 나타내며 유동이 층류인지 난류인지를 예측하는 데에도 사용된다. 층류는 점성력이 지배적인 유동으로서 레이놀즈수가 낮고, 평탄하면서도 일정한 유동이 특징이다. 반면 난류는 관성력이 지배적인 유동으로서 레이놀즈수가 높고 기타 유동의 변동이 특징이다.

12.1 레이놀즈수

레이놀즈수(Reynolds number)는 층류와 난류를 나누는 기준이 되는 무차원상수이다.

1) 물리적 의미

$$Re = \frac{\text{관성력}}{\text{점성력}}$$

즉, 관성력과 점성력의 비이다. 때문에 유체 유동 시 Re가 작은 경우에 점성력이 크게 영향을 미친다.

2) 레이놀즈수 계산식

$$Re = \frac{\rho V d}{\mu} = \frac{V d}{\nu} = \frac{4 \cdot Q}{\pi d \nu} \text{ (원판)}$$

$$Re = \frac{VL}{\nu} \text{ (평판)}$$

여기서, ρ : 밀도($kg_f \cdot s^2/m^4$)
V : 유속(m/s)
d : 관직경(m)
μ : 점성계수($kg_f \cdot s/m^2$)
ν : 동점성계수(m^2/s)
Q : 유량(m^3/s)
L : 평판의 길이(m)

을 나타낸다.

3) 층류

- 유체 입자들이 각 층 내에서 질서 정연하게 미끄러지면서 흐르는 유동상태로 뉴턴의 점성법칙 성립
- 하임계 레이놀즈수 : 난류에서 층류로 바뀌는 임계값(2100)

4) 난류

- 유체의 입자들이 무질서하게 난동을 부리며 흐르는 유동상태
- 상임계 레이놀즈수 : 층류에서 난류로 바뀌는 임계값(4000)

5) 유체의 유동상태 판별

- $Re < 2100 \sim 2320$일 때 : 층류유동
- $Re > 4000$일 때 : 난류유동
- $2100 \sim 2320 < Re < 4000$일 때 : 천이구역

12.2 수평원관에서의 층류운동

수평원관에서의 층류운동에 대한 전단응력은

$$\tau = \frac{\Delta P \cdot d}{4l}$$

이 되며, τ는 관중심점에서 0이며 반지름에 비례하면서 관벽까지 직선적으로 증가하며 관벽에서 최대가 된다.

층류유동에서의 속도는

$$u = -\frac{dP(r_0^2 - r^2)}{4\mu \cdot dl}$$

$$\frac{u}{u_{max}} = 1 - \left(\frac{r}{r_0}\right)^2$$

이며, 속도 분포는 2차포물선으로 관벽에서 속도는 0이고 중심관에서 최대가 된다.

유량 관계식(하겐－포아젤 방정식)을 살펴보면

$$Q = \frac{\Delta P \cdot \pi d^4}{128\mu l}$$

여기서, ΔP : 압력변화(kg_f/cm^2)
d : 관의 직경(m)
μ : 점성계수($kg_f \cdot s/m^2$)
l : 관의 길이(m)

이다.

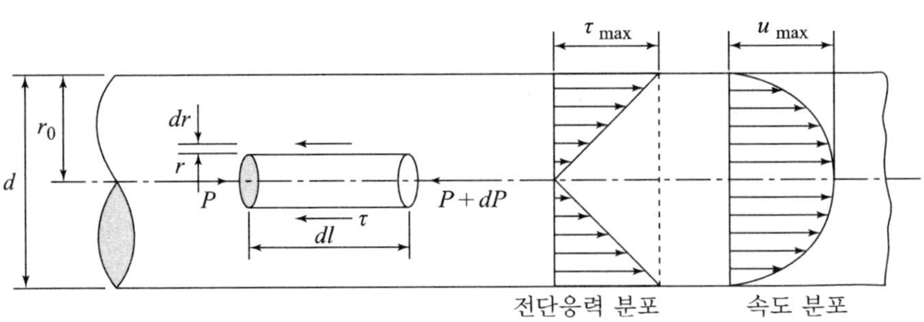

[그림 12.1] 수평원관에서의 층류운동

이 때, 압력손실은

$$\Delta P = \frac{128\mu l \cdot Q}{\pi d^4} \ (\mathrm{kg_f/m^2})$$

손실수두는

$$h_l = \frac{\Delta P}{\gamma} = \frac{128\mu l \cdot Q}{\gamma \pi d^4} \ (\mathrm{m})$$

가 되며, 손실동력은

$$P_l = \gamma Q h_l (\mathrm{kg_f \cdot m/s}) = \frac{\gamma Q h_l}{75} (\mathrm{PS}) = \frac{\gamma Q h_l}{102} (\mathrm{kW})$$

가 된다.

12.3 유체 경계층

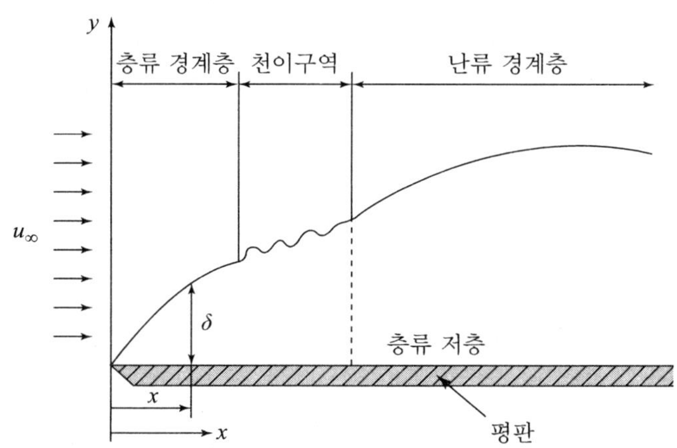

[그림 12.2] 유체경계층

1) 경계층

물체 주위를 유체가 유동할 때 물체 표면부근에 점성의 영향으로 얇은 층이 형성되는데 이러한 층을 경계층이라 한다. 경계층 내에서는 점성의 영향이 크게 나타나며 경계층 외부는 비점성유동이다. 경계층 내부는 속도 구배가 매우 크고 전단응력이 크게 작용하며 경계층 외부는 이상유체흐름이다.

2) 경계층 두께(δ)

경계층 내의 속도가 자유흐름 속도의 99%가 되는 점까지의 거리를 말한다.

$$\frac{u}{u_\infty} = 0.99 \rightarrow u = 0.99\,u_\infty$$

- 층류 경계층 두께 : $\delta = \dfrac{5x}{(Re_x)^{1/2}}$
- 난류 경계층 두께 : $\delta = \dfrac{0.376x}{(Re_x)^{1/5}}$

여기서, δ : 경계층 두께
x : 선단으로부터의 거리

① 층류 경계층 두께는 $Re^{-1/2}$에 비례하고 $x^{1/2}$에 비례하여 증가한다.
② 난류 경계층 두께는 $Re^{-1/5}$에 비례하고 $x^{4/5}$에 비례하여 증가한다.
③ 경계층 두께는 점성이 큰 유체에서는 크고 작은 유체에서는 작다. 또한 레이즈놀수가 커지면 경계층 두께는 작아진다.

12.4 관속에서의 유체 유동

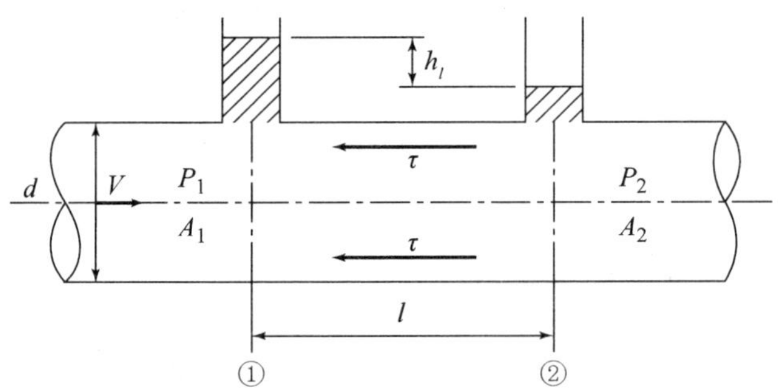

[그림 12.3] 원형관 속의 손실수두

모든 유체는 점성을 가지고 있지만, 문제를 간단히 해결하기 위해서 보통 유동층에 대한 점성의 영향은 무시할 수 있다고 가정한다. 그러나 실제유체 문제를 정확히 서술하기 위해서는 점성효과를 고려해야만 한다. 점성은 이동하는 유체에 전단응력을 발생시키며 유동을 비가역으로 만들고 손실의 원인이 된다.

관 속에서 유체가 비압축성 정상류 흐름일 때 베르누이방정식을 적용하면

$$\frac{P_1}{\gamma} + \frac{V_1^2}{2g} + Z_1 = \frac{P_1}{\gamma} + \frac{V_2^2}{2g} + Z_2 + H_L$$

이다. 여기서, H_L은 유체가 흐를 때 발생되는 마찰에 의한 손실수두로 그 크기는 유동실험에 의하면 근사적으로 속도수두와 관의 길이에 비례하고 관의 직경에 반비례함을 알 수 있다.

1) 원형단면에서의 손실수두(H_L)

달시와 바이스바하는 관 마찰계수 f를 사용하여 다음과 같이 손실수두 H_L의 달시－바이스바하 방정식(Darcy-Weisbach equation)을 제안하였다.

$$H_L = f\frac{l}{d} \cdot \frac{V^2}{2g}$$ “층류 난류” 모두 적용

여기서, f : 관 마찰계수
d : 관의 지름(m)
l : 관의 길이(m)
V : 유체의 속도(m/s)

2) 관 마찰계수(f)

관 마찰계수는 주로 관의 조도(e, pipe roughness)와 속도, 관의 직경에 크게 영향을 받으며, 레이놀즈수 또는 상대조도, 레이놀즈수와 상대조도의 함수로 층류구역, 천이구역, 난류구역에 따라 그 계산식을 달리한다.

$$f = F\left(Re,\ \frac{e}{d}\right)$$

즉, 레이놀즈수(Re)와 상대조도($\frac{e}{d}$)의 함수이다.

① 층류구역 : $Re < 2100$일 때

$$f = \frac{64}{Re}$$

즉, 관 마찰계수는 레이놀즈수만의 함수이다.

② 천이구역 : $2100 < Re < 4000$

관 마찰계수는 레이놀즈수와 상대 조도의 함수이다.

$$f = F\left(Re, \frac{e}{d}\right)$$

여기서, $\frac{e}{d}$는 상대조도를 의미한다.

③ 난류구역 : $Re > 4000$

매끈한 관에서는 레이놀즈수만의 함수이다(브라시우스의 식).

$$f = \frac{0.3164}{Re^{1/4}}$$

거친 관에서는 상대조도만의 함수이다.

$$f = F\left(\frac{e}{d}\right)$$

3) 비원형 단면에서의 손실수두

$$R_h = \frac{\text{유동단면적}}{\text{접수길이}} = \frac{A}{P}$$

여기서, 접수길이(P) : 물에 접해 있는 부분의 길이

$$R_h = \frac{A}{P} = \frac{\left(\frac{\pi d^2}{4}\right)}{\pi d} = \frac{d}{4}$$

$$\therefore\ d = 4R_h$$

그러므로

$$\text{손실수두}\ H_L = f \cdot \frac{l}{4R_h} \cdot \frac{V^2}{2g}$$

$$\text{레이놀즈수 } Re = \frac{V \cdot 4R_h}{\nu}$$

$$\text{상대조도 } \frac{e}{4R_h}$$

이다.

12.5 부차적 손실

부차적 손실은 단면적의 변화에 의한 손실이나 관부속품에 의한 손실을 말한다. 단면적의 변화에 의한 손실은 돌연확대관, 돌연축소관, 점차확대관, 점차축소관 등이 있으며 관 부속품에 의한 손실로는 밸브, 엘보, 콕 등이 있다.

1) 돌연확대관에서의 손실수두

관의 단면이 갑작스럽게 확대되면 관벽에서 떨어진 유선과 관벽 사이에는 와류가 생기며, 이 때문에 에너지 손실이 생긴다.

$$H_L = -\frac{(V_1 - V_2)^2}{2g} = \frac{V_1^2}{2g}\left[1 - \left(\frac{d_1}{d_2}\right)^2\right]^2 = K\frac{V_1^2}{2g} \quad (\text{단, } K = 1)$$

가 된다. 여기서, K는 손실계수이다.

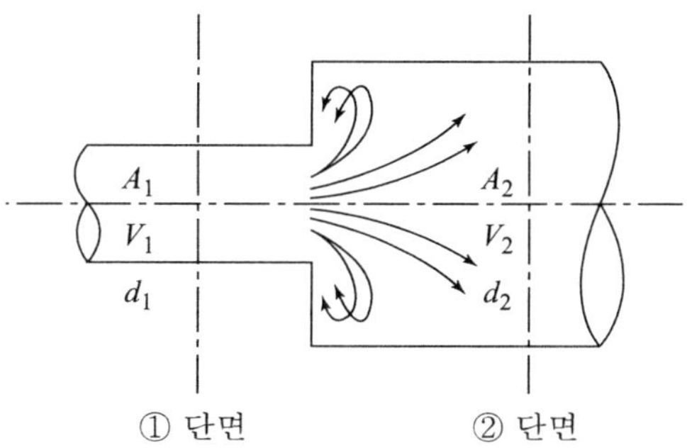

[그림 12.4] 돌연확대관

2) 돌연축소관에서의 손실수두

물이 큰 관으로부터 작은 관으로 흐를 때 유선이 일단 수축한 다음에 다시 관 전체에 차서 흐르게 되는데, 이 경우 손실수두는 수축할 때 손실과 확대할 때의 손실을 합한 것이다. 이때 C_c를 수축계수(contraction coefficient)라 하며 $C_c = \dfrac{A_0}{A_2} \leqq 1$, 손실수두 H_L는 다음과 같다.

$$H_L = \left(\frac{1}{C_c} - 1\right)^2 \cdot \frac{V_2^2}{2g} = K \cdot \frac{V_2^2}{2g} \ \ (\text{단, } K = 0.5)$$

가 된다.

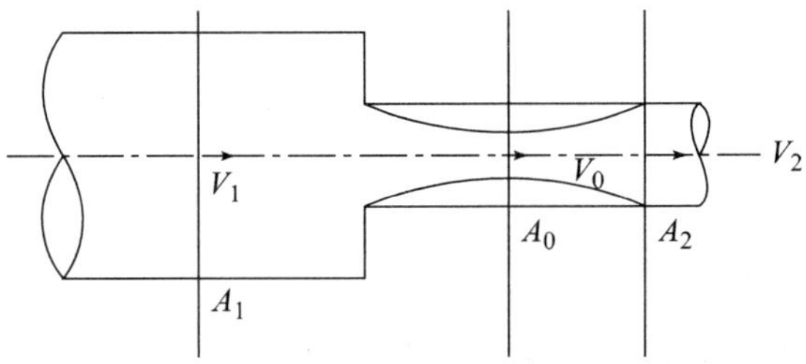

[그림 12.5] 돌연축소관

연습문제

1. 동점성계수 $\nu = 1.006 \times 10^{-6}\ m^2/s$인 물이 내경 5 cm의 원관에 흐르고 있다. 층류로 흐를 수 있는 최대 평균 속도(m/s)는? (단, 하임계 레이놀즈수는 2320이다.)

풀이

$$Re = \frac{Vd}{\nu} \text{에서}$$

$$V = \frac{Re \cdot \nu}{d} = \frac{2320 \times 1.006 \times 10^{-6}}{0.05} = 0.0467\ \mathrm{m/s}$$

2. 안지름이 10 cm인 원관 속을 비중이 0.85인 기름이 $0.01\ m^3/sec$의 율로 흐르고 있다. 이 기름의 동점성계수가 $1 \times 10^{-4}\ m^2/sec$일 때 이 흐름의 상태는?

① 층류 ② 난류
③ 천이구역 ④ 층류도 될 수 있고 난류도 될 수 있다.

풀이

$$Q = AV \text{에서} \quad V = \frac{Q}{A} = \frac{0.01}{\frac{\pi \times 0.1^2}{4}} = 1.27\ \mathrm{m/s}$$

$$\text{레이놀즈수}\ Re = \frac{Vd}{\nu} = \frac{1.27 \times 0.1}{1 \times 10^{-4}} = 1270 < 2100$$

결국, 층류이다.

3. 안지름이 5 cm인 직원관 속에서 기름이 1.5 m/sec의 속도로 층류로 흐르고 있다. 이 관의 길이가 10 m라면 압력 손실(kg_f/m^2)은 약 얼마인가? (단, 기름의 비중량은 1264 kg_f/m^3, 동점성계수는 $0.00118\ m^2/sec$이다.)

풀이

$$\text{레이놀즈수}\ Re = \frac{Vd}{\nu} = \frac{1.5 \times 0.05}{0.00118} = 63.56 \ :\ \text{층류}$$

$$f = \frac{64}{Re} = \frac{64}{63.56} = 1.0069$$

결국, 압력 손실은

$$\Delta P = f \cdot \frac{l}{d} \cdot \frac{\gamma V^2}{2g} = 1.0069 \times \frac{10}{0.05} \times \frac{1264 \times 1.5^2}{2 \times 9.8} = 29222\,\mathrm{kg_f/m^2}$$

4. 유동과 나란한 평판 주위를 28℃의 물(동점성계수 = 0.842×10^{-6} m²/sec)이 유동한다. 만일 경계층 밖의 물이 10 m/s인 등속류로 유동한다면 평판을 따라 천이가 발생하는 거리(m)는? (단, 이 때, 임계 레이놀즈수는 5×10^5이라고 가정한다.)

풀이 $Re = \dfrac{u_x x}{\nu}$ 에서 $x = \dfrac{Re \cdot \nu}{u_x} = \dfrac{5 \times 10^5 \times 0.842 \times 10^{-6}}{10} = 0.0421\,\mathrm{m}$

5. 비중이 0.9, 점성계수가 9×10^{-5} $\mathrm{kg_f \cdot s/m^2}$인 기름이 안지름 30 mm의 원관 속을 흐른다. 유속을 3 m/s라 할 때 레이놀즈수는 약 얼마인가?

① 45721 ② 62545 ③ 91800 ④ 18368

풀이 $Re = \dfrac{Vd}{\nu} = \dfrac{\rho V d}{\mu}$

$= \dfrac{0.9 \times 1000\mathrm{N} \cdot \mathrm{s}^2/\mathrm{m}^4 \times 3\mathrm{m/s} \times 0.03\mathrm{m}}{9 \times 10^{-5}\mathrm{kg_f} \cdot \mathrm{s/m^2}}$

$= \dfrac{0.9 \times 102\mathrm{kg_f} \cdot \mathrm{s}^2/\mathrm{m}^4 \times 3\mathrm{m/s} \times 0.03\mathrm{m}}{9 \times 10^{-5}\mathrm{kg_f} \cdot \mathrm{s/m^2}}$

정답 ③

6. 원유(점성계수 0.013 $\mathrm{kg_f \cdot s/m^2}$, 비중 0.96)를 0.05 m³/s의 비율로 안지름 1000 mm인 수평 직원관을 통하여 100 m 떨어진 곳으로 수송할 때 발생하는 압력손실수두 ($\mathrm{kg_f/m^2}$)는?

풀이 $Q = \dfrac{\Delta P \pi d^4}{128 \mu l}$ 에서

$\Delta P = \dfrac{128 \mu l Q}{\pi d^4} = \dfrac{128 \times 0.013 \times 100 \times 0.05}{\pi \times 1^4} = 2.64\,\mathrm{kg_f/m^2}$

7. 유체를 큰 탱크로부터 길이가 100 mm, 지름이 4 mm인 관을 통해 끌어내고 있다. 600 sec 사이에 13×10^{-4} m³의 유체가 관으로부터 측정컵에 낙하할 때 관에서의 수두 손실이 1 m이다. 이때 동점성계수 ν (m²/s)는?

풀이 $Q = \dfrac{\Delta P \pi d^4}{128 \mu l} = \dfrac{\gamma h_l \pi d^4}{128 \mu l}$ 에서 $\mu = \dfrac{\gamma h_l \pi d^4}{128 l Q} = \dfrac{\gamma \times 1 \times \pi \times 0.004^4}{128 \times 0.1 \times \dfrac{13 \times 10^{-4}}{600}}$

$$\therefore \ \frac{\mu}{\gamma} = 0.000029$$

결국, $\dfrac{\mu}{\rho g} = 0.000029$에서

$$\nu = \frac{\mu}{\rho} = 0.000029g = 0.000029 \times 9.8 \fallingdotseq 0.00028\,m^2/s$$

8. 점성계수 0.01 $kg_f \cdot sec/m^2$인 기름이 안지름 50 mm의 수평 원관 속에서 층류로 수송될 때 압력 강하가 관의 길이 1 m당 0.05 kg_f/cm^2이다. 10 m를 수송하는데 필요한 소요 마력(PS)은 얼마인가?

풀이

유량 $Q = \dfrac{\Delta P \pi d^4}{128 \mu l} = \dfrac{0.05 \times 10^4 \times \pi \times 0.05^4}{128 \times 0.01 \times 1} = 0.007536\,m^3/sec$

결국, 소요 동력 $P = \dfrac{\gamma Q H_l}{75}$

$$= \frac{\Delta P \cdot Q}{75}$$

$$= \frac{0.05 \times 10^4 \times 0.007536}{75} \times 10$$

$$= 0.5024\,PS$$

9. 유체가 100 mm 관으로 유입하여 300 mm 관으로 유출한다. 100 mm 관에서 레이놀즈수가 30000일 때, 300 mm 관에서의 레이놀즈수는 약 얼마인가?

풀이

$$Re = \frac{Vd}{\nu} = \frac{\rho V d}{\mu} = \frac{\rho\left(\dfrac{Q}{A}\right)d}{\mu} \propto \frac{1}{d}$$

결국 $\dfrac{Re_2}{Re_1} = \dfrac{d_1}{d_2}$을 이용하면

$$30000 : \frac{1}{300} = Re_2 : \frac{1}{100}$$

$$\therefore \ Re_2 = 10000$$

10. 비중 0.96, 점성계수 0.10 $kg_f \cdot s/m^2$인 석유를 매분 150 L로 안지름 90 mm의 파이프를 통하여 30 km 떨어진 곳에 수송하려 할 때 관의 마찰계수는?

풀이

$$Q = 150\,\text{L/min} = 0.0025\,\text{m}^3/\text{sec}$$

$$Q = AV \text{에서} \quad V = \frac{Q}{A} = \frac{4Q}{\pi d^2} = \frac{4\times 0.003}{\pi \times 0.09^2} = 0.393\,\text{m/s}$$

$$Re = \frac{\rho V d}{\mu} = \frac{0.96\times 102\times 0.393\times 0.09}{0.1} = 34.6$$

$$\text{결국 } f = \frac{64}{Re} = \frac{64}{34.6} = 1.85$$

11. 안지름이 15 cm인 관 속에 한 변의 길이가 6 cm인 정사각형 관이 중심을 같이 하고 있다. 원관과 정사각형 관 사이에 평균 유속 1.5 m/s인 물이 흐른다면 관의 길이 20 m 사이의 압력손실수두는 몇 m인가? (단, 관 마찰계수는 0.04이다.)

풀이

$$R_h = \frac{A}{P} = \frac{\frac{\pi\times 15^2}{4} - (6\times 6)}{(\pi\times 15) + (4\times 6)} = 2\,\text{cm} = 0.02\,\text{m}$$

$$\text{결국, 손실수두 } H_l = f\cdot\frac{l}{4R_h}\cdot\frac{V^2}{2g}$$

$$= 0.04\times\frac{20}{4\times 0.02}\times\frac{1.5^2}{2\times 9.8}$$

$$= 1.15\,\text{m}$$

12. 같은 지름의 원관을 직각으로 접속하고 관내 평균 속도 2 m/s로 물을 보낸다. 관의 만곡에 의한 손실수두(m)는? (단, 손실계수는 0.98이다.)

풀이

$$\therefore\ H_L = K\frac{V^2}{2g} = 0.98\times\frac{2^2}{2\times 9.8} = 0.2\,\text{m}$$

13. 안지름 70 mm인 직원관에 풍속 30 m/s인 공기를 보냈더니, 원관의 길이 1 m 사이의 정압차가 12 mmAq가 되었다. 공기의 비중량을 1.22 kg_f/m^3로 하여 이 원관의 관 마찰계수를 구하면?

풀이

$$\Delta P = f\cdot\frac{l}{d}\times\frac{\gamma V^2}{2g} \text{ 에서}$$

$$f = \frac{2g\cdot d\cdot\Delta P}{l\gamma V^2} = \frac{2\times 9.8\times 0.07\times 12}{1\times 1.22\times 30^2} = 0.015$$

14. 지름 8 cm, 길이 20 m, 관 마찰계수 0.05인 원관 속을 물이 난류로 흐른다. 관 출구와 입구의 압력차가 0.1 기압이면 유량은 몇 L/sec인가?

풀이

$\Delta P = f \cdot \dfrac{l}{d} \times \dfrac{\gamma V^2}{2g}$ 에서

$V = \sqrt{\dfrac{2gd\Delta P}{fl\gamma}} = \sqrt{\dfrac{2 \times 9.8 \times 0.08 \times 0.1 \times 10^4}{0.05 \times 20 \times 1000}} = 1.25\,\mathrm{m/sec}$

결국, 유량 $Q = AV = \dfrac{\pi}{4} \times 0.08^2 \times 1.25 = 6 \times 10^{-3}\,\mathrm{m^3/sec} = 6\,\mathrm{L/sec}$

15. 비스듬히 놓여 있는 지름 50 mm인 물이 흐르고 있는 관로에서 높이의 차이가 3 m이고, 관에 연하여 15 m 떨어져 있는 두 지점에 압력측정구를 마련하였다. 물은 속도 3 m/sec로 위쪽으로 흐르고 있다. 이때 수은과 물을 포함하는 시차액주계를 위의 두 압력측정구에 연결하였더니 눈금이 224 mm이었다. 관의 마찰계수를 구하여라. (단, 수은의 비중은 13.60이다.)

풀이

손실수두 $H_L = (13.6 - 1) \times 0.224 = 2.8224\,\mathrm{m}$

$\therefore\ H_L = f \cdot \dfrac{l}{d} \cdot \dfrac{V^2}{2g}$

$2.8224 = f \cdot \dfrac{15}{0.05} \cdot \dfrac{3^2}{2 \times 9.8}$

결국, $f = 0.02$

제 3 장

열역학

13. 열역학 제1법칙

13.1 공업열역학 기초

열역학(Thermodynamics)이란 열과 일의 관계를 다루는 학문으로 열에너지를 기계적인 에너지로 전환시킴에 있어서의 과정, 사이클을 이용하여 경제성 및 효율성을 추구하는 추상적인 학문을 말한다. 특히 열역학 중에서 공학상의 모든 문제에 관련된 사항만을 다루는 것을 공업열역학(Engineering thermodynamics)이라 하며 열기관과 냉동기 등에 대한 기초가 되는 학문이다. 열역학상 대상이 되는 임의의 공간상의 범위 내에 들어가는 일정량의 물질군, 즉 문제의 대상이 되는 어떤 양의 물질이나 공간의 어떤 구역을 계(System)라 정의하고, 계의 외부 둘레를 주위라 하며, 계는 계의 경계에 의하여 주위와 구분된다. 계의 종류로는 밀폐계, 개방계, 절연계가 있다. 동작물질은 작업유체(Working substance)라고도 하고 상(相)의 변화에 관계없이 에너지를 저장, 운반하는 물질로 냉동기의 냉매, 내연기관의 혼합가스, 증기기관의 수증기 등이 있으며 열에 의해 압력이나 체적이 쉽게 변화, 즉 상(相) 변화를 일으키기 쉬운 특징을 가지고 있다.

열역학적 평형이란 상태량의 값이 전계에 대하여 의미를 갖는다는 뜻이며 열적 평형, 역학적 평형, 화학적 평형의 세 종류가 성립되는 경우를 말한다. 상태는 평형상태에서 온도, 압력, 비체적과 같은 일정한 특성치에 의해 정해지는 것으로써 상태량의 종류에는 크게 온도, 압력, 비체적 등과 같이 물질의 질량에 관계없이 그 크기가 결정되는 강도성 상태량과 체적(V), 내부에너지(U), 엔탈피(H), 엔트로피(S) 등과 같이 물질의 질량에 따라 그 크기가 결정되는, 즉 물질의 질량에 정비례 관계가 있는 종량성 상태량이 있다.

계 내의 물질이 한 상태에서 다른 상태로 변할 때 연속된 상태변화의 경로를 과정(Process)이라 하고 과정을 여러 번 진행해도 결과가 동일하며 자연계에 아무런 변화도 남기지 않는 과정을 가역과정이라 하고 계의 경계를 통하여 이동할 때 자연계에 변화를 남기는 과정을 비가역과정이라 한다. 물체가 어떤 상태에서 출발하여 도중에서 여러 변화를 일으키면서 다시 원래의 상태로 되돌아오는 과정을 사이클(Cycle)이라 칭하며 사이클을 여러 번 진행해도 결과가 동일하며 자연계에 아무런 변화도 남기지 않는 사이클을 가역사이클, 사이클이 비가역과정으로만 이루어진 사이클을 비가역사이클이라 한다.

열의 많고 적음을 나타내는 양을 열량이라 하고 열량의 단위는 칼로리(1 cal = 4.18605 J)를 사용한다. 1 cal은 순수한 물 1 g의 온도를 14.5℃에서 15.5℃ (1℃)만큼 올리는 데 필요한 열의 양이다. 9 g의 물을 열을 가하여 1℃만큼 올리는 데는 9 cal만큼의 열의 양이 필요하다. 열량은 역학적 일과 같은 양으로 환산할 수 있으며, 물질계 내부의 에너지의 변화에 기여한다(열역학 제1법칙). 물질계의 온도변화나, 증발・응고 등 상태변화는 열량의 변화로 나타난다. 열의 단위인 칼로리(kcal)는 국제단위계(SI)로 줄(J)과 와트초(W・s)로 나타낼 수 있다. 그 외 단위로는 순수한 물 1 lb의 온도를 32°F에서 212°F만큼 올리는 데 필요한 열의 양을 나타내는 BTU와 순수한 물 1 lb의 온도를 14.5℃에서 15.5℃만큼 올리는 데 필요한 열의 양을 나타내는 CHU 등이 있다.

비열은 단위중량(1 kg)의 물질을 단위온도차(1℃)만큼 상승시키는 데 필요한 열량을 비열이라 하며 단위로는 kcal/kg・℃로 표시한다. 만약 어떤 중량 G (kg_f)의 물체를 t_1 (℃)에서 t_2 (℃)까지 가열하는데 필요한 열량을 Q (kcal)라 하면 열량과 비열의 관계식은 다음과 같다.

$$Q = G\int_{t_1}^{t_2} C dt \ [\mathrm{kcal}]$$

$$Q = GC\Delta t = GC(t_2 - t_1) \ [\mathrm{kcal}]$$

비열은 물체를 가열하는 방법에 따라 달라지는데 일정한 체적 하에 가열한 경우의 비열을 정적비열 C_v로, 일정한 압력 하에서 가열한 경우의 비열을 정압비열 C_p로 표시한다.

온도가 서로 다른 두 물체를 접촉(혼합)시키면 온도가 높은 물체의 온도는 내려가고(열량 방출), 온도가 낮은 물체의 온도는 올라가서(열량 흡입) 결국, 두 물체 사이의 온도차가 없어져 열이 평형상태에 있게 되는데 이것을 열역학 제0법칙이라 하며 열평형의 법칙이라고도 한다. 열역학 제0법칙은 온도계의 원리를 제공하기도 한다.

13.2 열과 일의 상호관계

열역학 제1법칙은 열은 본질상 에너지의 일종이며, 열과 일은 서로 전환이 가능할 뿐만 아니라 열과 일 사이에는 일정한 비례 관계가 성립된다. 즉, 열량은 일량으로, 일량은 열량으로 환산 가능하다는 것을 밝힌 법칙으로 에너지 보존의 법칙이 성립함을 표현한 것이다. 열과 일은 본질적으로 같은 에너지 형태로서 열은 일로, 일은 열로 상호 전환이 가능하고 이때 변환되는 열량과 일량의 비는 일정하다. 열량을 Q [kcal], 일량을 W [$kg_f \cdot m$]라고 하면, 열역학 제1법칙은 다음과 같이 표시된다.

$$Q = AW \quad \text{또는} \quad W = \frac{1}{A}Q = JQ$$

$$A = \frac{1}{427}\,\mathrm{kcal/kg_f \cdot m} \ : \ \text{일의 열상당량(일을 열로 변환)}$$

$$J = \frac{1}{A} = 427\,\mathrm{kg_f \cdot m/kcal} \ : \ \text{열의 일상당량(열을 일로 변환)}$$

이다.

13.3 열역학 제1법칙의 제1기초식(정지유체, 밀폐계)

압력 P, 내부에너지 U인 계에 외부로부터 열량 dQ가 가해지면, 계 내의 물체에는 dU의 내부에너지가 증가한다. 동시에 일정한 압력 P 하에서 체적이 dv만큼 증가하게 되고 이로 인하여 외부에 대하여 $dw = pdv$의 일을 하게 된다. 내부에너지 일부는 물체의 온도를 상승시키는 현열 또는 융해나 증발 등의 상변화에 사용하는 잠열로 된다.

외부로부터 열량 = 내부에너지 변화(현열 또는 잠열) + 외부에 한 일

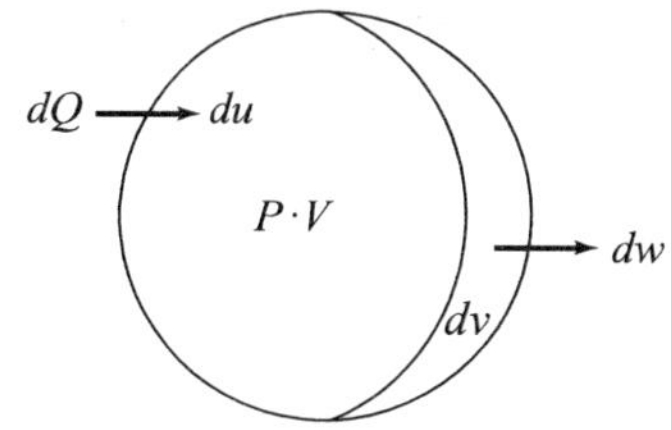

[그림 13.1] 밀폐계 내의 열량과 일

(1) 제1기초식

$$\delta Q = dU + APdV \ \text{(kcal)}$$

$$\delta q = du + Apdv \ \text{(kcal/kg)}$$

(2) 열량 계산식

$$_1Q_2 = (U_2 - U_1) + A_1W_2 \ \text{(kcal)}$$

$$_1q_2 = (u_2 - u_1) + A_1w_2 \ \text{(kcal/kg)}$$

[참고]

- 일(W)
  - 외부에 일을 했을 때 : (+)
  - 외부에서 일을 받았을 때 : (−)
- 열(Q)
  - 외부에 열을 방출했을 때 : (−)
  - 외부에서 열을 받았을 때 : (+)

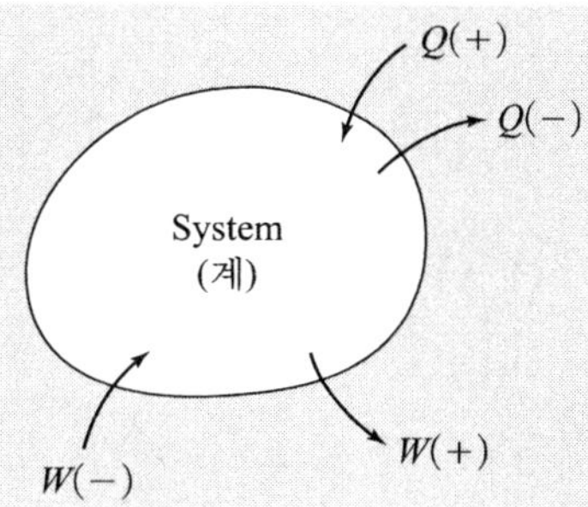

13.4 엔탈피

자연에서의 자발적인 변화는 안정되면서도 자유로운 상태로 나아간다. 즉, 에너지는 낮아지는 방향으로, 무질서도는 높아지는 방향으로 변화한다. 여기서 에너지를 나타내는 척도를 '엔탈피(Enthalpy)'라 하고, 이러한 엔탈피를 에너지로 나타내면 물체가 가지는 유동에너지, 즉 열량을 공급받는 동작유체에 있어서 유동에너지의 합을 의미하고, 또 다른 열역학적 상태함수인 내부에너지 및 그 계가 외부에 대해 하거나 외부로부터 받는 일의 양과 밀접한 관계가 있다. 식으로 표현하자면

엔탈피 = 내부에너지 + 유동에너지

$$H = U + APV \text{ (kcal)}$$
$$dH = dU + Ad(PV)$$
$$H_2 - H_1 = \Delta H = (U_2 - U_1) + A(P_2V_2 - P_1V_1) \text{ (kcal)}$$

이 된다.

13.5 밀폐계와 개방계 비교

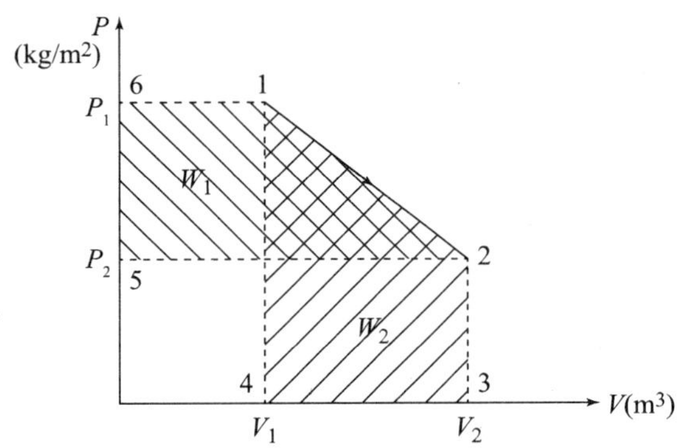

[그림 13.2] 밀폐계와 개방계

1) 밀폐계의 일량(절대일)

밀폐계의 일량은 $P-V$선도에서 V축으로 투명한 면적으로, 즉 면적 1, 2, 3, 4, 1에 해당한다. 또한 밀폐계의 일량은 내연기관의 일량을 말하며 절대일, 팽창일, 비유동일, 가역일 등을 의미한다.

$$_1W_2 = \int_1^2 PdV \text{ (kg}_\text{f} \cdot \text{m)}$$

$$_1w_2 = \int_1^2 pdv \text{ (kg}_\text{f} \cdot \text{m/kg)}$$

2) 개방계의 일량(공업일)

개방계의 일량은 $P-V$선도에서 P축으로 투명한 면적으로 면적 1, 2, 5, 6, 1에 해당한다. 또한 개방계의 일량은 펌프, 터빈, 압축기의 일량을 말하며 공업일, 압축일, 소비일, 유동일, 가역일, 정상류일 등을 의미한다.

$$W_t = -\int_1^2 VdP \ (\mathrm{kg \cdot m})$$

$$w_t = -\int_1^2 v\,dp \ (\mathrm{kg \cdot m/kg})$$

3) 절대일(${}_1W_2$)과 공업일(W_t)의 관계

절대일과 공업일의 관계는

$${}_1W_2 = W_t + P_2V_2 - P_1V_1$$

즉,

$$W_t = {}_1W_2 + P_1V_1 - P_2V_2$$

로 정의할 수 있다.

13.6 열역학 제1법칙의 제2기초식(정상 유동유체, 개방계)

열역학 제1법칙의 제1기초식에서 $\delta Q = dU + APdV$ (kcal)이라 정의하였고, 또한 엔탈피 변화를 $dH = dU + Ad(PV)$이라 정의하였다. 제1기초식을 다시 내부에너지 변화항으로 다시 정리하면, $dU = \delta Q - APdV$와 같고 이 식을 엔탈피 변화식에 대입하면, $dH = \delta Q - APdV + APdV + AVdP$이므로 $\delta Q = dH - AVdP$이 된다.

(1) 제2기초식

$$\delta Q = dH - AVdP = dH + AW_t \ (\mathrm{kcal})$$

$$\delta q = dh - Avdp = dh + Aw_t \ (\mathrm{kcal/kg})$$

(2) 열량 관계식

$${}_1Q_2 = (H_2 - H_1) + A W_t \ \text{(kcal)}$$

$${}_1q_2 = (h_2 - h_1) + A w_t \ \text{(kcal/kg)}$$

13.7 정상류 에너지 방정식

작동유체 및 에너지 출입이 있는 개방계에서 작동유체의 유출입에너지의 수수가 모두 정상적일 때, 이 계를 정상류계라 한다. 정상류계의 일점 또는 일단면에서의 상태량은 언제나 일정하며 시간에 따라 변하지 않는다.

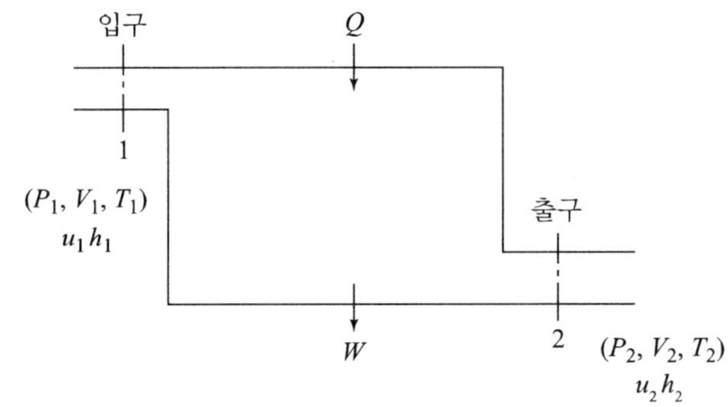

[그림 13.3] 개방계(정상류계)

정상류계에서 열역학 제1법칙을 적용하면 다음과 같다. 계의 입구상태를 1, 출구상태를 2로 표시하고, 1, 2 간의 흐름에서 받는 열량 Q, 유체가 외부에 대해서 하는 일을 W라 하면

계에 유입하는 총에너지 = 계 밖으로 유출하는 총에너지

즉,

$$\dot{G}\left(u_1 + Ap_1v_1 + \frac{A}{2g}w_1^2 + Az_1\right) + {}_1Q_2 = \dot{G}\left(u_2 + Ap_2v_2 + \frac{A}{2g}w_2^2 + Az_2\right) + A W_t$$

여기서, $\dot{G}$: 중량유량

${}_1Q_2$: 계에 가해진 열량

W_t : 외계로 나가는 일

u : 내부에너지

p : 압력

v : 비체적

w : 속도

z : 기준면 높이

이 식에서 p_1, v_1은 외계에서 계 내로 유체를 밀어 넣기 위한일 p_2, v_2는 계에서 밖으로 유체를 밀어내기 위한 일이다. 또 $\dfrac{w_1^2}{2g}$, $\dfrac{w_2^2}{2g}$은 유입 유출하는 유체가 갖는 운동에너지이다. 내부에너지와 유동에너지를 엔탈피(h)로 대체한 정상유동계의 에너지식은 다음과 같다.

$$\dot{G}\left(h_1 + \frac{A}{2g}w_1^2 + Az_1\right) + {}_1Q_2 = \dot{G}(h_2 + \frac{A}{2g}w_2^2 + Az_2) + AW_t$$

식을 정리하면

$${}_1Q_2 = AW_t + \dot{G}(h_2 - h_1) + A\dot{G}\left(\frac{w_2^2 - w_1^2}{2g}\right) + A\dot{G}(z_2 - z_1)$$

여기서, 엔탈피 변화량 $\Delta H = \dot{G}(h_2 - h_1)$

운동에너지 변화량 $\Delta KE = A\dot{G}\left(\dfrac{w_2^2 - w_1^2}{2G}\right)$

위치에너지 변화량 $\Delta PE = A\dot{G}(z_2 - z_1)$

과정 중 만약 단열과정이면 ${}_1Q_2 = 0$, 일의 출입이 없으면 $AW_t = 0$, 속도의 변화가 없으면 $\Delta KE = 0$, 위치변화가 없으면 $\Delta PE = 0$ 등의 조건을 식에 적용한다.

13.8 정적비열과 정압비열

1) 정적비열

어떤 물질을 체적이 변화되지 않는 조건에 두고 가열했을 때 투입된 열량은 모두 그 물질의 내부에너지 증가에 사용된다. 이때에 투입된 열량은 정적비열이라고 할 수 있다. 즉, 일정한 체적 하에서 1 kg의 가스의 온도를 1℃ 상승시키는데 필요한 열량이다.

$$C_v = \left(\frac{\partial q}{\partial T}\right)_v = \left(\frac{du}{dT}\right)_v = T\left(\frac{\partial s}{\partial T}\right)_v$$

여기서

$$du = C_v\, dT \ (\text{kcal/kg})$$
$$dU = GC_v\, dT \ (\text{kcal})$$

이며, 공기의 경우 $C_v = 0.171\,\text{kcal/kg}_\text{f} \cdot ℃$ 가 된다.

2) 정압비열

어떤 물질을 압력은 일정하나 체적이 변화될 수 있는 조건 속에서 가열하면 체적이 팽창되게 된다. 이때에 투입된 열량은 정압비열이라고 할 수 있다. 즉, 일정한 압력 하에서 1 kg의 가스의 온도를 1℃ 상승시키는데 필요한 열량이다.

$$C_p = \left(\frac{\partial q}{\partial T}\right)_p = \left(\frac{dh}{dT}\right)_p = T\left(\frac{\partial s}{\partial T}\right)_p$$

여기서

$$dh = C_p\, dT \ (\text{kcal/kg})$$
$$dH = GC_p\, dT \ (\text{kcal})$$

이며, 공기의 경우 $C_p = 0.240\,\text{kcal/kg}_\text{f} \cdot ℃$ 가 된다.

3) 비열비

정압비열(C_p)과 정적비열(C_v)의 비를 나타내며

$$k = \frac{C_p}{C_v}$$

여기서, C_p가 C_v보다 항상 크기 때문에 비열비 k는 항상 1보다 크다는 것을 알 수 있다.

공기의 경우, $k = \frac{C_p}{C_v} = \frac{0.240}{0.171} \fallingdotseq 1.4$이다.

4) 정적비열과 정압비열 관계

$\delta q = du + Ap\,dv = dh - Av\,dp$

$du + Apdv = dh - Avdp$

$C_v dT + Apdv = C_p dT - Avdp$

$Apdv + Avdp = (C_p - C_v)dT$

$Ad(pv) = (C_p - C_v)dT$

$Ad(RT) = (C_p - C_v)dT$

$\therefore\ C_p - C_v = AR$

또한 $C_p - C_v = AR,\ k = \frac{C_p}{C_v}$ 에서

$C_v = \frac{AR}{k-1}$

$C_p = kC_v = \frac{kAR}{k-1}$

연습문제

1. 매분 6,800 회전하면서 150 PS를 내는 엔진이 1분간 하는 일은 열량으로 몇 kcal가 되는가?

풀이

$$Q = AW = 150 \times 75 \times 60 \times \frac{1}{427}$$
$$= 1{,}580\,\text{kcal}$$

2. 어떤 증기 터빈에서 매시 1,350 kg_f의 수증기를 공급받아 100 PS의 출력을 낸다. 이 터빈의 입구 및 출구에서의 엔탈피가 각각 730 kcal/kg_f, 630 kcal/kg_f이고 또 터빈의 입구와 출구에서의 증기의 속도가 각각 620 m/s, 120 m/s이다. 터빈에서의 시간당 열 손실은 얼마인가(kcal/h)?

풀이

증기는 터빈에서 정상적인 흐름을 한다고 한다.

$z_1 = z_2$라 하고 $1\,\text{PS} = 632\,\text{kcal/h}$이므로

$$_1Q_2 = AW_t + G(h_2 - h_1) + AG\left(\frac{w_2^2 - w_1^2}{2g}\right)$$
$$= (632.3 \times 100) + 1{,}350(630 - 730) + \frac{1{,}350}{427}\left(\frac{120^2 - 620^2}{2 \times 9.8}\right)$$
$$= -174{,}946.9\,\text{kcal/h}$$

∴ 여기서 (−) 부호는 열손실을 의미한다.

3. 밀폐 용기 내의 50℃의 공기 8 kg_f이 들어 있다. 외부에서 열을 가하여 120℃까지 온도를 올리면 내부에너지(kcal)는 얼마나 증가하겠는가? (단, 공기의 평균 정적비열은 0.174 kcal/kg_f · ℃이다.)

풀이

$$Q = 0.174 \times 8 \times (120 - 50) = 97.4\,\text{kcal}$$
$$Q = \Delta U + AW$$
$$AW = 0$$
$$\therefore\ \Delta U = 97.4\,\text{kcal}$$

4. 기체가 20 kcal의 열을 흡수하면서 동시에 외부로부터 1,000 kg_f · m의 일을 받으면 내부에너지의 변화는(kcal)?

풀이

$$\Delta U = Q - \frac{1}{J}W = 20 - \frac{1}{427} \times (-1{,}000) = 22.34\,\text{kcal}$$

5. 압력 31 kg_f/cm^2, 온도 460℃의 증기($h_1 = 900$ kcal/kg_f)가 노즐에 유입하고 출구에서는 압력 10 kg_f/cm^2, 온도 310℃($h_2 = 600$ kcal/kg_f)의 상태가 되어 유출한다. 증기의 노즐 속의 유동은 정상류로 보며 노즐로부터의 손실은 없는 것으로 보고, 또 증기의 입구 속도를 생략하면 증기의 출구 속도는[m/s]?

풀이

$$\dot{G}\left(h_1 + A\frac{w_1^2}{2g}\right) = \dot{G}\left(h_2 + A\frac{w_2^2}{2g}\right)$$

$w_1 = 0$이므로

$$w_2 = \sqrt{\frac{2g}{A}(h_1 - h_2)} = \sqrt{2 \times 9.8 \times 427(900 - 600)} = 1584\,\text{m/s}$$

6. 표준대기압에서 엔탈피 70 kcal/kg의 공기가 60 m/sec의 속도로 압축기에 들어가서 3.5 kg_f/cm^2 · abs, 100 kcal/kg_f, 120 m/sec로 나올 때 300 kg_f/h의 공기를 압축하는 데 필요한 동력은(kW)?

풀이

$$W = \dot{G}J(h_2 - h_1) + \dot{G}\left(\frac{w_2^2 - w_1^2}{2g}\right)$$

$$= \frac{300}{3{,}600} \times 427(100 - 70) + \frac{300}{2 \times 9.8 \times 3{,}600}(120^2 - 60^2)$$

$$= 1{,}113\,kg_f \cdot \text{m/sec} = \frac{1{,}113}{102} = 10.92\,\text{kW}$$

7. 어느 계가 5 kcal의 열을 외부로부터 공급받아 이 계가 외부에 2989 kg_f · m의 일을 하였다. 이 계의 내부에너지의 변화량은 몇 kcal인가?

풀이

$Q = \Delta U + AW$에서

$$\therefore\ \Delta U = Q - AW = 5 - \frac{1}{427} \times 2989 = -2\,\text{kcal}$$

8. 어떤 물질 1 kg이 압력 1 kgf/cm^2, 체적 0.86 m^{3}의 상태에서 압력 5 kgf/cm^2, 체적 0.2 m^{3}로 되었다. 이 때 내부에너지의 변화가 없다면 엔탈피의 증가는 몇 kcal/kgf인가?

풀이

$h = u + Apv$에서 $\Delta u = 0$이므로

$$\therefore \ \Delta h = A(p_2 v_2 - p_1 v_1) = \frac{10^4}{427} \times (5 \times 0.2 - 1 \times 0.86) = 3.28 \, \text{kcal/kg}_\text{f}$$

9. 내부에너지 50 kcal를 보유하는 물체에 열을 가했더니 내부에너지가 80 kcal 증가하고 외부에 834 kgf · m의 일을 하였다. 가해진 열량은 몇 kcal인가?

풀이

$$Q = \Delta U + A_1 W_2 = (80 - 50) + \frac{1}{427} \times 834 = 32 \, \text{kcal}$$

10. 게이지압력 1.2 kgf/cm^{2}의 가스가 일정한 압력 하에서 10 m^{3}으로부터 5 m^{3}까지 마찰 없이 압축되고 동시에 73.5 kcal의 열이 외부에 방출되었다. 내부에너지의 변화(kcal)를 구하면?

풀이

$\delta Q = \delta U + APdV$에서 $\delta U = \delta Q - APdV$

결국, $\Delta U = Q - AP(V_2 - V_1)$

$$= -73.5 - \frac{1}{427} \times (1.2 + 1.0332) \times 10^4 \times (5 - 10)$$

$= 188$ kcal(증가)

11. 표준대기압 하에서 엔탈피 60 kcal/kgf의 공기가 50 m/sec의 속도로 압축기에 들어가서 3.5 kgf/cm^2, 110 kcal/kgf, 100 m/sec로 나올 때 400 kgf/h의 공기를 압축하는 데 필요한 동력은(PS)?

풀이

정상 유동의 에너지 방정식을 이용하면

$$Q = AW_t + \frac{A\dot{G}(w_2^2 - w_1^2)}{2g} + \dot{G}(h_2 - h_1) + A\dot{G}(z_2 - z_1)$$

$$\therefore \ AW_t = \frac{A\dot{G}(w_2^2 - w_1^2)}{2g} + \dot{G}(h_1 - h_2)$$

$$= \frac{\frac{1}{427} \times 400 \times \frac{1}{3600} \times (50^2 - 100^2)}{2 \times 9.8} + \frac{400}{3600}(60 - 110)$$

$= -5.655$ kcal/sec

결국, 동력 $P = \dfrac{427 \times 5.655}{75} = 32.1\,\text{PS}$

12. 어떤 증기 터빈이 매시간 4000 kg_f의 수증기를 공급받아 650 kW의 기계적 일을 발생한다. 터빈 입구와 출구에서 증기의 엔탈피가 700 kcal/kg_f, 520 kcal/kg_f이고 유속은 입구에서 80 m/sec, 출구에서 240 m/sec라 할 때 터빈에서의 시간당 열손실은 몇 kcal/hr인가? (단, 1 PS = 632 kcal/h, 1 kcal = 427 kg_f · m, 1 kW = 860 kcal/h이다.)

풀이

$$Q = AW_t + \frac{A\dot{G}(w_2^2 - w_1^2)}{2g} + \dot{G}(h_2 - h_1) + A\dot{G}(Z_2 - Z_1)$$

$$= (650 \times 860) + \frac{4000(240^2 - 80^2)}{2 \times 9.8 \times 427} + 4000(520 - 700)$$

$$= -136{,}529\ \text{kcal/hr}$$

따라서, 약 136,400 kcal/hr 이다.

13. 10 kg_f의 증기가 50℃, 압력이 0.38 ata, 체적이 7.5 m^3일 때 내부에너지는 1600 kcal이다. 이와 같은 상태의 증기가 가지고 있는 엔탈피(enthalpy)는 몇 kcal인가?

풀이

$$H = U + APV$$

$$= 1600 + \frac{1}{427} \times 0.38 \times 10^4 \times 7.5$$

$$= 1666.7\ \text{kcal}$$

14. 압력 45 kg_f/cm^2이고 온도 241.41℃인 1 kg의 물이 증발하는 동안에 비체적이 0.00123 m^3/kg에서 0.0582 m^3/kg_f으로 증가하고, 엔탈피는 420.25 kcal/kg_f로 증가한다. 1 kg의 물로 구성되는 정지계의 내부에너지 변화는 몇 kcal/kg_f인가?

풀이

$h = u + Apv$ 에서

$$\Delta u = (h_2 - h_1) - Ap(v_2 - v_1)$$

$$= 420.25 - \frac{45 \times 10^4}{427}(0.0582 - 0.00123)$$

$$\fallingdotseq 360.21\ \text{kcal/kg}_f$$

15. 어느 계가 10 kcal의 열을 외부로부터 공급받아 이 계가 외부 2989 $kg_f \cdot m$의 일을 하였다. 이 계의 내부에너지 변화량은 몇 kcal인가?

풀이 $_1Q_2 = \Delta U + AW$ 에서

$\therefore\ \Delta U = {_1Q_2} - AW = 10 - \dfrac{1}{427} \times 2989 = 3\,\text{kcal}$

16. 비눗방울이 반지름 r_1 에서 r_2 까지 팽창하였을 때 소요되는 일은? (단, α 는 표면장력이다.)

풀이 $\sigma = \dfrac{Pd}{4}$ 에서 $P = \dfrac{4\sigma}{d} = \dfrac{2\sigma}{r}$

구의 체적 $V = \dfrac{\pi d^3}{6} = \dfrac{4\pi r^3}{3}$ 이므로 $dV = 4\pi r^2 dr$

결국, 체적 팽창에 의한 일 W 는

$$W = \int_1^2 PdV = \int_1^2 \frac{2\sigma}{r} \times 4\pi r^2 dr = 8\pi\sigma \int_1^2 rdr = 8\pi\sigma \left[\frac{r^2}{2}\right]_1^2$$

$$= 4\pi\sigma ({r_2}^2 - {r_1}^2)$$

17. 680 kcal/kg의 엔탈피를 갖는 증기가 파이프를 통해 지상으로부터 4270 m, 위로 공급된다. 외부로의 열손실을 무시할 때 파이프 끝에서의 엔탈피는?

풀이 $_1q_2 = \Delta h - Av\Delta P = 0$

$= \Delta h + Aw_t$ 에서

$\therefore \Delta h = -Aw_t = -\dfrac{1}{427} \times 4270 = -10\,\text{kcal/kg}$

결국, $\Delta h = h_2 - h_1$

$\therefore\ h_2 = \Delta h + h_1 = -10 + 680 = 670\,\text{kcal/kg}$

18. 마찰이 없는 밀폐계에서 $P = 15 + 20V$의 관계로 변한다. 여기서 P의 단위는 bar이고, V의 단위는 m^3이다. 체적이 0.1 m^3에서 0.5 m^3으로 변하는 동안에 계가 한 일(kJ)은 얼마인가?

풀이 $_1W_2 = \displaystyle\int_{0.1}^{0.5} (15 + 20V) \times 100\,dV = 100[15V + 10V^2]_{0.1}^{0.5} = 840\,\text{kJ}$

19. 비열비 $k = 1.47$, 기체 상수 $R = 47\ \text{kg}\cdot\text{m/kg}\cdot\text{K}$인 이상 기체의 정적비열($C_v$)과 정압비열($C_p$)은 각각 몇 $\text{kcal/kg}_\text{f}\cdot$℃인가?

풀이

$$\text{정적비열}\quad C_v = \frac{AR}{k-1} = \frac{\frac{1}{427}\times 47}{1.47-1} = 0.234\,\text{kcal/kg}_\text{f}\cdot ℃$$

$$\text{정압비열}\quad C_p = \frac{kAR}{k-1} = \frac{1.47\times\frac{1}{427}\times 47}{1.47-1} = 0.344\,\text{kcal/kg}_\text{f}\cdot ℃$$

14. 이상기체

14.1 이상기체의 정의 및 법칙

보일(Boyle)의 법칙과 샤를(Charles)의 법칙 및 줄(Joule)의 법칙이 적용되는 가상적인 가스 중 비열이 일정한 것으로 완전 가스 상태방정식($PV=GRT$)을 만족하는 가스를 완전가스(Perfect gas) 또는 이상기체(Ideal gas)라고 한다. 분자의 크기에 비하여 분자간의 평균 거리가 훨씬 커서 분자 상호간에 인력이 작용하지 않으며 분자 상호간의 충돌 시에는 운동량과 운동에너지가 보존되는, 즉 탄성 충돌을 하는 기체를 말한다. 실제 가스는 분자량이 작을수록, 압력이 낮을수록, 온도가 높을수록, 비체적이 클수록 완전가스 상태방정식을 만족한다.

1) 보일의 법칙(Boyle's law)

기체의 온도가 일정할 때 기체의 비체적은 압력에 반비례한다.

$$V \propto \frac{1}{P}$$

↑

비례상수 : C

$\therefore\ PV = C$

그러므로 $P_1 V_1 = P_2 V_2$

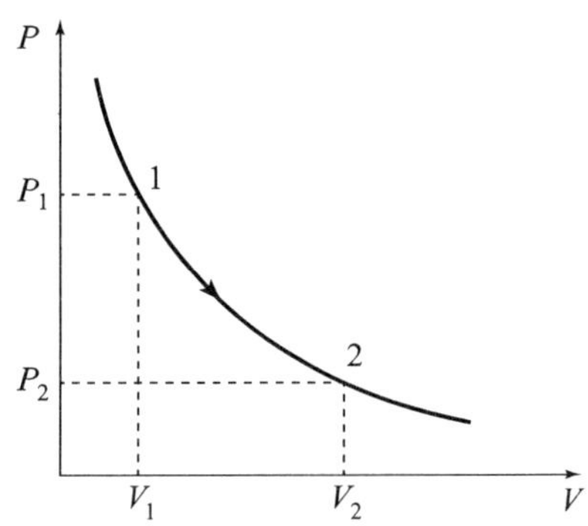

[그림 14.1] $P-V$선도

2) 샤를의 법칙(Charle's law)

기체의 압력이 일정할 때 기체의 비체적은 절대온도에 비례한다.

$$V \propto T$$

↑

비례상수 : C

$$\therefore \ \frac{V}{T} = C$$

그러므로 $\dfrac{V_1}{T_1} = \dfrac{V_2}{T_2}$

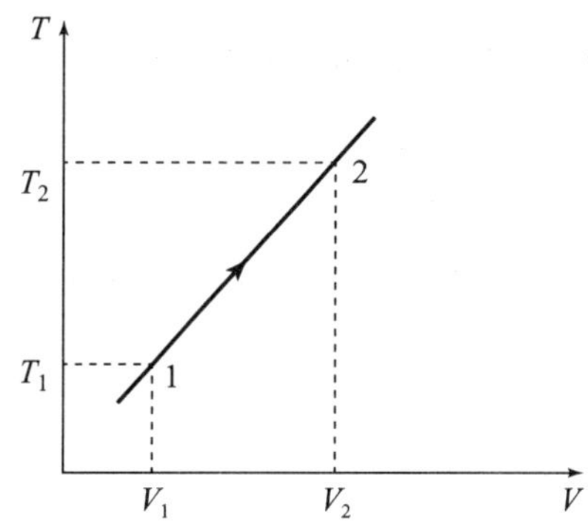

[그림 14.2] $T - V$ 선도

3) 보일 - 샤를의 법칙(Boyle-Charle's law)

기체의 비체적은 압력에 반비례하고 절대온도에 비례한다.

$$V \propto \frac{T}{P}$$

↑

비례상수 : C

$$\therefore \ \frac{PV}{T} = C$$

그러므로 $\dfrac{P_1 V_1}{T_1} = \dfrac{P_2 V_2}{T_2}$

4) 이상기체 상태방정식

$$\frac{PV}{T} = C$$

그러므로 $PV = GRT$

여기서, (기체상수) $R = \frac{848}{m}(\mathrm{kg_f} \cdot \mathrm{m/kg} \cdot \mathrm{K})$

단, m : 분자량

공기의 경우 $R = 29.27(\mathrm{kg_f} \cdot \mathrm{m/kg} \cdot \mathrm{K})$

5) 아보가드로(Avogadro)의 법칙

① 같은 온도, 같은 압력, 같은 체적 내의 가스의 분자수는 가스의 종류에 관계없이 모두 같다.

② 기체 1 kmol의 부피는 표준상태(0℃, 1 atm)에서 22.41 $\mathrm{m^3}$이다.

14.2 완전 가스의 상태변화

(1) 정적변화(등적변화)

가스를 밀폐계 속에 넣고 체적을 일정하게 유지하며 가열·냉각하는 경우

① $P \cdot V \cdot T$ 관계

$V = C$이므로 $dV = 0$, 즉 $\frac{P_1}{T_1} = \frac{P_2}{T_2}$

② 절대일

$${}_1W_2 = \int_1^2 PdV = 0 \ (\because dV = 0\text{이므로})$$

③ 공업일

$$W_t = -\int_1^2 VdP = -V(P_2 - P_1) = V(P_1 - P_2) = R(T_1 - T_2)$$

④ 내부에너지 변화

$dU = C_v dT$에서 $\Delta U = U_2 - U_1 = C_v(T_2 - T_1) = {}_1Q_2$

$(\because \delta Q = dU + APdV)$

즉, 가열량 전부가 내부에너지의 변화로 표시된다.

⑤ 엔탈피 변화

$dH = C_p dT$ 에서 $\Delta H = C_p(T_2 - T_1)$

⑥ 열량

$\delta Q = dU + APdV = dH - AVdP$에서

$\therefore {}_1Q_2 = \Delta U = U_2 - U_1$

즉, 가열량 전부가 내부에너지의 변화로 표시된다.

(2) 정압변화(등압변화)

① $P \cdot V \cdot T$ 관계

$P = C$이므로 $dP = 0$, 즉 $\dfrac{V_1}{T_1} = \dfrac{V_2}{T_2}$

② 절대일

$${}_1W_2 = \int_1^2 PdV = P(V_2 - V_1) = R(T_2 - T_1)$$

③ 공업일

$$W_t = -\int_1^2 VdP = 0 \ (\because dP = 0\text{이므로})$$

④ 내부에너지 변화

$dU = C_v dT$에서 $\Delta U = U_2 - U_1 = C_v(T_2 - T_1)$

⑤ 엔탈피 변화

$dH = C_p dT$ 에서 $\Delta H = H_2 - H_1 = C_p(T_2 - T_1) = {}_1Q_2$

$(\because \delta Q = dH - AVdP)$

즉, 가열량 모두 엔탈피 변화로 나타난다.

⑥ 열량

$\delta Q = dU + APdV = dH - AVdP$에서

$\therefore {}_1Q_2 = \Delta H = H_2 - H_1$

즉, 가열량 모두 엔탈피 변화로 나타난다.

(3) 등온변화

① $P \cdot V \cdot T$ 관계

$T = C$이므로 $dT = 0$, 즉 $P_1 V_1 = P_2 V_2$

② 절대일

$${}_1W_2 = \int_1^2 PdV \text{에서 } P = \frac{RT}{V} \text{이므로}$$

$${}_1W_2 = RT\int_1^2 \frac{dV}{V} = RT\ln\frac{V_2}{V_1} = RT\ln\frac{P_1}{P_2} = P_1 V_1 \ln\frac{V_2}{V_1}$$

$$= P_1 V_1 \ln\frac{P_1}{P_2}$$

단, $P_1 V_1 = P_2 V_2$

③ 공업일

$$W_t = -\int_1^2 VdP \text{에서 } V = \frac{RT}{P} \text{이므로}$$

$$W_t = -RT\int_1^2 \frac{dP}{P} = RT\ln\frac{P_1}{P_2}$$

결국, 절대일(${}_1W_2$) = 공업일(W_t)

④ 내부에너지 변화

$dU = C_v dT$에서 $dT = 0$이므로

$\Delta U = U_2 - U_1 = 0$

$\therefore U_1 = U_2$

즉, 내부에너지의 변화가 없다.

⑤ 엔탈피 변화

$dH = C_p dT$ 에서 $dT = 0$이므로

$\Delta H = H_2 - H_1 = 0$

$\therefore H_1 = H_2$

즉, 엔탈피 변화가 없다.

⑥ 열량

$\delta Q = dU + APdV = dH - AVdP$에서

$\delta Q = C_p dT + A\delta W = C_p dT + A\delta W_t$이므로

결국, 가열량(${}_1Q_2$) = 절대일($A_1 W_2$) = 공업일(AW_t)

즉, 가열한 열량은 전부 일로 변한다.

(4) 단열변화

상태변화를 하는 동안 외부와 전혀 열의 출입이 없는 상태변화

① $P \cdot V \cdot T$ 관계

$PV^k = C$, $TV^{k-1} = C$에서 단열지수 관계는

$$\frac{T_2}{T_1} = \left(\frac{V_1}{V_2}\right)^{k-1} = \left(\frac{P_2}{P_1}\right)^{\frac{k-1}{k}} \quad (\text{단, } k \text{ : 단열비})$$

② 절대일

$${}_1W_2 = \int_1^2 P\,dV$$

$\delta Q = dU + APdV$에서 $\delta Q = 0$이므로

$${}_1W_2 = \frac{1}{A}C_v(T_1 - T_2)$$

③ 공업일

$$W_t = -\int_1^2 V\,dP$$

$\delta Q = dH - AVdP$에서 $\delta Q = 0$이므로

$$W_t = \frac{1}{A}C_p(T_1 - T_2)$$

결국, ${}_1W_2 < W_t$

④ 내부에너지 변화

$dU = C_v dT$에서 $\Delta U = C_v(T_2 - T_1) = -A\,{}_1W_2$

즉, 내부에너지 변화량은 절대일량과 같다.

⑤ 엔탈피 변화

$dH = C_p dT$에서 $\Delta H = C_p(T_2 - T_1) = -AW_t$

즉, 엔탈피 변화량은 공업일량과 같다.

⑥ 열량

$Q = C$, 즉 $\delta Q = 0$이므로 열의 이동이 없다.

(5) 폴리트로픽(polytropic) 변화

① $P \cdot V \cdot T$ 관계

$PV^n = C$, $TV^{n-1} = C$에서 폴리트로픽지수 관계는

$$\frac{T_2}{T_1} = \left(\frac{V_1}{V_2}\right)^{n-1} = \left(\frac{P_2}{P_1}\right)^{\frac{n-1}{n}}$$ (단, n : 폴리트로픽지수)

② 절대일

$${}_1W_2 = \int_1^2 PdV \ [P_1V_1^n = PV^n \text{에서 } P = \frac{P_1V_1^n}{V^n}]$$

$${}_1W_2 = P_1V_1^n \int_1^2 V^{-n}dV = P_1V_1^n \left(\frac{V^{1-n}}{1-n}\right)_1^2$$

$$= \frac{R}{n-1}(T_1 - T_2)$$

결국, ${}_1W_2 = \frac{R}{n-1}(T_1 - T_2)$

③ 공업일

$$W_t = -\int_1^2 VdP \ [PV^n = P_1V_1^n \text{에서 } V = \frac{P_1^{1/n}V_1}{P^{1/n}}]$$

$$W_t = -\int_1^2 \frac{P_1^{1/n}V_1}{P^{1/n}}dP = \frac{nR}{n-1}(T_1 - T_2) = n_1W_2$$

결국, $W_t = \frac{nR}{n-1}(T_1 - T_2) = n_1W_2$

즉, $W_t > {}_1W_2$

④ 내부에너지 변화

$dU = C_v dT$에서 $\Delta U = U_2 - U_1 = C_v(T_2 - T_1)$

⑤ 엔탈피 변화

$dH = C_p dT$에서 $\Delta H = H_2 - H_1 = C_p(T_2 - T_1)$

⑥ 열량

$\delta Q = dU + APdV$를 적용하면

$${}_1Q_2 = C_n(T_2 - T_1) = \left(\frac{n-k}{n-1}\right)C_v(T_2 - T_1)$$

단, C_n : 폴리트로픽비열

$$C_n = \left(\frac{n-k}{n-1}\right)C_v$$

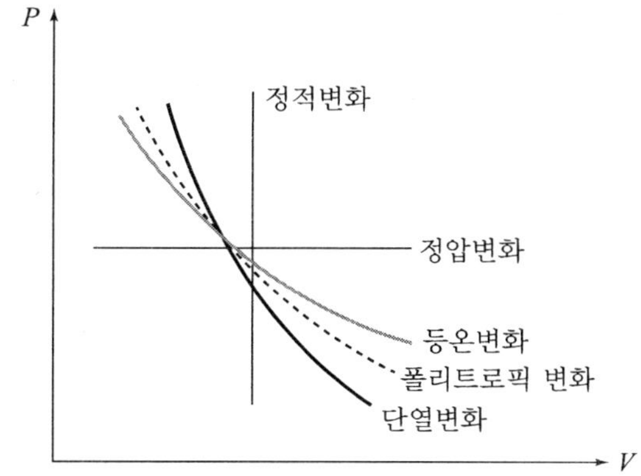

[그림 14.3] $P-V$선도

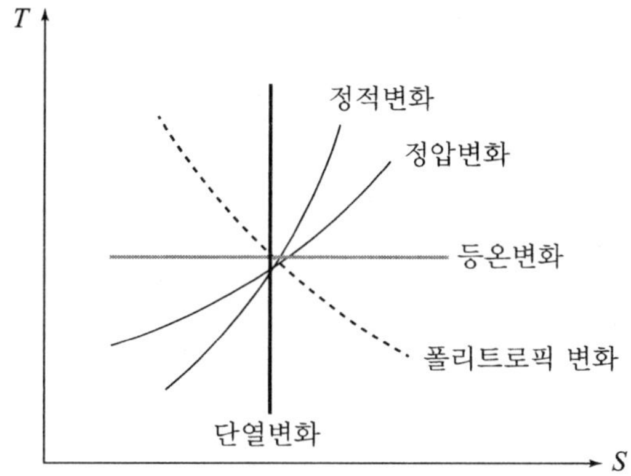

[그림 14.4] $T-S$선도

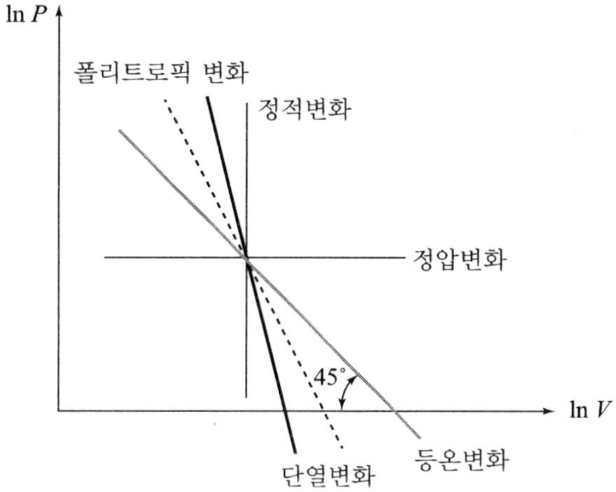

[그림 14.5] 대수선도($\ln P - \ln V$)

[표 14.1] 폴리트로픽지수(n), 폴리트로픽비열(C_n)

상태변화	폴리트로픽지수(n)	폴리트로픽비열(C_n)
정압변화	0	C_p
등온변화	1	∞
단열변화	k	0
정적변화	∞	C_v

[표 14.2] 각종 가스의 상태량의 값

가스	분자 기호	원자수	분자량 M	가스 정수 R $\frac{kg_f \cdot m}{kg_f \cdot K}$	공기에 대한 비중 S	0℃ 및 미소압력에 있어서의 비열의 값				비열비 $k=\frac{C_p}{C_v}$
						kcal/kg$_f$ · ℃		kcal/kmol · ℃		
						C_v	C_p	C_v	C_p	
헬륨	He	1	4.003	211.9	0.1381	1.251	0.755	5.00	3.01	1.66
아르곤	Ar	1	39.944	21.23	1.379	0.125	0.076	5.00	3.01	1.66
수소	H_2	2	2.016	420.30	0.0695	3.403	2.417	6.84	4.87	1.409
질소	N_2	2	28.016	30.26	0.968	0.2482	0.1774	6.96	4.97	1.400
산소	O_2	2	32.000	26.49	1.105	0.2184	0.1562	6.99	5.00	1.399
공기	-	-	28.964	29.27	1.000	0.240	0.171	6.95	4.96	1.402
일산화탄소	CO	2	28.01	30.28	0.967	0.2486	0.1775	6.96	4.97	1.400
산화질소	NO	2	30.008	28.25	1.037	0.2384	0.1722	7.16	5.17	1.385
염화수소	HCl	2	36.465	23.25	1.268	0.191	0.136	6.96	4.97	1.40
수증기	H_2O	3	18.016	47.06	0.622	0.444	0.334	8.00	6.01	1.33
탄산가스	CO_2	3	44.01	19.25	1.530	0.1957	0.1505	8.62	6.63	1.301
이산화질소	N_2O	3	44.016	19.26	1.538	0.2131	0.1680	9.36	7.47	1.270
아황산가스	SO_2	3	64.06	13.24	2.264	0.1453	0.1143	9.29	7.30	1.272
암모니아	NH_3	4	17.032	49.78	0.596	0.491	0.374	8.36	6.37	1.313
아세틸렌	C_2H_2	4	26.036	32.59	0.906	0.3613	0.2904	10.13	8.14	1.255
메탄	CH_4	5	16.042	52.89	0.554	0.515	0.390	8.27	6.28	1.319
메틸클로라이드	CH_3Cl	5	50.491	16.79	1.785	0.176	0.137	8.87	6.88	1.29
에틸렌	C_2H_4	6	28.052	30.25	0.975	0.385	0.308	10.02	8.03	1.249
에탄	C_2H_6	8	30.068	28.22	1.049	0.413	0.345	12.41	10.34	1.20
에틸클로라이드	C_2H_5Cl	8	64.511	13.14	2.228	0.32	0276	20.3	17.8	1.16

[표 14.3] 완전 가스의 가역변화에 대한 관계식(단, $C=$ 일정)

과정	정압과정 $P=C$ $(dP=0)$	정적과정 $V=C$ $(dV=0)$	등온과정 $T=C$ $(dT=0)$	등엔트로피 과정 $PV^k=C$	폴리트로픽 과정 $PV^n=C$
P, V, T 관계	$\frac{T_2}{T_1}=\frac{V_2}{V_1}$	$\frac{T_2}{T_1}=\frac{P_2}{P_1}$	$\frac{P_2}{P_1}=\frac{V_1}{V_2}$	$\frac{T_2}{T_1}=\left(\frac{V_1}{V_2}\right)^{k-1}=\left(\frac{P_2}{P_1}\right)^{\frac{k-1}{k}}$	$\frac{T_2}{T_1}=\left(\frac{V_1}{V_2}\right)^{n-1}=\left(\frac{P_2}{P_1}\right)^{\frac{n-1}{n}}$
폴리트로픽지수 (n)	0	∞	1	k	$-\infty<n<\infty$
비열(C_n)	C_p	C_v	∞	0	$C_v\left(\frac{k-n}{1-n}\right)$
내부에너지의 변화량 ΔU	$C_v(T_2-T_1)$	$C_v(T_2-T_1)$	$C_v(T_2-T_1)=0$	$C_v(T_2-T_1)$	$C_v(T_2-T_1)$
엔탈피의 변화량 ΔH	$C_p(T_2-T_1)$	$C_p(T_2-T_1)$	$C_p(T_2-T_1)=0$	$C_p(T_2-T_1)$	$C_p(T_2-T_1)$
엔트로피의 변화량 ΔS	$C_p\ln\frac{T_2}{T_1}$	$C_v\ln\frac{T_2}{T_1}$	$AR\ln\left(\frac{P_2}{P_1}\right)$	0	$C_n\ln\frac{T_2}{T_1}$
절대일의 $W=\int PdV$	$P(V_2-V_1)$	0	$P_1V_1\ln\frac{V_2}{V_1}$	$\frac{P_1V_1-P_2V_2}{k-1}$	$\frac{P_1V_1-P_2V_2}{n-1}$
공업일의 $W_t=-\int VdP$	0	$V(P_2-P_1)$	$P_1V_1\ln\frac{P_2}{P_1}$	$\frac{k(P_1V_1-P_2V_2)}{k-1}$	$\frac{n(P_1V_1-P_2V_2)}{n-1}$
가열량 $Q=C_n\Delta T$	ΔH	ΔU	$ART\ln\left(\frac{V_2}{V_1}\right)$	0	$C_n(T_2-T_1)$

연습문제

1. 압력 4 kg_f/cm^2, 체적 1 m^3의 공기가 일정 압력 하에서 12500 $kg_f \cdot m$의 일을 하였을 때 변화 후의 체적은 몇 m^3인가?

풀이

$_1W_2 = \int_1^2 PdV$에서 $_1W_2 = P(V_2 - V_1)$

$12500 = 4 \times 10^4 \times (V_2 - V_1)$

$\therefore V_2 = 3.125\,m^3$

2. 고속 주행 시 자동차 타이어의 온도는 올라가나 용적은 변화하지 않는다. 이 경우 온도 15℃, 압력 40 kg_f/cm^2 abs인 상태에서 온도가 70℃로 상승하였다면 압력 상승은 몇 % 정도나 되겠는가?

풀이

$V = C$: 정적과정

$\frac{P_2}{T_1} = \frac{P_2}{T_2}$에서 $P_2 = P_1 \frac{T_2}{T_1} = 40 \times \frac{343}{288} = 47.64\,ata(= kg_f/cm^2)$

결국, 압력 상승 $= \frac{P_2 - P_1}{P_1} \times 100 = \frac{47.64 - 40}{40} \times 100 = 19.18\%$

3. 밀폐된 공기탱크 속에 온도 20℃, 압력 1 ata인 공기 1 kg_f을 가열하여, 그 압력을 3 ata로 상승시키려 할 때의 소요 가열량은 몇 kcal인가? (단, 공기의 $C_v = 0.18$ kcal/kg · ℃이다.)

풀이

정적 : $V = C$, 즉 $dV = 0$

$\delta Q = dU + APdV$

결국, $_1Q_2 = \Delta U = GC_v(T_2 - T_1) = 1 \times 0.18 \times (579 - 293) = 51.48\,kcal$

단, $V = C$이므로

$\frac{P_1}{T_1} = \frac{P_2}{T_2}$에서 $T_2 = T_1 \frac{P_2}{P_1} = 293 \times \frac{3}{1} = 579\,K$

4. 압력 10 kg_f/cm^2, 용적 0.1 m^3의 기체가 일정 압력 하에서 팽창하여 용적이 0.3 m^3로 되었다. 이 기체가 한 일을 $kg_f \cdot m$로 계산하면?

풀이
$$ {}_1W_2 = \int_1^2 PdV = P(V_2 - V_1) = 10 \times 10^4 \times (0.3 - 0.1) $$
$$ = 20000\,kg_f \cdot m $$

5. 20℃에서 160℃까지의 공기의 평균 정적비열은 0.1751 kcal/kg·℃이다. 이 온도 범위에서 공기 1 kg의 내부에너지의 변화는 몇 kcal/kg인가?

풀이
$dU = C_v dT$에서
$$ \Delta U = C_v(T_2 - T_1) = 0.1751 \times (160 - 20) = 24.514\,kcal/kg $$

6. C_v = 0.177 kcal/kg℃인 이상 기체 5 kg을 일정한 체적 하에서 20℃에서 80℃까지 가열하는데 필요한 열량은 몇 kcal인가?

풀이
정적 : $V = C$, 즉 $dV = 0$
$\delta Q = dU + APdV$에서
$$ {}_1Q_2 = GC_v(T_2 - T_1) = 5 \times 0.177 \times (80 - 20) = 53.1\,kcal $$

7. 공기 20 kg_f을 300℃에서 900℃로 일정한 압력으로 가열할 때 필요한 열량은 몇 kcal인가? (단, 공기의 정압비열은 C_v = 0.24 kcal/kg·℃이다.)

풀이
정압 : $P = C$, 즉 $dP = 0$
$\delta Q = dU + APdV = dH - AVdP$에서
$$ {}_1Q_2 = GC_p(T_2 - T_1) = 20 \times 0.24 \times (900 - 300) = 2880\,kcal $$

8. 온도 127℃, 체적 1 m^3의 공기를 실린더 내에서 체적이 2배가 되도록 가역 단열 팽창시켰다. 이 때 공기 2 kg_f이 하는 일은 약 몇 $kg_f \cdot m$가 되는가? (k = 1.4)

풀이
단열 : $\dfrac{T_2}{T_1} = \left(\dfrac{V_1}{V_2}\right)^{k-1} = \left(\dfrac{P_2}{P_1}\right)^{\frac{k-1}{k}}$

$$\therefore\ T_2 = \left(\frac{V_1}{V_2}\right)^{k-1} T_1 = \left(\frac{1}{2}\right)^{0.4} \times 400 = 303\,\mathrm{K}$$

결국,

$${}_1W_2 = \frac{GR}{k-1}(T_1 - T_2) = \frac{2 \times 29.27}{0.4} \times (400 - 303) = 14195.95\,\mathrm{kg_f \cdot m}$$

9. $4\,\mathrm{m^3}$의 탱크 안에 공기가 들어 있다. 이 공기의 비체적이 $0.02\,\mathrm{m^3/kg}$일 때 비체적을 일정하게 하고 온도 변화를 50℃로 하면 공급된 열량(kcal)은? (단, $C_v = 0.172$ kcal/kg · ℃이다.)

풀이

정적 : $V = C$, 즉 $dV = 0$

$\delta Q = dU + APdV$에서

$${}_1Q_2 = GC_v(T_2 - T_1) = 200 \times 0.172 \times 50 = 1720\,\mathrm{kcal}$$

단, $v = \dfrac{V}{G}$에서 $G = \dfrac{V}{v} = \dfrac{4}{0.02} = 200\,\mathrm{kg}$

10. 기체 초기 압력 $1\,\mathrm{kg_f/cm^2}$, 체적 $0.1\,\mathrm{m^3}$이다. $PV =$ 일정인 과정으로 체적이 $0.3\,\mathrm{m^3}$으로 변했을 때의 $\mathrm{kg_f \cdot m}$로 계산한 일량은?

풀이

$PV = C$: 등온 과정

$$\begin{aligned}{}_1W_2 &= P_1V_1 \ln\frac{V_2}{V_1} = 1 \times 10^4 \times 0.1 \times \ln\frac{0.3}{0.1} \\ &= 1098.61\,\mathrm{kg_f \cdot m}\end{aligned}$$

11. 압력 $2\,\mathrm{kg_f/cm^2}$인 공기가 정압 하에서 550 kcal의 열을 받으면서 팽창하였다. 이 사이에 내부에너지 변화가 350 kcal이었다면, 체적 변화량($\mathrm{m^3}$)은?

풀이

정적 : $P = C$, 즉 $dP = 0$

$\delta Q = dU + APdV$에서 ${}_1Q_2 = \Delta U + AP\Delta V$

$$550 = 350 + \frac{1}{427} \times 2 \times 10^4 \Delta V$$

$$\therefore \Delta V = 4.27\,\mathrm{m^3}$$

12. 공기 8 kg$_f$가 온도 $T_1 = 20$℃, 압력 $P_1 = 7$ kg$_f$/cm^{2}의 상태로 봉입된 후 가스 온도가 $T_2 = 10$℃, $P_2 = 4$ kg$_f$/cm^{2}로 변하였다면 몇 kg$_f$의 공기가 누출되었겠는가?

풀이

정적 : $V = C$, 즉 $V_1 = V_2 = V$

$P_1 V = G_1 R T_1$ 에서 $V = 0.6126\,\text{m}^3$

$P_2 V = G_2 R T_2$ 에서 $G_2 = 2.958\,\text{kg}_\text{f}$

결국, $G = G_1 - G_2 = 8 - 2.958 = 5.042\,\text{kg}_\text{f}$

13. 초기 압력 1.75 kg$_f$/cm^2, 체적 0.5 m^{3}인 공기 1 kg$_f$가 등온 팽창하여 12500 kg$_f$ · m의 일을 하였다. 변화 후의 압력(kg$_f$/cm^2)을 구하시오.

풀이

등온 : $T = C$

$${}_1W_2 = P_1 V_1 \ln\frac{V_2}{V_1} \text{ 에서 } 12500 = 1.75 \times 10^4 \times 0.5 \times \ln\frac{V_2}{0.5}$$

$\therefore\ V_2 = 2.087\,\text{m}^3$

결국, $P_1 V_1 = P_2 V_2$ 에서

$$P_2 = \frac{P_1 V_1}{V_2} = \frac{1.75 \times 0.5}{1.968} = 0.419\,\text{kg}_\text{f}/\text{cm}^2$$

15. 열역학 제2법칙

15.1 열역학 제1법칙 한계

열역학 제1법칙은 에너지가 보존된다는 것을 나타낸다. 그러나 에너지는 보존되지만, 자연계에서 실제로 일어나지 않는 많은 과정들이 있다. 예를 들어, 차가운 물체에 뜨거운 물체를 접촉시키면 뜨거운 물체에서 차가운 물체로는 열이 전달되지만, 반대의 과정은 자발적으로 일어나지 않는다. 만약 열이 차가운 물체에서 흘러 나와 뜨거운 물체로 흘러 들어간다고 하면 에너지는 보존되어 열역학 제1법칙은 만족하지만 자연현상에서 이러한 일은 일어나지 않는다. 이러한 비가역성을 설명하기 위해 19세기 후반의 과학자들은 열역학 제2법칙이라는 새로운 원리를 발표하였다. 이 법칙으로 자연계에서 일어나지 않는 과정이 어떤 것들인가에 대한 설명이 가능해졌다.

열역학 제2법칙은 독일의 이론 물리학자인 클라우지우스가 엔트로피 개념을 도입하면서 처음 수학적으로 표현하였는데, 실제로 자연계에서 일어나는 모든 상태는 비가역을 동반하게 되므로 엔트로피는 증가할 뿐 감소하는 일이 없음을 나타내었다.

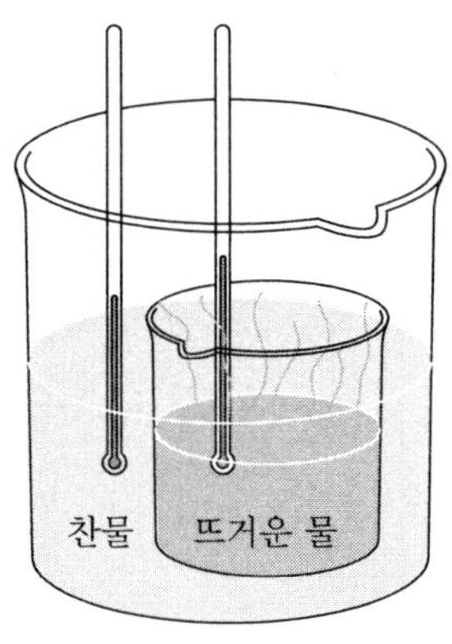

찬물과 더운 물에서의 열의 이동

차가운 물에 뜨거운 물을 접촉시키면,
뜨거운 물에서 차가운 물로는 열이 이동하며,
그 반대의 과정은 자발적으로 일어나지 않는다.

[그림 15.1] 열역학 제1법칙 한계

15.2 가역과정과 비가역과정

열역학적 변화 과정에는 주어진 방향과 그 역방향으로의 진행이 가능한 가역과정(Reversible process)과 어떤 특정한 방향으로의 진행은 가능하나 그 역방향으로의 진행은 불가능한 비가역과정(Irreversible process)이라는 두 가지 종류의 과정이 존재한다. 계가 초기 상태 A로부터 최종 상태 B로 변화할 때 계의 특성뿐 아니라 주변 환경의 특성도 변화하게 된다. 계가 최종 상태 B로부터 초기 상태 A로 복원될 때 계의 주변 환경도 완전히 회복되어 처음 상태와 전혀 차이가 없게 된다면 이런 변화 과정을 가역과정이라고 한다. 즉, 가역과정은 완전히 가역적이며, 가역순환과정은 전혀 과정의 흔적을 남기지 않는다. 가역과정은 이상적인 변화 과정으로 가상적으로만 구현될 수 있으며 실제로는 실현될 수 없다.

반면에 비가역과정의 경우는 온도가 다른 두 물체를 접촉시키면 고온의 물체의 열이 저온의 물체로 흘러 고온의 물체의 온도는 낮아지고 저온의 물체의 온도는 높아지나 반대로 저온의 물체에서 열이 고온의 물체로 흘러가 저온의 물체 온도가 계속 낮아지고 고온의 물체 온도는 계속 높아지는 현상은 일어나지 않는다. 또 물이 담긴 비커에 잉크 방울을 떨어뜨리면 잉크 분자들이 확산되어 물의 색이 잉크 색으로 변하지만 반대로 잉크 분자들이 스스로 다시 모여 잉크 방울을 만들지 않는다. 이러한 비가역 현상을 설명하기 위해서는 열역학 제1법칙에 변화의 방향을 결정해 주는 법칙이 필요하다. 열역학 제1법칙에 자연의 비가역성을 덧붙인 것이 열역학 제2법칙이다. "열현상은 분자들이 무질서한 운동을 하는 방향으로 진행되며, 그 반대 방향으로는 일어나지 않는다." 이것이 열역학 제2법칙이다. 비가역 현상의 예로는 기체의 자유 팽창, 고온체에서 저온체로 열의 이동, 마찰에 의한 열의 발생, 잉크 방울의 확산, 바위의 풍화 작용 등을 꼽을 수 있다.

15.3 열역학 제2법칙

열과 일의 상호 전환 가능성과 양적인 비례관계를 표시한 것이 열역학 제1법칙이다. 열역학 제2법칙은 앞에서 고려한 것과 같이 여러 가지 시험과 경험을 통해서 얻어졌기 때문에 여러 가지로 표현될 수 있으나 가장 널리 알려진 표현은 Clausius의 표현과 Kelvin-Plank의 표현이다.

1) Clausius의 표현

열은 그 자신만으로는 저온체에서 고온체로 이동할 수 없다는 표현, 즉 에너지의 방향성을 제시한다. 또한 성능계수가 무한대인 냉동기의 제작은 불가능하다.

2) Kelvin - Plank의 표현

단일 열 저장소로부터 열을 공급받아 자연계에 아무런 변화도 남기지 않고 계속적으로 열을 일로 변환시키는 열기관은 있을 수 없다는 표현, 즉 열효율이 100%인 기관은 존재할 수 없다.

15.4 열효율과 성능계수

1) 열기관

고열원으로부터 열을 공급받아 기계적인 일로 변환시키는 기관으로

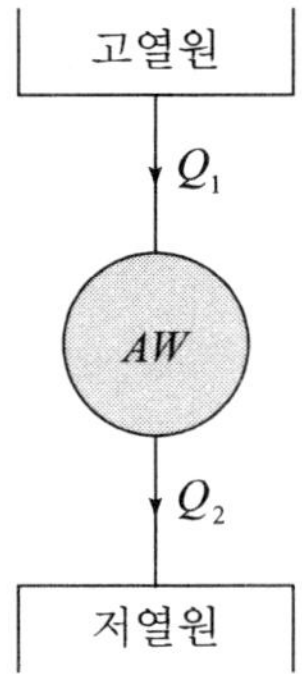

[그림 15.2] 열기관

여기서, Q_1 : 공급열량

Q_2 : 방출열량

AW : 유효열량($AW = Q_1 - Q_2$)

일 때

$$\therefore \text{ 열효율 } \eta = \frac{AW}{Q_1} = \frac{Q_1 - Q_2}{Q_1} = 1 - \frac{Q_2}{Q_1}$$

2) 냉동기

저열원의 열을 빼앗는 것이 목적인 기관으로

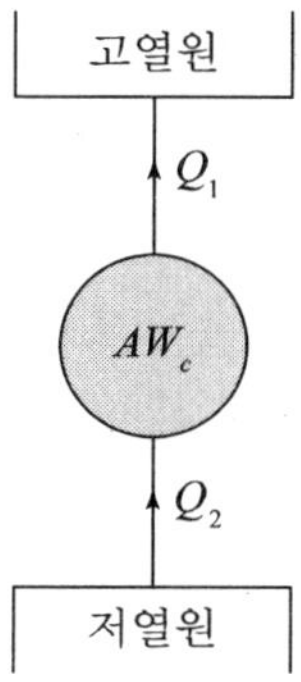

[그림 15.3] 냉동기

여기서, Q_1 : 고열원으로 버리는 열량

Q_2 : 저열원으로부터 흡수하는 열량

AW_c : 압축기의 소요열량($AW_c = Q_1 - Q_2$)

일 때

$$\therefore \text{ 냉동기의 성적(=성능)계수 } \epsilon_{r'} = \frac{Q_2}{AW_c} = \frac{Q_2}{Q_1 - Q_2}$$

3) 열펌프

고열원에 열을 공급하는 것이 목적인 기관, 즉 난방목적으로 사용하는 기관으로

$$\therefore \text{ 열펌프의 성능계수 } \epsilon_r = \frac{Q_1}{AW_c} = \frac{Q_1}{Q_1 - Q_2} = 1 + \epsilon_{r'}$$

열펌프의 성능계수는 냉동기의 성능계수보다 항상 1보다 크다는 것을 알 수 있다.

15.5 엔트로피(Entropy)

1865년 R.E.클라우지우스가 변화를 뜻하는 그리스어 $\tau\rho o \pi \eta$에서 이 물리량을 엔트로피라 불렀다. 열역학 제2법칙을 수학적으로 표현하기 위하여 엔트로피라는 새로운 개념의 물리량이 도입되었다. 엔트로피는 압력, 온도, 체적 등의 물리량처럼 우리 생활에서 감각적으로 비교, 측정할 수 있는 개념은 아니라서 생소하게 느껴질 수 있으나 이를 도입함으로써 변화의 방향, 변화량, 변화의 가능성 등을 예측할 수 있다. 인간이 자연에서 얻는 에너지는 언제나 물질계의 엔트로피가 증가하는 방향으로 일어나는데, 이를 엔트로피 증가의 법칙이라고 한다. 우주의 전체 에너지양은 일정하고 전체 엔트로피는 증가한다.

이론적으로는 물질계가 흡수하는 열량 dQ와 절대온도 T와의 비 $dS = dQ/T$로 정의한다. 여기서 dS는 물질계가 열을 흡수하는 동안의 엔트로피 변화량이다. 열기관의 효율을 이론적으로 계산하는 이상기관의 경우는 모든 과정이 가역과정이므로 엔트로피는 일정하게 유지된다. 일반적으로 현상이 비가역과정인 자연적 과정을 따르는 경우에는 이 양이 증가하고 자연적 과정에 역행하는 경우에는 감소하는 성질이 있다. 그러므로 자연현상의 변화가 자연적 방향을 따라 발생하는가를 나타내는 척도이다.

- 엔트로피 : $dS = \dfrac{\delta Q}{T} = \dfrac{GCdT}{T}$ (kcal/K)
- 비엔트로피 : $ds = \dfrac{\delta q}{T} = \dfrac{CdT}{T}$ (kcal/kg · K)

1) 가역사이클

그림 15.4에서 미소사이클을 모두 합한 것은 가역사이클이 되고 전 사이클에 대하여 합하면 $\left(+\Sigma \dfrac{\delta Q_1}{T_{\text{I}}}\right) = \left(-\Sigma \dfrac{\delta Q_2}{T_{\text{II}}}\right) = 0$이 된다.

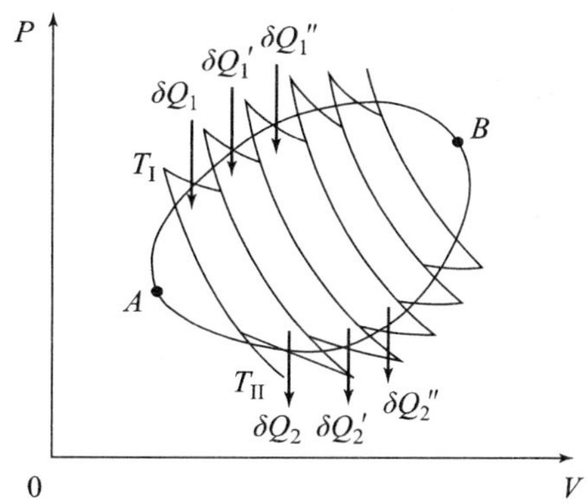

[그림 15.4] Clausius의 적분

결국, 사이클에 있어서 가열량(공급 열량)의 부호는 (+), 방열량(방출 열량)의 부호는 (−)이므로 전 사이클에 대한 적분을 폐적분($\oint$)으로 표시하면

$$\Sigma \frac{\delta Q}{T} = 0 \text{ 또는 } \oint \frac{\delta Q}{T} = 0 \text{ (가역과정)}$$

2) 비가역사이클

비가역사이클의 경우에는 마찰 등의 열손실로 방열량이 가역사이클의 방열량보다 더 크므로 그 적분치는 0보다 작다.

$$\oint \frac{\delta Q}{T} < 0 \text{ (비가역과정)}$$

결국, 클라우시우스의 적분값은 다음과 같다.

$$\oint \frac{\delta Q}{T} \leqq 0$$

결국 엔트로피는 감소하지 않으며 가역반응이면 불변이고 비가역이면 항상 증가한다. 실제로 자연계에서 일어나는 모든 상태는 비가역을 동반하게 되므로 엔트로피는 증가할 뿐 감소하는 일이 없다.

15.6 상태변화에 따른 엔트로피

1) 정적변화

$V_1 = V_2$일 때

$$\therefore \ \Delta S = S_2 - S_1 = C_v \ln\frac{T_2}{T_1}$$
$$= C_p \ln\frac{T_2}{T_1} - AR\ln\frac{P_2}{P_1}$$
$$= C_p \ln\frac{V_2}{V_1}$$

2) 정압변화

$P_1 = P_2$일 때

$$\therefore \ \Delta S = S_2 - S_1 = C_v \ln\frac{T_2}{T_1} + AR\ln\frac{V_2}{V_1}$$
$$= C_p \ln\frac{T_2}{T_1}$$
$$= C_p \ln\frac{P_2}{P_1}$$

3) 등온변화

$T_1 = T_2$일 때

$$\therefore \ \Delta S = S_2 - S_1 = AR\ln\frac{V_2}{V_1}$$
$$= -AR\ln\frac{P_2}{P_1}$$
$$= C_p \ln\frac{V_2}{V_1} + C_v \ln\frac{P_2}{P_1}$$

4) 단열변화

$dS = \dfrac{\delta Q}{T}$ 에서 $\Delta S = S_2 - S_1 = 0$이므로

$\therefore \ S_1 = S_2$ (등엔트로피)

15.7 유효에너지와 무효에너지

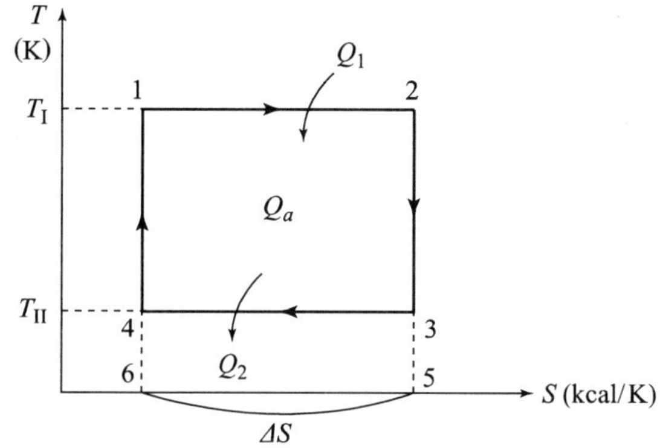

[그림 15.5] 유효에너지와 무효에너지

여기서, Q_1 (가열량 = 공급 열량 = 수열량) : 면적 1, 2, 3, 5, 6, 4, 1

Q_2 (방출열량) : 면적 4, 3, 5, 6, 4

Q_a (유효열량) : 면적 1, 2, 3, 4, 1

1) 유효에너지(Q_a) : 이용 가능한 에너지

$$Q_a = Q_1 - Q_2 = Q_1 \eta_c = Q_1\left(1 - \frac{T_{II}}{T_I}\right)$$

2) 무효에너지(Q_2) : 이용할 수 없는 에너지

$$Q_2 = T_{II} \cdot \Delta S$$

[참고]

① 유효일 : 계가 한 일 중에서 대기에 대하여 한 일을 제외한 일의 값

② 유용도 : 계가 대기와만 열교환을 하면서 임의의 상태로부터 대기상태로 변화하는 동안 계와 대기에서 조합으로 얻을 수 있는 최대유효열

연습문제

1. 1 kg의 공기가 압력 6 kg$_f$/cm^2, 온도 280℃ 인 상태에서 압력 3 kg$_f$/cm^2, 체적 0.5 m^{3}인 상태로 변했을 때 엔트로피의 변화[kcal/kgK]는? (단, R은 29.27 kg$_f$ · m/kg · K)

풀이

$$T_2 = \frac{P_2 V_2}{R} = \frac{3\times10^4\times0.5}{29.27} = 512\,\text{K}$$

$$S_2 - S_1 = C_P \ln\frac{T_2}{T_1} - AR\ln\frac{P_2}{P_1}$$

$$= 0.24\ln\frac{512}{553} - \frac{29.27}{427}\ln\frac{3}{6} = -0.03\,\text{kcal/kg}\cdot\text{K}$$

2. 4 kg의 공기가 온도 15℃ 인 상태의 정적 하에서 가열되어 엔트로피가 0.8 kcal/kg · K로 증가했다면 이때 가해진 열량(kcal)은?

풀이

$$\ln\frac{T_2}{T_1} = \frac{S_2 - S_1}{GC_v} = \frac{0.8}{4\times0.171} = 0.731$$

$$\therefore\ \frac{T_2}{T_1} = 3.22$$

$$T_1 = 288\,\text{K}$$

$$T_2 = 3.22\times288 = 927\,\text{K}$$

$$Q = GC_v(T_2 - T_1) = 4\times0.171(927-288) = 488\,\text{kcal}$$

3. 1 kg의 공기가 온도 30℃ 인 상태에서 등온변화에 의하여 체적 1 m^3, 엔트로피 0.05 kcal/kg · K로 증가했다면 처음 압력(kg$_f$/cm^2)은?

풀이

$$S_2 - S_1 = AR\ln\frac{V_2}{V_1} = AR\ln\frac{V_1+1}{V_1}$$

$$\therefore\ \ln\frac{V_1+1}{V_1} = \frac{1}{AR}(S_2 - S_1) = \frac{427}{29.27}\times0.05 = 0.729$$

$$e^{\ln\left(\frac{V_1+1}{V_1}\right)} = e^{0.729}$$

따라서, $\dfrac{V_1+1}{V_1}=2.075$

$\therefore\ V_1=0.93\,\mathrm{m^3/kg}$

$\therefore\ P_1=\dfrac{RT_1}{V_1}=\dfrac{29.27\times 303}{0.93}=0.953\,\mathrm{kg_f/cm^2}$

4. 1 kg의 공기가 온도 15℃인 상태에서 등온변화하여 체적 1 m^2, 엔트로피가 0.3 kcal/kg·K로 증가했다면 처음 압력[kg$_f$/cm^2]은?

풀이

$$S_2-S_1=AR\ln\frac{V_2}{V_1}=AR\ln\frac{V_1+1}{V_1}=\frac{29.27}{427}\ln\frac{V_1+1}{V_1}=0.3$$

$$\frac{V_1+1}{V_1}=4.376,\ \ V_1=0.296\,\mathrm{m^3/kg}$$

$$P_1=\frac{RT_1}{V_1}=\frac{29.27\times 288}{0.296}=2.847\,\mathrm{kg_f/cm^2}$$

5. 공기 1 kg을 정적 하에서 20℃에서 100℃까지 가열한 다음에 다시 정압 하에서 100℃에서 220℃까지 가열했다. 저열원의 온도가 0℃라면 무효에너지는 몇 kcal인가?

풀이

$$\Delta S_1-S_2=C_v\ln\frac{T_2}{T_1}=0.172\times\ln\frac{373}{293}=0.0415\,\mathrm{kcal/K}$$

$$\Delta S_2=S_3-S_2=C_p\ln\frac{T_3}{T_2}=0.241\ln\frac{493}{373}=0.0672\,\mathrm{kcal/K}$$

$$\Delta S=\Delta S_1+\Delta S_2=0.0415+0.0672=0.1087\,\mathrm{kcal/K}$$

무효에너지 $=T_{II}\,\Delta S=273\times 0.1087=29.675\,\mathrm{kcal}$

6. 대기의 온도가 10℃이고 대기압이 1.033 kg$_f$/cm^{2}일 때 20℃의 물 2 kg과 90℃의 물 2 kg를 혼합하였더니 혼합 후의 온도가 55℃가 되었다면 무효에너지(kcal)는?

풀이

$$\Delta S_1=GC\ln\frac{T_n}{T_1}=2\times 1\times\ln\frac{328}{293}=0.226\,\mathrm{kcal/K}$$

$$\Delta S_2=GC\ln\frac{T_2}{T_n}=2\times 1\times\ln\frac{363}{328}=-0.203\,\mathrm{kcal/K}$$

$\Delta S = \Delta S_1 + \Delta S_2 = 0.429\,\text{kcal/K}$

무효에너지 $= T_{II} \times \Delta S = 363 \times 0.429 \fallingdotseq 155.7\,\text{kcal}$

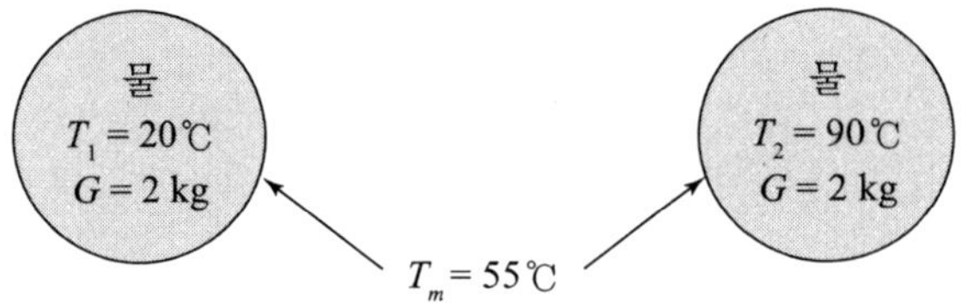

찾아보기

저자 : **김 의 수** (金義洙, EUI SOO KIM)

- 현) 국립 한국교통대학교 안전공학과 교수
- 현) 경찰청 과학수사자문단 위원
- 현) 한국화재조사학회 학술이사
- 현) 중앙소방학교 외래강사
- 현) 중앙소방학교 화재조사관 자격시험 출제위원
- 현) 한국소방안전원 초빙강사
- 현) 한국가스안전공사 사고조사전문위원
- 현) 경찰수사연수원 외래강사
- 현) 산업자원통상부국가안전대진단 민간위원
가스안전기술 심의위원
가스기술기준위원회 분과위원
- 현) 행정안전부안전정책자문위원
안전정책기동단 전문위원
안전한국훈련 중앙평가단 위원
- 현) 고용노동부 중대재해해제 심의위원

- 전) 국립과학수사연구원 공업연구관
- 전) 대한민국 안전대상 심사위원
- 전) 서울대/중앙대 공과대학 객원교수
- 전) 미국 조지아텍 방문연구원
- 전) LG디스플레이/LG전자/삼성전자 선임연구원

유체열역학 정가 18,000원

발 행 2025년 3월 10일 2판 1쇄
저 자 김의수
발행인 정우용
발행처 도서출판 **동화기술**
경기도 파주시 광인사길 201(문발동, 파주출판도시)
Tel (031)955-4211~6 donghwapub@nate.com
Fax (031)955-4217 www.donghwapub.co.kr
(등록) 1977년 12월 19일/9-16호

ISBN 978-89-425-9649-2